高职高专土建专业"互联网+"创新规划教材

安装工程计量与计价
（活页式）

★ 依据国家现行标准、规范和相关文件编写
★ 通过任务驱动的教学模式真正实现"做中学、学中做"
★ 结合互联网，将二维码嵌入教材，拓展更多的学习资源

谢秋玲 ◎ 主编

高职高专土建专业"互联网+"创新规划教材

安装工程计量与计价

（活页式）

主　编 ◎ 谢秋玲
副主编 ◎ 刘永胜
参　编 ◎ 陈　刚　蔡小沪　董　辉
　　　　应伟群　周　霖　许志华

北京大学出版社
PEKING UNIVERSITY PRESS

内容简介

本书以《建设工程工程量清单计价规范》（GB 50500—2013）、《通用安装工程工程量计算规范》（GB 50856—2013）、《浙江省通用安装工程预算定额》（2018 版）、《浙江省建设工程计价规则》（2018 版）及浙江省住房和城乡建设厅发布的相关文件等为依据，结合现场项目，借鉴一线工作人员多年的工作经验和编者多年的教学经验编写而成。

本书是按照高等职业教育对人才培养的要求编写而成的活页式教材，其包含五大任务：任务 1 通过现场实例介绍清单、定额、计价等基本理论知识；任务 2 至任务 5 以实际工程任务为导向，将每个任务划分为多个子任务。其中，任务 2 按构件类型分为 4 个子任务，分别介绍管道、管道支架及套管、管道附件、卫生器具的计量与计价；任务 3 按系统分为 3 个子任务，即消火栓系统、自动喷淋系统、火灾自动报警系统的计量与计价；任务 4 分别介绍电缆、配电箱、配管配线、照明器具、防雷及接地装置的计量与计价；任务 5 介绍通风空调设备及部件、通风管道、通风管道部件的计量与计价。

本书可作为高等职业学校工程造价、建筑设备安装、建筑工程技术等相关专业的教学用书，也可作为工程造价管理人员和工程造价技术人员的参考书。

图书在版编目（CIP）数据

安装工程计量与计价 / 谢秋玲主编. —北京：北京大学出版社，2024.5
高职高专土建专业"互联网+"创新规划教材
ISBN 978-7-301-34950-2

Ⅰ.①安… Ⅱ.①谢… Ⅲ.①建筑安装—工程造价—高等职业教育—教材 Ⅳ.① TU723.3

中国国家版本馆 CIP 数据核字（2024）第 062710 号

书　　　名	安装工程计量与计价 ANZHUANG GONGCHENG JILIANG YU JIJIA
著作责任者	谢秋玲　主编
策划编辑	刘健军
责任编辑	伍大维
数字编辑	蒙俞材
标准书号	ISBN 978-7-301-34950-2
出版发行	北京大学出版社
地　　　址	北京市海淀区成府路 205 号　100871
网　　　址	http://www.pup.cn　新浪微博：@北京大学出版社
电子邮箱	编辑部 pup6@pup.cn　总编室 zpup@pup.cn
电　　　话	邮购部 010-62752015　发行部 010-62750672　编辑部 010-62750667
印　刷　者	北京市科星印刷有限责任公司
经　销　者	新华书店
	787 毫米 ×1092 毫米　16 开本　21.5 印张　516 千字 2024 年 5 月第 1 版　2024 年 5 月第 1 次印刷
定　　　价	69.00 元

未经许可，不得以任何方式复制或抄袭本书之部分或全部内容。

版权所有，侵权必究
举报电话：010-62752024　电子邮箱：fd@pup.cn
图书如有印装质量问题，请与出版部联系，电话：010-62756370

前言
Preface

本书以造价员岗位职业标准和职业能力为依据，按照实际工作任务、工作过程和教学情境来组织编写，主要适合浙江省的安装工程计量与计价情况。本书为活页式教材，全书以一个实际项目为载体进行设计，项目案例贯穿全书各任务。通过实例任务驱动，将有关理论知识与职业技能分解到任务中，每个任务下设置多个子任务，各子任务可独立使用，抽取方便。每个子任务前均配备任务书，任务书中又配备评分表，教师可以直接采用任务书检测学生的学习成果，通过"教、学、做、评"四位一体的教学模式真正实现"做中学、学中做"。

本书主要根据《建设工程工程量清单计价规范》（GB 50500—2013）、《通用安装工程工程量计算规范》（GB 50856—2013）、《浙江省通用安装工程预算定额》（2018版）、《浙江省建设工程计价规则》（2018版）及浙江省住房和城乡建设厅发布的相关文件等进行编写。

为了使学生更加直观、形象地学习"安装工程计量与计价"课程，也为了方便教师教学，本书在相关知识点的旁边，以二维码的形式添加了编者积累和整理的以文字、视频、动画、图片等多种形式呈现的学习资源（网络及原创）。学生可以通过扫描二维码来拓展更多的学习资源，节约搜集、整理资料的时间。同时，书中所有案例图纸和任务图纸均附有二维码，学生可以通过手机扫描相应二维码下载使用。此外，编者也会根据行业发展情况，不定期更新二维码所链接的资源，以便教材内容与行业发展结合得更为紧密。

本书由杭州科技职业技术学院谢秋玲担任主编，刘永胜担任副主编；杭州科技职业技术学院陈刚、蔡小沪、董辉，华诚工程咨询集团有限公司应伟群、周霖，杭州军拓建筑设计有限公司许志华参编。本书具体编写分工如下：任务1由陈刚和蔡小沪共同编写，任务2由应伟群和董辉共同编写，任务3、任务5由谢秋玲和刘永胜共同编写，任务4由周霖和许志华共同编写。案例图纸由华诚工程咨询集团有限公司提供，谢秋玲进行了审图和修改，实际工程案例由谢秋玲和周霖共同编写。全书由谢秋玲和刘永胜负责统稿及修改。

本书在编写过程中得到了杭州科技职业技术学院领导和同人的大力支持，在此向他们深表感谢。

由于编者水平有限，加之时间仓促，书中难免存在不妥之处，敬请广大读者批评指正。

编　者
2024年1月

资源索引

北京大学出版社
活页式创新教材使用说明

为积极响应 2019 年国务院颁布的《国家职业教育改革实施方案》（简称职教二十条）相关政策，本书采用活页式创新形式。与现在普遍采用的胶装教材不同，本书采用活动式内页，配备活页环及封皮等配件，方便用书老师和读者根据学习需求进行多种调整和组合。

本活页式创新教材的主要特点及使用方法如下。

一、活"教"

★ 用书老师可根据本门课程教学要求，灵活调整教学顺序，也可拆出相关知识点的内容与其他课程的相关知识点进行组合教学。

★ 用书老师可替换、添加、删减教学内容，添加教辅资料，及时更新教材。

★ 用书老师可收集课后作业，评分后返给学生。

二、活"学"

★ 学生可将做有笔记的打孔笔记页添加到教材的对应位置，方便复习。

★ 学生可自行添加学习辅助资料，如论文、试卷、图纸、工作页等。

★ 学生上课不用带整本书，只带当节课程所需内容即可。

★ 学生可根据自己的学习进度随时调整学习顺序。

三、活"用"

★ 随书赠送一份活页式教材附件，内有装订环（3 大 3 小）、笔记页、封皮，也可自行购买相关配件，如活页夹等。

★ 装订环用于装订活页式教材，大环用于整本书或多数页，小环用于少数页，比如几章内容、习题、附录等。

★ 笔记页用于做笔记并与教材装订在一起，如有需求还可自行打孔增加更多的笔记页。

★ 封皮用于装订时放在首尾页对教材进行保护。

具体使用说明请扫二维码查看视频。

目录 Catalog

任务1 认识安装工程量清单与安装工程定额 ················· 1-01

   知识引入 ························· 1-03
   引入案例 ························· 1-05

 任务1.1 认识安装工程量清单 ········ 1-07
   任务书 ·························· 1-09
   知识学习 ························· 1-11

 任务1.2 认识安装工程定额 ········· 1-23
   任务书 ·························· 1-25
   知识学习 ························· 1-27

 任务1.3 进行安装工程量清单计价 ··· 1-37
   任务书 ·························· 1-39
   知识学习 ························· 1-41

 任务小结 ························· 1-49

任务2 建筑给排水工程计量与计价 ················· 2-01

   知识引入 ························· 2-03
   引入案例 ························· 2-07

 任务2.1 管道计量与计价 ·········· 2-15
   任务书 ·························· 2-17
   知识学习 ························· 2-21

 任务2.2 管道支架及套管计量与计价 ··· 2-33
   任务书 ·························· 2-35
   知识学习 ························· 2-37

 任务2.3 管道附件计量与计价 ······· 2-45
   任务书 ·························· 2-47
   知识学习 ························· 2-49

 任务2.4 卫生器具计量与计价 ······· 2-57
   任务书 ·························· 2-59
   知识学习 ························· 2-61

 任务小结 ························· 2-68

任务3 建筑消防工程计量与计价 ················· 3-01

   知识引入 ························· 3-03
   引入案例 ························· 3-05

 任务3.1 消火栓系统计量与计价 ····· 3-17
   任务书 ·························· 3-19
   知识学习 ························· 3-21

 任务3.2 自动喷淋系统计量与计价 ··· 3-31
   任务书 ·························· 3-33
   知识学习 ························· 3-35

 任务3.3 火灾自动报警系统计量与计价 ··· 3-45
   任务书 ·························· 3-47
   知识学习 ························· 3-49

 任务小结 ························· 3-62

任务4 建筑电气工程计量与计价 ················· 4-01

   知识引入 ························· 4-03
   引入案例 ························· 4-07

 任务4.1 电缆计量与计价 ·········· 4-19

　　任务书 ································· 4–21

　　知识学习 ······························ 4–23

任务4.2　配电箱计量与计价 ············ 4–37

　　任务书 ································· 4–39

　　知识学习 ······························ 4–41

任务4.3　配管配线计量与计价 ············ 4–45

　　任务书 ································· 4–47

　　知识学习 ······························ 4–51

任务4.4　照明器具计量与计价 ············ 4–63

　　任务书 ································· 4–65

　　知识学习 ······························ 4–67

任务4.5　防雷及接地装置计量与计价 ····· 4–75

　　任务书 ································· 4–77

　　知识学习 ······························ 4–79

任务小结 ································· 4–90

| 任务5 | 建筑通风空调工程计量与计价 ········ 5–01 |

　　知识引入 ······························ 5–03

　　引入案例 ······························ 5–07

任务5.1　通风空调设备及部件计量与计价 ··· 5–13

　　任务书 ································· 5–15

　　知识学习 ······························ 5–17

任务5.2　通风管道计量与计价 ············ 5–27

　　任务书 ································· 5–29

　　知识学习 ······························ 5–31

任务5.3　通风管道部件计量与计价 ······· 5–43

　　任务书 ································· 5–45

　　知识学习 ······························ 5–47

任务小结 ································· 5–60

参考文献 ································· C–01

任务 1　认识安装工程量清单与安装工程定额

任务 1　认识安装工程量清单与安装工程定额

知识引入

一、安装工程

安装工程是指按照工程建设施工图纸和施工规范的规定，把各种设备放置并固定在一定地方，或将工程原材料经过加工、安置并装配而形成具有功能价值产品的工作过程。

安装工程包括的专业广泛，在建筑行业常见的安装工程有给排水、采暖、燃气工程，通风空调工程，电气设备安装工程，自动化控制仪表安装工程，工业管道工程，消防工程，建筑智能化工程，通信设备及线路工程，等等。这些安装工程按建设项目的划分原则均属于单位工程，它们具有单独的施工设计文件，并有独立的施工条件，是工程造价计算的完整对象。

1. 安装工程的特点

（1）专业的广泛性。建筑物中的给排水、采暖、燃气、通风空调、电气、消防、通信线路、自动化控制仪表、工业管道安装等均属于安装工程的范畴。专业的广泛性是安装工程的基本特征。

（2）多行业性。基本建设的各行业领域几乎都涉及安装工程的内容，如机场候机大楼的机电设备，电力工程的锅炉机组与发电机组等设备和管道，冶炼工程的炼钢及轧钢工艺设备，水泥生产线设备，石油化工工程的炼油设备与化工生产工艺设备和管道，市政公用工程的水厂、污水处理厂设备和管道，以及道路照明、公路工程和通信广电工程的遥控系统和呼救系统等工程安装都与安装工程有着极为密切的关系。

（3）施工难度较大。安装工程涉及大量管线、管件、管路附件及设备，且涉及多个专业，存在交叉施工、综合布线、管线碰撞等问题，施工难度较大。

（4）专业技术要求高。由于安装工程专业技术要求高，其技术工人无法与其他工种工人通用，在当前建筑劳动力短缺的现状下，大大提高了人工成本。

（5）有利于工业化的实施。民用住宅安装工程中管道的工程量大，但各楼层暖通、电气、给排水设计方案基本相似（除地下室等特殊楼层外），这种情况有利于管道的工厂化预制，且有利于安装工程工业化的实践与推广。

2. 安装工程的基本工作内容

（1）各类建筑中的供水、供暖、供电、卫生、通风、燃气等各种管道及电力、电信、电缆导线的敷设工作，系统设备安装工作，管道及系统设备的油漆、保暖、防腐工作，系统调试工作。

（2）生产、动力、起重、运输、传动、医疗、实验等各种需要安装的机械设备的装配工作，与被安装设备相连的工作台、梯子、栏杆等的装设工作，附属于被安装设备的管线的敷设工作，被安装设备的绝缘、防腐、保温、油漆等工作。

（3）为测定工程质量，对单个设备进行的单机试运转工作，对系统设备进行的系统联动无负荷试运转工作。

二、安装工程造价

安装工程造价是反映拟建工程经济效果的一种技术经济文件。它一般从两个方面计算工程经济效果：一方面为"计量"，即计算消耗在工程中的人工、材料、机械台班数量等；另一方面为"计价"，即用货币形式反映工程成本和造价。

由于工程建设项目在各阶段会进行多次计价，因此安装工程造价不是固定的、唯一的，而是随着工程的进行逐步深化、细化和接近实际造价的。在进行计价时，需将项目从整体到局部进行分解，而后再从局部到整体进行工程项目的计量和计价，最终汇总得到总造价，即分项工程的造价计算组合为分部工程的造价，分部工程的造价计算组合为单位工程的造价，单位工程的造价计算组合为整个建设项目的总造价。

任务 1 认识安装工程量清单与安装工程定额

引入案例

1. 某幼儿园建筑工程项目位于城镇中心，结构类型为现浇混凝土结构，地下 1 层，地上 3 层，招标控制价为 4781.6482 万元，其中安装工程费为 819.9206 万元（其中人工费为 132.1886 万元、材料费为 66.1157 万元、机械费为 8.6094 万元、主材费为 456.3304 万元）。

幼儿园主楼安装工程费为 811.2288 万元，其中安装工程分部分项工程费用为 6920501.86 万元，措施项目费为 13.8518 万元（其中组织措施费为 9.2005 万元、技术措施费为 4.6513 万元），其他项目费不计，规费为 39.0051 万元，税金为 66.3216 万元，具体费用见表 1.1。

表 1.1　某幼儿园主楼安装工程费汇总　　　　　　　　　　　　　　　单位：元

序号	项目	总金额	分部分项工程费用	措施项目费	组织措施费	技术措施费	规费	税金
一	主楼	8112287.83	6920501.86	138518.29	92005.41	46512.88	390051.26	663216.42
1	电气设备安装工程	2311742.03	1966977.60	40649.68	27209.40	13440.28	113236.97	190877.78
2	给排水工程	844136.73	715191.14	14626.27	9002.65	5623.62	44619.96	69699.36
3	消火栓系统安装工程	613536.13	522779.26	11605.09	6846.47	4758.62	28492.83	50658.95
4	自动喷淋系统安装工程	830958.33	681349.74	23667.66	13775.60	9892.06	57329.69	68611.24
5	消防报警系统安装工程	400776.07	322383.18	12691.22	7835.79	4855.43	32610.07	33091.60
6	安全防范系统安装工程	1531228.41	1340061.46	17390.53	11376.33	6014.20	47344.72	126431.70
7	通风空调系统安装工程	832969.03	701467.86	13706.85	11778.18	1928.67	49017.06	68777.26
8	室外工程	666941.10	590291.62	4180.99	4180.99	—	17399.96	55068.53
9	抗震支架	80000.00	80000.00	—	—	—	—	—
二	传达室	86918.17	76270.77	936.62	608.90	327.72	2534.05	7176.73
	合计	8199206.00	6996772.63	139454.91	92614.31	46840.60	392585.31	670393.15

幼儿园传达室安装工程总价为 8.6918 万元，其中分部分项工程费用为 7.6271 万元，措施项目费为 0.0937 万元（其中组织措施费为 0.0609 万元、技术措施费为 0.0328 万元），其他项目费暂不计，规费为 0.2534 万元，税金为 0.7177 万元。

该幼儿园项目采用一般计税法，各项税率均取中值。施工组织措施项目费中，计取安全文明施工费、二次搬运费和冬雨季施工增加费。

请思考：

（1）本项目的安装工程费用包含哪些专业？由哪些费用构成？

（2）查阅资料，思考你所在地区的安装工程计价的依据是什么。

（3）结合任务1.3，分析表1.1的数据，并简要说明安装工程总造价的计算。

2.上述项目中，主楼部分给排水工程分部分项工程费用为71.5191万元，涉及管道、卫生器具、管道附件等分部分项子目，其中PPR15管道工程量总和为674.70m，其分部分项工程量清单的详细信息见表1.2，综合单价分析见表1.3。

表1.2　PPR15管道分部分项工程量清单

序号	项目编码	项目名称	项目特征	计量单位	工程量
1	031001006001	塑料管	1.安装部位：室内 2.介质：冷水 3.材质、规格：PPR15 4.连接形式：热熔连接 5.压力试验及吹、洗设计要求：水压试验、水冲洗、消毒	m	674.70

表1.3　PPR15管道综合单价分析

序号	编号	名称	计量单位	数量	综合单价/元						合价/元
					人工费	材料费	机械费	管理费	利润	小计	
1	031001006001	塑料管 1.安装部位：室内 2.介质：冷水 3.材质、规格：PPR15 4.连接形式：热熔连接 5.压力试验及吹、洗设计要求：水压试验、水冲洗、消毒	m	674.70	7.21	6.16	0.11	1.44	0.69	15.61	10532.07
1.1	10-1-229	室内塑料给水管（热熔连接）公称直径（mm以内）15	10m	67.47	68.69	59.95	1.09	13.75	6.58	150.06	10124.55
	主材	PPR15	m	10.160						3.65	37.08
1.2	10-8-31	管道消毒、冲洗公称直径（mm以内）50	100m	6.75	33.82	16.81	0	6.66	3.19	60.48	408.06
	主材	水	m³	4.250						3.88	16.51

结合任务1.1、任务1.2和任务1.3，思考以下问题：

（1）什么是安装工程量清单？什么是安装工程预算定额？二者之间有什么关系？

（2）分部分项工程量清单由哪些部分组成？各组成部分如何进行编制？有何要点？

（3）如何计算分部分项工程量综合单价和合价？

任务 1.1　认识安装工程量清单

思维导图

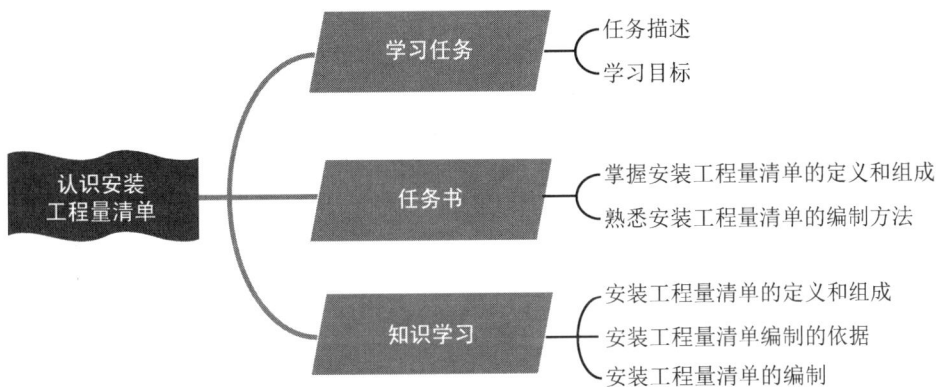

学习任务

任务描述

本任务主要介绍两个知识点，一是安装工程量清单的定义和组成，二是安装工程量清单的编制方法。要求学生在掌握知识点的基础上完成任务书，并熟悉安装工程量清单的编制表格，为后续的工作做准备。

学习目标

1. 知识目标

（1）掌握安装工程量清单的定义和组成。
（2）熟悉安装工程量清单的编制方法和相关表格。
（3）掌握分部分项工程量清单五要件的编制方法。
（4）理解分部分项工程量清单项目特征的意义和要点。

2. 能力目标

（1）能够理解分部分项工程量清单五要件的编制方法。
（2）能够理解分部分项工程量清单项目特征的描述要点。
（2）能够举一反三，理论联系实际，从生活中理解清单含义。

3. 素质目标

（1）通过学习规费，培养社会公平和制度自信。
（2）通过学习税金，培养社会责任和法律意识。

任务 1 认识安装工程量清单与安装工程定额

任务书				
班级：	学号：	姓名：	日期：	页数：2

工作准备

1. 自行阅读《浙江省建设工程计价规则》(2018版)中清单的相关知识。
2. 自行阅读《建设工程工程量清单计价规范》(GB 50500—2013)中清单的相关知识。
3. 自行熟悉《通用安装工程工程量计算规范》(GB 50856—2013)的内容和结构组成。

某幼儿园招标工程量清单

工作实施

问题1：扫描右上角的二维码，阅读某幼儿园招标工程量清单文件，分析该招标工程量清单文件的组成。

问题2：扫描右上角的二维码，阅读某幼儿园招标工程量清单文件，分析该招标工程量清单文件各组成部分的内容。

问题3：扫描右上角的二维码，阅读某幼儿园招标工程量清单文件，分析该招标工程量清单文件各组成部分的编制方法。

任务反馈

学生根据对安装工程量清单的定义和组成及安装工程量清单的编制方法的掌握程度,进行自我评价,评价自己是否能完成知识点的学习、是否能按时完成任务书、有无任务遗漏。同时学生以小组为单位,共同学习,针对组内成员的学习过程和结果进行互评。教师对学生的评价包括任务书的书写是否工整,是否按时完成任务书,完成质量是否达标。 将各自的评价总分填入下表,教师可根据学生的表现情况额外进行增值评价。

学生遇到问题时,可先进行组内讨论,针对争议性问题或组内讨论后仍无法解决的问题,可填写在下表的相应位置。

学生自评	组内互评	教师评价	增值评价
综合总评			
学生学习情况反馈(问题、难点等)			

拓展思考

1. 如果在编制安装工程量清单时,发现图纸中有部分信息不明确,应如何处理?
2. 当项目中使用新材料、新工艺,难以找到相匹配的清单时,应如何处理?
3. 在进行清单列项时,往往容易漏项,请思考并组内讨论如何尽量避免漏项。

知识学习

知识点1：安装工程量清单的定义和组成

工程量清单是载明建设工程分部分项工程项目、措施项目、其他项目的名称和相应数量，以及规费项目和税金项目等内容的明细清单。

安装工程量清单应由具有编制能力的招标人或受其委托具有相应资质的工程造价咨询人，根据设计文件，按照《通用安装工程工程量计算规范》（GB 50856—2013）附录中规定的项目编码、项目名称、项目特征、计量单位和工程量计算规则进行编制，是招标文件的组成部分，其准确性和完整性应由招标人负责。

安装工程量清单体现了招标人要求投标人完成的工程及相应的工程数量，全面反映了投标报价要求，主要由分部分项工程量清单、措施项目清单、其他项目清单、规费项目清单和税金项目清单组成。

知识点2：安装工程量清单编制的依据

（1）《建设工程工程量清单计价规范》（GB 50500—2013）、《通用安装工程工程量计算规范》（GB 50856—2013）；

（2）国家或省级、行业建设主管部门颁发的计价依据和办法；

（3）建设工程设计文件及相关资料；

（4）与建设工程项目有关的标准、规范、技术资料；

（5）招标文件及其补充通知、答疑纪要；

（6）施工现场情况、水文地质勘查资料、工程特点及常规施工方案；

（7）其他相关资料。

分部分项工程量清单和措施项目清单的编制参照《通用安装工程工程量计算规范》（GB 50856—2013），若出现《通用安装工程工程量计算规范》（GB 50856—2013）附录中未包括的项目，编制人应做补充，并报省级或行业工程造价管理机构备案，省级或行业工程造价管理机构应汇总报住房和城乡建设部标准定额研究所。其他项目、规费项目和税金项目清单应按照现行国家标准《建设工程工程量清单计价规范》（GB 50500—2013）的相关规定编制。

知识拓展：《通用安装工程工程量计算规范》（GB 50856—2013）简介

《通用安装工程工程量计算规范》（GB 50856—2013）包括正文和附录两大部分，二者具有同等效力。正文共四章，包括总则、术语、工程计量和工程量清单编制。附录共十三项，内容如下。

附录A　机械设备安装工程（编码：0301）

附录B　热力设备安装工程（编码：0302）

附录C　静置设备与工艺金属结构制作安装工程（编码：0303）

附录D　电气设备安装工程（编码：0304）

附录E　建筑智能化工程（编码：0305）

附录F　自动化控制仪表安装工程（编码：0306）

附录G　通风空调工程（编码：0307）

附录H　工业管道工程（编码：0308）

附录 J　消防工程（编码：0309）
附录 K　给排水、采暖、燃气工程（编码：0310）
附录 L　通信设备及线路工程（编码：0311）
附录 M　刷油、防腐蚀、绝热工程（编码：0312）
附录 N　措施项目（编码：0313）

《通用安装工程工程量计算规范》（GB 50856—2013）附录中包括项目编码、项目名称、项目特征、计量单位、工程量计算规则和工作内容，其中项目编码、项目名称、项目特征、计量单位、工程量计算规则作为五个要件的内容，要求招标人在编制工程量清单时必须执行。

知识点 3：安装工程量清单的编制

以下安装工程量清单编制的主要依据为《通用安装工程工程量计算规范》（GB 50856—2013）（简称《计算规范》）和《建设工程工程量清单计价规范》（GB 50500—2013）（简称《计价规范》），同时还参考《浙江省建设工程计价规则》（2018 版）（简称《计价规则》）进行清单编制。

1. 招标工程量清单封面与编制说明

招标工程量清单封面应注明招标人和由招标人委托的工程造价咨询人，以及与上面内容相关的签字与专用章。招标工程量清单封面和扉页的格式如图 1.1 所示。

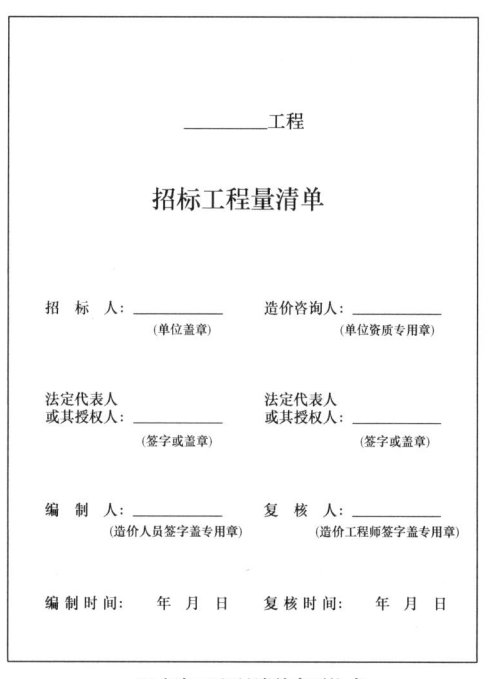

(a) 招标工程量清单封面格式　　(b) 招标工程量清单扉页格式

图 1.1　招标工程量清单封面和扉页的格式

招标工程量清单编制说明应从招标人角度编写，招标人编制的工程量清单应在编制说明中明确工程概况、工程招标和专业工程发包范围、编制依据、工程质量、材料、施工特殊要求等。招标工程量清单编制说明的格式见表 1.4。

表1.4 招标工程量清单编制说明的格式

工程名称： 第 页 共 页

1. 工程概况：建设地址、建筑面积、建筑高度、占地面积、经济指标、层高、层数、结构形式、定额（计划）工期、质量目标、施工现场情况、自然地理条件、环境保护要求等。
2. 编制依据：计价依据、标准与规范、施工图纸、标准图集等。
3. 采用（或经合同双方批准、确认）的施工组织设计。
4. 综合单价需（或已）包括的风险因素、范围（幅度）。
5. 采用的计价、计税方法。
6. 其他需要说明的问题。

注：1. 工程概况须根据不同专业工程特征要求进行表述。
  2. 必要时有关工程内容、数量、数据、工程特征等可列表表示。
  3. 不同计价阶段应列明相应阶段涉及量、价、费的计价依据及取定标准。

2. 分部分项工程量清单的编制

分部分项工程量清单项目的设置以形成工程实体为原则。工程量清单项目设置规则是为了统一工程量清单项目名称、项目编码、项目特征、计量单位和工程量计算规则而制定的，是编制工程量清单的依据。在设置清单项目时，以《计算规范》附录中的项目名称为主体，考虑项目的规格、型号、材质等项目特征要求，结合拟建工程的实际情况，在工程量清单中详细反映出影响工程造价的主要因素。清单编制人必须严格按《计算规范》的规定执行，不得任意变动。

分部分项工程和单价措施项目清单与计价表的格式见表1.5，此表是编制招标控制价、投标价和竣工结算的最基本的用表。编制工程量清单时，本表的"单位（专业）工程名称"栏应填写详细具体的工程称谓。对于房屋建筑而言，习惯上并无标段划分，可不填写"标段"栏；但对于市政工程的管道敷设、道路施工等，往往以标段划分，此时则应填写"标段"栏。其他各表涉及此类设置，道理相同。

表1.5 分部分项工程和单价措施项目清单与计价表的格式

单位（专业）工程名称： 标段： 第 页 共 页

序号	项目编码	项目名称	项目特征	计量单位	工程量	金额/元					备注
						综合单价	合价	其中			
								人工费	机械费	暂估价	
本页小计											
合计											

注：1. 本表为分部分项和单价措施项目清单与计价表通用表式，使用时表头名称可简化为其中一类的计价表。
  2. 工程招投标时"暂估价"按招标文件指定价格计入，竣工结算时以合同双方确认价格替换计入综合单价内。

1）项目编码

项目编码是分部分项工程量清单项目名称的数字标识。根据《计价规范》的规定，项目编码应采用12位阿拉伯数字表示。1～9位应按《计算规范》附录的规定设置，10～12位应根据拟建工程的工程量清单项目名称和项目特征设置。工程量清单项目编码含义如图1.2所示。例如，任务1的"引入案例"中，PPR15管道的项目编码为031001006001，表示该项目为通用安装工程中给排水、采暖、燃气管道专业的第1个分部工程"管道安装"中的第6个分项工程"塑料管"，且此塑料管为清单编制人编制的第1项塑料管道项目。

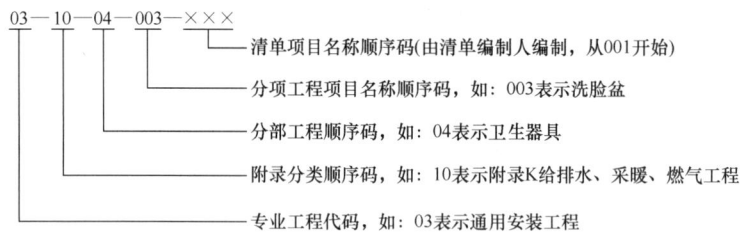

图1.2 工程量清单项目编码含义

补充项目的编码由《计算规范》的代码03与B和3位阿拉伯数字组成，并应从03B001起顺序编制。补充的工程量清单需附有补充项目的名称、项目特征、计量单位、工程量计算规则、工作内容，同一招标工程的项目编码不得有重复。

2）项目名称

分部分项工程量清单项目名称应按《计算规范》附录的项目名称结合拟建工程的实际确定。例如，《计算规范》中项目编码为030807003的工程项目名称为"低压法兰阀门"，在清单项目设置时，根据实际情况可进一步细化为"法兰止回阀"或"法兰闸阀"，但不能表述为"阀门"，因为阀门还有螺纹阀门、螺纹法兰阀门等。

3）项目特征

项目特征构成分部分项工程量清单项目、措施项目自身价值的本质特征。项目特征描述是工程量清单编制中的核心内容，项目特征是确定一个清单项目综合单价的重要依据，是进行工程量清单计价的重要环节，若项目特征描述不具体、界限不清，将直接造成拟建项目工程造价的不准确，造成承发包双方的争执与纠纷，同时影响整个项目投资计划的实施，所以项目特征的表述尤其重要。

（1）安装工程项目特征的主要体现。

① 项目的本体特征。属于这些特征的主要是项目的材质、型号、规格等，这些特征对工程造价的影响较大，若不加以区分，必然造成计价混乱。例如，任务1的"引入案例"中，管道的材质为PPR，管道的规格为$DN15$。

② 安装工艺方面的特征。对于项目的安装工艺，在清单编制时要进行详细说明。例如，$DN \leq 100mm$的镀锌钢管采用螺纹连接，$DN>100mm$的管道可以采用法兰连接或卡套式专用管件连接。在清单项目设置时，必须描述其连接方法。又如，任务1的"引入案例"中，PPR15管道采用的是热熔连接，管道安装完后需要做试压，试验压力$P=0.9MPa$，运行前需要用水冲洗和消毒。

③ 对工艺或施工方法有影响的特征。有些特征将直接影响施工方法，从而影响工程造价，如设备的安装高度、室外埋地管道工程地下水的有关情况等。例如，任务1的"引入案例"中，管道为给水管，安装位置在室内，这两个特征直接影响施工方法。

安装工程的项目特征是清单项目设置的主要内容，在设置清单项目时，应对项目特征做全面的描述。即使是同一规格、同一材质的项目，当安装工艺或安装位置不一样时，也应分别设置清单项目。原则上具有不同特征的项目都应分别列项。只有做到清单项目清晰、准确，才能使投标人全面、准确地理解招标人的工程内容和要求，做到计价完整和正确。招标人在编制工程量清单时，对项目特征的描述非常关键，必须予以足够的重视。

（2）项目特征描述时应掌握的要点。

① 对于涉及正确计量的内容、涉及结构要求的内容、涉及材质要求的内容和涉及安装方式的内容，必须进行描述。

② 对于对计量计价没有实质影响的内容、应由投标人根据施工方案确定的内容、应由投标人根据当地材料和施工要求确定的内容，以及应由施工措施解决的内容，可不进行描述。

③ 对于无法准确描述的内容、施工图纸和标准图集标注明确的内容等，可不进行详细描述。

例如，任务1的"引入案例"中，需要描述清楚以下内容。

a. 安装部位：室内。

b. 介质：冷水。

c. 材质、规格：PPR15。

d. 连接形式：热熔连接。

e. 压力试验及吹、洗设计要求：水压试验、水冲洗、消毒。

4）计量单位

分部分项工程量清单计量单位，应按《计算规范》中要求的计量单位确定，当计量单位有两个或两个以上时，应结合拟建工程项目的实际情况，确定其中一个最适宜表现项目特征并方便计量的作为计量单位。同一工程项目的计量单位应一致。

清单项目的计量单位采用基本单位，除各专业另有特殊规定外，均按以下单位计量。

（1）以质量计算的项目，以吨或千克（t或kg）为计量单位，应保留小数点后三位数字，第四位四舍五入。

（2）以体积计算的项目，以立方米（m^3）为计量单位，应保留小数点后两位数字，第三位四舍五入。

（3）以面积计算的项目，以平方米（m^2）为计量单位，应保留小数点后两位数字，第三位四舍五入。

（4）以长度计算的项目，以米（m）为计量单位，应保留小数点后两位数字，第三位四舍五入。

（5）以自然计量单位计算的项目，以个、套、块、组、台等为计量单位，应取整数。

（6）没有具体数量的项目，以系统、项等为计量单位，应取整数。

例如，任务1的"引入案例"中，PPR15管道的计量单位为"m"。

5）工程量计算规则

工程量清单中各分项工程量主要是通过《计算规范》规定的工程量计算规则，并结合施工图纸内容计算确定的。工程量计算规则是指对清单项目各分项工程量计算的具体规定。除另有说明外，所有清单项目的工程量应以实体工程量为准，并以完成后的净值计算；投标人报价时，应在综合单价中考虑施工中的各种损耗和需要增加的工程量。

例如，任务1的"引入案例"中，PPR15管道的清单工程量为674.70m。

6) 工作内容

工作内容是指完成该清单项目可能发生的具体工程操作，它来源于原预算定额，定额中均有具体规定，无须像"项目特征"那样必须描述。"工作内容"的主要作用是可供招标人确定清单项目和投标人投标报价时参考。

以任务1的"引入案例"为例，依据《计算规范》的规定，塑料管的工作内容有管道安装、管件安装、塑料卡固定、阻火圈安装、压力试验、吹扫、冲洗和警示带铺设，在进行组价时，可参考这几项，结合项目特征进行组价。由于案例中无阻火圈安装和警示带铺设两项，管件安装、塑料卡固定及一次压力试验的费用均包含在管道安装中，因此PPR15管道组价时，仅考虑了管道本身和消毒、冲洗两项费用，即定额子目10-1-229和10-8-31。

3. 措施项目清单的编制

措施项目是指为完成工程项目施工，发生于该工程施工准备和施工过程中的技术、生活、安全、环境保护等方面的项目。

措施项目清单规范

安装工程措施项目清单必须根据现行的《计算规范》的规定编制。措施项目清单的编制需考虑多种因素，除工程本身的因素外，还涉及水文、气象、环境、安全等多方面的因素。因此，措施项目清单应根据拟建工程的实际情况列项，对《计算规范》附录中未列入的措施项目，可根据工程的具体情况进行补充。

对于能计算工程量的措施项目，采用单价项目的方式，按照《计算规范》的规定，列出项目编码、项目名称、项目特征、计量单位和工程量计算规则，填写分部分项工程和单价措施项目清单与计价表（表1.5）。对于不能计算出工程量的措施项目，则采用总价项目的方式，按照《计算规范》附录N规定的项目编码、项目名称确定清单项目，而不必描述项目特征和确定计量单位，施工组织（总价）措施项目清单与计价表的格式见表1.6。

表1.6 施工组织（总价）措施项目清单与计价表的格式

工程名称：　　　　　　　　　标段：　　　　　　　　　第　页　共　页

序号	项目编码	项目名称	计算基础	费率/%	金额/元	调整费率/%	调整后金额/元	备注
1		安全文明施工费						
1.1		安全文明施工基本费						
1.2		标化工地增加费						
2		提前竣工增加费						
3		二次搬运费						

续表

序号	项目编码	项目名称	计算基础	费率/%	金额/元	调整费率/%	调整后金额/元	备注
4		冬雨季施工增加费						
5		行车、行人干扰增加费						
6		其他施工组织措施费						
		合计						

注：1. 第1项、第2项在工程招投标阶段在其他项目暂列金内计列，竣工结算时按合同约定计算。
    2. "其他施工组织措施费"在计价时须列出具体费用名称。
    3. 工程结算时按合同约定调整费率和金额。

4. 其他项目清单的编制

其他项目清单是指分部分项工程量清单和措施项目清单所包含的内容以外，因招标人的特殊要求而发生的与拟建安装工程有关的费用所设置的项目清单。其他项目清单的具体内容主要取决于工程建设标准的高低、工程的复杂程度、工期长短、工程的组成内容、发包人对工程管理的要求等因素。

其他项目清单与计价汇总表的格式见表1.7。

表1.7 其他项目清单与计价汇总表的格式

工程名称：　　　　　　　　　　　标段：　　　　　　　　　　第 页 共 页

序号	项目名称	金额/元	结算金额/元	备注
1	暂列金额			
1.1	标化工地增加费			
1.2	优质工程增加费			
1.3	其他暂列金额			
2	暂估价			
2.1	材料（工程设备）暂估单价			
2.2	专业工程暂估价			
2.3	专项技术措施暂估价			
3	计日工			
4	总承包服务费			
5	索赔与现场签证			
	合计			

注：1. 工程结算时第1.1项、第1.2项分别在施工组织措施项目和其他项目计价表内计列。
    2. 工程结算时第2.3项在施工技术措施项目计价表内计列。
    3. "材料（工程设备）暂估单价"进入清单项目综合单价。
    4. "索赔与现场签证"在工程结算期计列。

1）暂列金额

暂列金额是指招标人在工程量清单中暂定并包括在合同价款中的一笔款项，用于工程合同签订时尚未确定或者不可预见的所需材料、工程设备、服务的采购，施工中可能发生的工程变更、合同约定调整因素出现时的合同价款调整，以及发生的索赔、现场签证确认等的费用和标化工地、优质工程等费用的追加，包括标化工地暂列金额、优质工程暂列金额和其他暂列金额。暂列金额明细表的格式见表1.8。

暂列金额应根据工程特点按有关计价规定估算，属于不可竞争性费用。

表1.8 暂列金额明细表的格式

工程名称： 标段： 第 页 共 页

序号	项目名称	计量单位	暂定金额/元	备注
1	标化工地暂列金额			
2	优质工程暂列金额			
3	其他暂列金额			
3.1				
3.2				
3.3				
	合计			

注：1. 此表由招标人填写，如不能详列，也可只列暂定金额总额，投标人应将上述暂列金额计入投标总价中。
　　2. 工程结算时第1项、第2项分别在施工组织措施项目和其他项目计价表内计列。

2）暂估价

暂估价是指招标人在工程量清单中提供的用于支付必然发生但暂时不能确定价格的材料（工程设备）的单价，以及专项施工技术措施项目、专业工程等的金额。

（1）材料（工程设备）暂估单价：是指发包阶段已经确认发生的材料（工程设备），由于设计标准未明确等原因造成无法当时确定准确价格，或者设计标准虽已明确，但一时无法取得合理询价，由招标人在工程量清单中给定的若干暂估单价。材料（工程设备）暂估单价及调整表的格式见表1.9。

（2）专业工程暂估价：是指发包阶段已经确认发生的专业工程，由于设计未详尽、标准未明确或者需要由专业承包人完成等原因造成无法当时确定准确价格，由招标人在工程量清单中给定的一个暂估总价。专业工程暂估价及结算价表的格式见表1.10。

（3）专项技术措施暂估价：是指发包阶段已经确认发生的施工技术措施项目，由于需要在签约后由承包人提出专项方案并经论证、批准方能实现等造成无法当时准确计价，由招标人在工程量清单中给定的一个暂估总价。专项技术措施暂估价及结算价表的格式见表1.11。

表 1.9 材料（工程设备）暂估单价及调整表的格式

单位（专业）工程名称：　　　　　　　标段：　　　　　　　　　　　第　页　共　页

序号	材料（工程设备）名称、规格、型号	计量单位	数量		暂估/元		确认/元		差额±/元		备注
			暂估	确认	单价	合价	单价	合价	单价	合价	
	合计										

注：1. 此表中"暂估单价"由招标人填写，并在备注栏说明暂估单价的材料（工程设备）拟用在哪些清单项目上，投标人应将上述材料（工程设备）暂估单价计入相应的工程量清单综合单价报价中。
　　2. 此表中"确认"栏在工程各结算期内按合同双方确认值计列。

表 1.10 专业工程暂估价及结算价表的格式

单位（专业）工程名称：　　　　　　　标段：　　　　　　　　　　　第　页　共　页

序号	工程名称	工程内容	暂估金额/元	结算金额/元	差额±/元	备注
	合计					

注：1. 此表中"暂估金额"由招标人填写，投标人应将"暂估金额"计入投标总价中。
　　2. 结算时按合同约定的结算金额填写，如合同约定按具体计价子目计价，也可在项目相应计价表内计列。

表 1.11 专项技术措施暂估价及结算价表的格式

单位（专业）工程名称：　　　　　　　标段：　　　　　　　　　　　第　页　共　页

序号	工程名称	工程内容	暂估金额/元	结算金额/元	差额±/元	备注
	合计					

注：1. 此表中"暂估金额"由招标人填写，投标人应将"暂估金额"计入投标总价中。
　　2. 结算时按合同约定的结算金额填写，如合同约定按具体计价子目计价，也可在项目相应计价表内计列。

暂估价中的材料（工程设备）暂估单价应根据工程造价信息或参照市场价格估算，列出明细表；专业工程暂估价应分不同专业，按有关计价规定估算，列出明细表。

3）计日工

计日工是指在施工过程中，承包人完成发包人提出的工程合同范围以外的零星项目或工作，按照合同中约定的综合单价计价的一种方式。计日工应列出项目名称、计量单位和暂估数量。计日工表的格式见表1.12。

表1.12 计日工表的格式

单位（专业）工程名称：　　　　　　　标段：　　　　　　　　　　　第 页 共 页

编号	项目名称	单位	暂定数量	实际数量	综合单价/元	合价/元	
						暂定	实际
一	人工						
1	（按需要填报人工等级或工种名称）						
2							
	人工小计						
二	材料						
1							
2							
	材料小计						
三	施工机械						
1							
2							
	施工机械小计						
	总计						

注：1. 此表中"项目名称""暂定数量"由招标人填写，编制招标控制价时，单价由招标人按有关计价规定确定；投标报价时，单价由投标人自主报价，按暂定数量计算合价计入投标总价中。

2. 工程结算时，按发承包双方确认的实际数量计算合价，且此表与索赔与现场签证计价汇总表计列内容不得重复计价。

4）总承包服务费

总承包服务费是指总承包人为配合、协调发包人进行的专业工程发包，对发包人自行采购的材料（工程设备）等进行保管，以及施工现场管理、竣工资料汇总整理等服务所需的费用，包括专业发包工程管理费和甲供材料设备保管费。总承包服务费计价表的格式见表1.13。

表1.13　总承包服务费计价表的格式

单位（专业）工程名称：　　　　　　　标段：　　　　　　　　　　　　第　页　共　页

序号	项目名称	项目价值/元	服务内容	计算基础	费率/%	金额/元
1	发包人单独发包专业工程					
1.1						
1.2						
2	发包人提供材料（设备）					
2.1						
2.2						
	合计		—	—	—	

注：1. 此表中"项目名称""项目价值""服务内容"由招标人填写，编制招标控制价时，费率及金额由招标人按有关计价规定确定；投标报价时，费率及金额由投标人自主报价，计入投标总价中。
　　2. 工程结算时此表各项目价值（或计算基础）是否调整由合同双方商定。

5. 规费和税金项目清单的编制

规费是指根据国家法律、法规规定，由省级政府或省级有关权力部门规定必须缴纳的或计取的应计入安装工程造价的费用。规费项目清单应按照下列内容列项。

（1）社会保险费：包括养老保险费、失业保险费、医疗保险费、工伤保险费、生育保险费。

（2）住房公积金：企业按规定标准为职工缴纳的住房公积金。

税金是指按照国家税法规定的应计入安装工程造价内的建筑服务增值税。

规费和税金不得作为竞争性费用。

工程量清单的编制程序如图1.3所示。

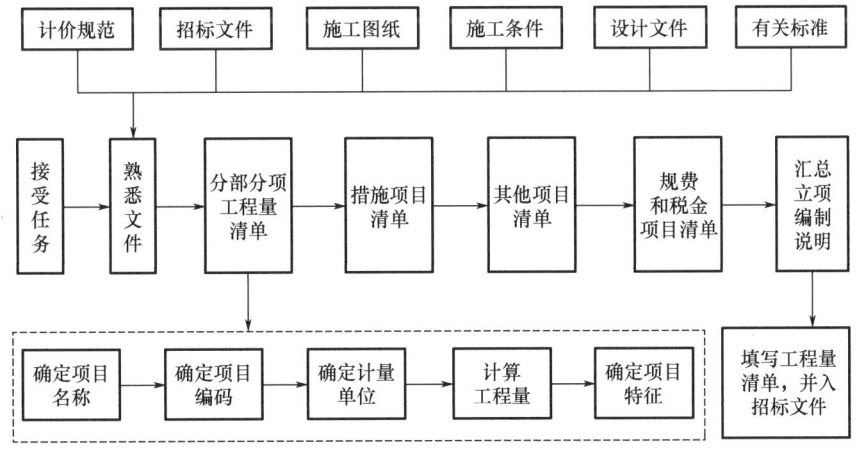

图1.3　工程量清单的编制程序

任务 1.2　认识安装工程定额

思维导图

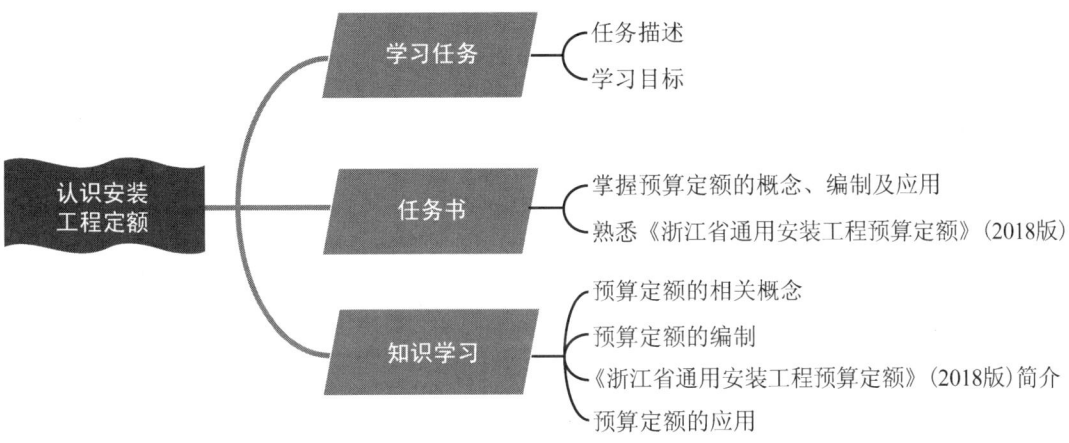

任务描述

本任务主要介绍预算定额的概念、编制和应用,并熟悉《浙江省通用安装工程预算定额》(2018 版),为后续的工作做准备,要求学生在掌握知识点的基础上完成任务书。

学习目标

1. 知识目标

(1)掌握定额和预算定额的概念,了解预算定额的编制,掌握预算定额的应用。

(2)熟悉《浙江省通用安装工程预算定额》(2018 版)的内容、结构形式和适用范围。

(3)熟悉《浙江省通用安装工程预算定额》(2018 版)的定额总说明及其要点。

2. 能力目标

(1)能够阐述预算定额的概念,并能说明不同情况下如何运用预算定额。

(2)能够区分安装工程的清单与定额,理解二者的关系及其在清单计价中的作用。

(3)能够举一反三,从生活中理解"定额"的概念。

3. 素质目标

(1)通过定额的学习,知道我国计价的发展,培养民族自豪感。

(2)通过学习定额的概念,培养理论联系实际的能力及认真观察生活的意识。

(3)通过学习地方的定额规范,树立"执行行业标准和法规"的职业意识。

任务 1 认识安装工程量清单与安装工程定额

任务书				
班级：	学号：	姓名：	日期：	页数：2

工作准备

1. 自行在平台上搜索和查阅定额的相关资料。
2. 自行翻阅《浙江省通用安装工程预算定额》(2018 版)。

《浙江省通用安装工程预算定额》(2018 版)

工作实施

问题 1：查阅你所在省份的通用安装工程预算定额或消耗量定额，说说其包含的内容和具体的结构形式。

问题 2：查阅你所在省份的通用安装工程预算定额或消耗量定额中的一张定额表，找出一条定额子目进行分析。

问题 3：以本省定额为基础，举例说明预算定额的应用方法。

任务反馈

学生根据对预算定额的概念、编制及应用的掌握程度和对当地预算定额的熟悉程度,进行自我评价,评价自己是否能完成知识点的学习、是否能按时完成任务书、有无任务遗漏。同时学生以小组为单位,共同学习,针对组内成员的学习过程和结果进行互评。教师对学生的评价包括任务书的书写是否工整,是否按时完成任务书,完成质量是否达标。将各自的评价总分填入下表,教师可根据学生的表现情况额外进行增值评价。

学生遇到问题时,可先进行组内讨论,针对争议性问题或组内讨论后仍无法解决的问题,可填写在下表的相应位置。

学生自评	组内互评	教师评价	增值评价
综合总评			
学生学习情况反馈(问题、难点等)			

拓展思考

1. 施工定额人工、材料、机械消耗量的测定方法有哪些?
2. 定额按编制用途如何划分?施工定额和预算定额的关系是什么?
3. 请尝试查找你所在地区的综合工日单价信息和补充定额信息。

任务 1 认识安装工程量清单与安装工程定额

知识学习

知识点1：预算定额的相关概念

1. 定额

定额是在一定的社会制度、生产技术和组织条件下规定完成单位合格产品所需人工、材料、机械台班的消耗标准。它反映着一定时期的生产力水平。

2. 工程建设定额

工程建设定额是在工程建设中单位合格产品消耗的人工、材料、机械台班使用量的规定额度。工程建设定额按构成要素划分，可分为人工消耗定额、材料消耗定额、机械台班消耗定额；按定额的编制程序和用途划分，可分为施工定额、预算定额、概算定额、概算指标、投资估算指标。

3. 预算定额

预算定额是在正常的施工条件下，完成一定计量单位合格分项工程和结构构件所需消耗的人工、材料、机械台班数量及其相应费用标准。预算定额是在施工定额（劳动定额、材料消耗定额、机械台班消耗定额）的基础上，经过综合计算，考虑各种综合因素编制而成的。

知识点2：预算定额的编制

1. 预算定额人工、材料和机械台班消耗量的确定

1) 人工消耗量指标的确定

人工消耗量指标是指完成一定计量单位的分项工程或结构构件所必需的各种用工量的总和。人工的工日数确定有两种基本方法：一种是以劳动定额为基础来确定；另一种是以现场实测数据为依据来确定。

（1）以劳动定额为基础来确定。

① 基本用工是指完成一定计量单位的分项工程或结构构件所必须消耗的技术工种用工，这部分工日数按综合取定的工程量和相应的劳动定额进行计算。其计算公式为：

$$基本用工 = \sum (各工序工程量 \times 相应的劳动定额)$$

② 其他用工是指劳动定额中没有包括而在预算定额内又必须考虑的工时消耗，其内容包括辅助用工、超运距用工和人工幅度差。

a. 辅助用工是指劳动定额中基本用工以外的材料加工等所用的用工，其计算公式为：

$$辅助用工 = \sum (材料加工数量 \times 相应的劳动定额)$$

b. 超运距用工是指编制预算定额时，材料、半成品、成品等的运距超过劳动定额所规定的运距，而需要增加的工日数量。其计算公式为：

$$超运距 = 预算定额取定的运距 - 劳动定额已包括的运距$$

$$超运距用工 = \sum (超运距材料数量 \times 相应的劳动定额)$$

c. 人工幅度差是指劳动定额作业时间未包括而在正常施工情况下不可避免发生的各种工时损失。其内容包括：各工种间的工序搭接及交叉作业相互配合发生的停歇用工；施工机械在单位工程之间转移及临时水电线路移动所造成的停工；质量检查和隐蔽工程验收工作的用工；班组操作地点转移用工；工序交接时对前一工序不可避免的修正用工；施工中不可避免的其他零星用工。其计算公式为：

$$人工幅度差 = (基本用工 + 辅助用工 + 超运距用工) \times 人工幅度差系数$$

人工幅度差是预算定额与施工定额最明显的差额，人工幅度差一般为 10% ~ 15%。综上所述，人工消耗量指标的计算公式为：

$$\begin{aligned}人工消耗量指标 &= 基本用工 + 其他用工 \\ &= 基本用工 + 辅助用工 + 超运距用工 + 人工幅度差 \\ &= (基本用工 + 辅助用工 + 超运距用工) \times (1 + 人工幅度差系数)\end{aligned}$$

（2）以现场实测数据为依据来确定。

这种方法是采用计时观察法中的测时法、写实记录法、工作日写实法等测时方法测定工时消耗数值，再加一定人工幅度差来计算预算定额的人工消耗量。它仅适用于劳动定额缺项的预算定额项目编制。

2）材料消耗量指标的确定

材料消耗量指标是指完成一定计量单位的分项工程或结构构件所必须消耗的原材料、半成品或成品的数量。预算定额中的材料按用途可划分为主要材料、辅助材料、周转材料和其他材料。

主要材料是指直接构成工程实体的材料，其中也包括半成品、成品等；辅助材料是指直接构成工程实体主要材料以外的材料；周转材料是指多次使用但不构成工程实体的摊销材料；其他材料是指用量较少、难以计量的零星材料。

主要材料和辅助材料消耗量包含材料净用量和材料损耗量，可采用现场观察法、实验室试验法、统计分析法和理论计算法确定；周转材料考虑其摊销量，按多次使用、分次摊销法确定；其他材料计入定额中的其他材料费中。

3）机械台班消耗量指标的确定

机械台班消耗量是指完成一定计量单位的分项工程或结构构件所必须消耗的各种机械台班的数量。机械台班消耗量的确定一般有两种基本方法：一种是以施工定额的机械台班消耗定额为基础来确定；另一种是以现场实测数据为依据来确定。

（1）以施工定额的机械台班消耗定额为基础来确定。

这种方法以施工定额中的机械台班消耗用量加机械幅度差来计算预算定额的机械台班消耗量。其计算公式为：

$$\begin{aligned}机械台班消耗量 &= 施工定额中机械台班用量 + 机械幅度差 \\ &= 施工定额中机械台班用量 \times (1 + 机械幅度差系数)\end{aligned}$$

机械幅度差是指施工定额中没有包括，但实际施工中又必须发生的机械台班用量。其主要考虑以下内容：施工中机械转移工作面及配套机械相互影响损失的时间；在正常施工条件下机械施工中不可避免的工作间歇时间；检查工程质量影响机械操作的时间；临时水电线路在施工过程中移动所发生的不可避免的机械操作间歇时间；冬期施工发动机械的时间；不同厂牌机械的工效差别、临时维修、小修、停水、停电等引起的机械停歇时间；工程收尾和工作量不饱满所损失的时间。

（2）以现场实测数据为依据来确定。

如遇到施工定额缺项的项目，在编制预算定额的机械台班消耗量时，则须通过对机械现场实地观测得到机械台班用量，在此基础上加上适当的机械幅度差来确定机械台班消耗量。

2. 预算定额单价的计算

预算定额单价也称单位估价表、预算基价，是以安装工程预算定额或基础定额规定的人工、材料和机械台班消耗量为依据，以货币形式表示的每一个定额分项工程的单位产品价格。它是以各地省会城市（也称基价区）的工人日工资标准、材料预算价格和机械台班预算价格为基准综合取定的，是编制工程预算造价的基本依据。

预算定额单价的编制是将人工、材料、机械台班消耗量与人工、材料、机械台班单价分别结合起来，得出分项工程的人工费、材料费和机械费，再将三者汇总起来。其计算公式为：

预算分项工程定额单价（基价）= 人工费 + 材料费 + 机械费

人工费 = $\sum$（定额人工消耗量 × 人工工资单价）

材料费 = $\sum$（定额材料消耗量 × 材料预算单价）

机械费 = $\sum$（定额机械与施工仪器仪表台班消耗量 × 机械台班单价）

上式材料费中的定额材料消耗量，是指辅助材料消耗量，不包括主要材料，主要材料费应另行计算（可参考当地造价站网站公布的信息）。

举例说明：

表1.14为《浙江省通用安装工程预算定额》（2018版）第四册第八章中的"钢制槽式桥架"预算定额项目。

表1.14 预算定额表

工作内容：组对、焊接或螺栓固定、弯头、三通或四通、盖板、隔板、附件安装、接地跨接，桥架修理。

计量单位：10m

定额编号		4-8-31	4-8-32	4-8-33
项目		钢制槽式桥架（宽+高）/mm		
		≤1000	≤1200	≤1500
基价/元		584.10	701.08	802.42
其中	人工费/元	487.35	580.37	668.12
	材料费/元	38.21	38.98	41.19
	机械费/元	58.54	81.73	93.11

（计量单位：10m）续表

定额编号			4-8-31	4-8-32	4-8-33
名　称	单位	单价/元	消耗量		
人工	二类人工	工日	135.00	3.610	4.299	4.949
材料	电缆桥架　综合	m	—	(10.100)	(10.100)	(10.100)
	砂轮片 ϕ100	片	4.31	0.024	0.024	0.024
	砂轮片 ϕ400	片	21.55	0.024	0.032	0.032
	低碳钢焊条　综合	kg	6.72	0.216	0.264	0.400
	酚醛防锈漆	kg	6.90	0.160	0.200	0.240
	汽油　综合	kg	6.12	0.320	0.400	0.561
	铜芯塑料绝缘线 BVR6	m	3.45	1.506	1.361	1.361
	铜接地端子带螺栓 DT-6	个	2.59	10.500	10.500	10.500
	其他材料费	元	1.00	0.68	0.69	0.73
机械	汽车式起重机 16t	台班	875.04	0.030	0.050	0.060
	载货汽车 8t	台班	411.20	0.060	0.070	0.070
	砂轮切割机 ϕ400	台班	26.83	0.020	0.020	0.030
	直流弧焊机 20kW	台班	78.72	0.090	0.110	0.140

表1.14摘自《浙江省通用安装工程预算定额》（2018版）第四册第八章中的"钢制槽式桥架"预算定额项目，以桥架（宽+高）≤1000（定额编号：4-8-31）为例进行说明。

从表中可以看出，安装10m长的钢制槽式桥架 [（宽+高）≤1000]，需要消耗二类人工3.610工日；消耗主要材料 [10.100m的电缆桥架（综合）]、辅助材料 [0.024片 ϕ100砂轮片、0.024片 ϕ400砂轮片、0.216kg低碳钢焊条（综合）、0.160kg酚醛防锈漆、0.320kg汽油（综合）、1.506m BVR6铜芯塑料绝缘线、10.500个DT-6铜接地端子带螺栓]，消耗用其他材料费1.00元；机械台班消耗量有四项，分别是0.030台班16t汽车式起重机、0.060台班8t载货汽车、0.020台班 ϕ400砂轮切割机和0.090台班20kW直流弧焊机。

从表中可以看出，各人工、材料和机械台班单价分别为：二类人工135.00元/工日；ϕ100砂轮片4.31元/片、ϕ400砂轮片21.55元/片、低碳钢焊条（综合）6.72元/kg、酚醛防锈漆6.90元/kg、汽油（综合）6.12元/kg、BVR6铜芯塑料绝缘线3.45元/m、DT-6铜接地端子带螺栓2.59元/个、16t汽车式起重机875.04元/台班、8t载货汽车411.20元/台班、ϕ400砂轮切割机26.83元/台班、20kW直流弧焊机78.72元/台班。
由此可以计算：

人工费 =135.00×3.610=487.35（元/10m）

材料费 =4.31×0.024+21.55×0.024+6.72×0.216+6.9×0.160+6.12×0.320+3.45×1.506+
2.59×10.500+0.68≈38.21（元/10m）

机械费 =875.04×0.030+411.20×0.060+26.83×0.020+78.72×0.090≈58.54（元/10m）

基价 =487.35+38.21+58.54=584.10（元/10m）

同学们可以自己再翻阅一下《浙江省通用安装工程预算定额》（2018版）的其他定

额项目，其组成形式都是如此。

注意，这里的材料费不包括主要材料的费用，即这里的电缆桥架（综合）费用需要另行计算。如查询 2022 年 2 月浙江省发布的信息价，得到 800×100（热浸镀锌＋喷防火塑粉）桥架的除税价为 113.00 元 /m，则该类型的桥架主材费 =113.00×10.100=1141.30（元 /10m），则调整后的材料费 =38.21+1141.30=1179.51（元 /10m），最终得出该类型桥架的基价 =487.35+1179.51+58.54=1725.40（元 /10m）。

知识点 3：《浙江省通用安装工程预算定额》（2018 版）简介

《浙江省通用安装工程预算定额》（2018 版）经浙江省建设厅、浙江省发改委、浙江省财政厅联合批准颁发，于 2019 年 1 月 1 日起在全省范围内施行。

1. 定额的内容和结构形式

1）定额的内容

《浙江省通用安装工程预算定额》（2018 版）共分十三册，具体包括以下分册。

第一册　机械设备安装工程
第二册　热力设备安装工程
第三册　静置设备与工艺金属结构制作、安装工程
第四册　电气设备安装工程
第五册　建筑智能化工程
第六册　自动化控制仪表安装工程
第七册　通风空调工程
第八册　工业管道工程
第九册　消防工程
第十册　给排水、采暖、燃气工程
第十一册　通信设备及线路工程
第十二册　刷油、防腐蚀、绝热工程
第十三册　通用项目和措施项目工程

2）定额的结构形式

《浙江省通用安装工程预算定额》（2018 版）由定额总说明、目录、册说明、各章说明和工程量计算规则、预算定额表和附录组成。其中，预算定额表是核心内容，它包括分部分项工程的工作内容、计量单位、项目编码、项目名称及其各类消耗的名称、规格、数量、费用等。

2. 定额的适用范围

《浙江省通用安装工程预算定额》（2018 版）（以下简称本定额）适用于浙江省行政区域范围内新建、扩建、改建项目中的安装工程。本定额未包括的项目，可按浙江省其他相应工程计价定额计处，如仍缺项的，应编制地区性补充定额或一次性补充定额，并按规定履行申报手续。

3. 定额总说明及其要点

（1）性质和作用：本定额是完成规定计量单位分项工程计价所需的人工、材料、机械台班消耗量的标准；是统一本省安装工程预算工程量计算规则、项目划分、计量单位

的依据；是指导设计概算、施工图预算、投标报价的编制，以及工程合同价约定、竣工结算办理、工程计价纠纷调解处理、工程造价鉴定等的依据。全部使用国有资金或国有资金投资为主的工程建设项目，编制招标控制价应执行本定额。

（2）编制的基本依据：本定额是在《通用安装工程消耗量定额》（TY 02—31—2015）、《通用安装工程工程量计算规范》（GB 50856—2013）、《浙江省安装工程预算定额》（2010版）的基础上，依据国家、省有关现行产品标准、设计规范、施工验收规范、技术操作规程、质量评定标准和安全操作规程，同时参考行业、地方标准，以及有代表性的工程设计、施工资料和其他相关资料，结合本省实际情况编制的。

（3）适用范围：本定额适用于浙江省行政区域范围内新建、扩建、改建项目中的安装工程。

（4）编制水平：本定额是按目前大多数施工企业在安全条件下采用的施工方法、机械化装备程度、合理的工期、施工工艺和劳动组织条件制定的，反映了社会平均消耗量水平。

（5）本定额是按下列正常的施工条件进行编制的。

① 设备、材料、成品、半成品、构件完整无损，符合质量标准和设计要求，附有合格证书和试验记录。

② 安装工程和土建工程之间的交叉作业正常。

③ 安装地点、建筑物、设备基础、预留孔洞等均符合安装要求。

④ 水、电供应均能满足安装施工正常使用。

⑤ 正常的气候、地理条件和施工环境。

（6）人工工日消耗量及单价的确定。

① 本定额的人工工日不分列工种和技术等级，一律以综合工日表示，内容包括基本用工、超运距用工、辅助用工和人工幅度差。

② 本定额的综合工日的单价按二类日工资单价135元计。

（7）材料消耗量的确定。

① 本定额中的材料消耗量包括直接消耗在安装工作内容中的主要材料、辅助材料和零星材料等，并计入相应损耗，其内容和范围包括从工地仓库、现场集中堆放地点或现场加工地点到操作或安装地点的运输损耗、施工操作损耗、施工现场堆放损耗。

② 定额基价不包括主要材料价格，主要材料价格应根据括号内所列用量，按实际价格结算。

③ 对用量很少，影响基价很小的零星材料合并为其他材料费，计入材料费内。

④ 施工措施性消耗部分，周转性材料按不同施工方法、不同材质分别列出一次使用量和一次摊销量。

⑤ 本定额的材料单价按《浙江省建筑安装材料基期价格》（2018版）编制。

⑥ 除另有说明外，施工用水、电（包括试验、空载、试车用水和用电）已全部进入基价，建设单位在施工中应装表计量，由施工单位自行支付水、电费。

知识拓展：主要材料费的计算

安装工程是按照一定的方法和设计图纸的规定，把设备放置并固定在一定的地方的工作，或将材料、元件经加工并安装、装配而形成有价值功能的产品的一种工作。在计算安装所需费用时，设备安装只能计算安装费，其购置费另行计算，而材料经过现场加工并安装成产品时，则不但要计算安装费，还要计算其消耗的材料价值。在定额的制定中，将消耗的辅助材料或次要材料价值，计入定额单价中，而构成工程实体的主要材料，因全国各地价格差异较大，如果也进入统一基价，势必增加材料价差的调整难度。所以在定额单价中，未计算主要材料的价值，其价值由定额执行地区，按照当地材料单价进行计算，然后计入工程造价。

主要材料数量的计算：

$$某项主要材料数量 = 某项主要材料定额消耗量 \times 工程量$$
$$某项主要材料费 = 某项主要材料数量 \times 市场单价$$

例如，一根 $DN32$ 的给水立管穿 1～3 层楼板，设计要求穿楼板设置钢套管，主要材料焊接钢管的市场信息价为 5000 元/t，该项目套用"一般穿墙套管制作安装 $DN50$"（定额编号：13-1-108 换）。

该段管道共需穿楼板钢套管 3 个，套管每个长按 0.2m 计（原定额子目消耗量为 0.3m，根据定额说明，穿楼板套管套用"一般穿墙套管制作安装"相应定额子目，主要材料按 0.2m 计，其余不变），则未计价主要材料（焊接钢管）的数量 =0.2×3=0.6（m）。

查得定额 13-1-108 基价为 15.15 元/个，其中人工费、材料费、机械费分别为 8.78 元/个、5.32 元/个、1.05 元/个。$DN50$ 焊接钢管的理论质量为 4.88kg/m，则未计价主要材料（焊接钢管）的单位价值 =0.2×4.88×5000÷1000=4.88（元/个）。

（8）机械台班消耗量及单价的确定。

① 本定额的机械台班消耗量是按正常合理的机械配备和大多数施工企业的机械化装备程度综合取定的。

② 本定额的机械台班单价按《浙江省建设工程施工机械台班费用定额》（2018 版）编制。

③ 本定额的施工仪器仪表消耗量是按正常施工工效综合取定的。

（9）关于水平和垂直运输。

① 设备：包括自安装现场指定堆放地点运至安装地点的水平和垂直运输。

② 材料、成品、半成品：包括自施工单位现场仓库或现场指定堆放地点运至安装地点的水平和垂直运输。

③ 垂直运输基准面：室内以室内地平面为基准面，室外以安装现场地平面为基准面。

（10）关于各项费用的执行原则。

本定额各项技术措施费一律按本定额第十三册《通用项目和措施项目工程》相关规定执行。

（11）本定额的基价不包括进项税。

（12）本定额中注有"××以内"或"××以下"者均包括×× 本身，"××以外"或"××以上"者，均不包括×× 本身。

知识点 4：预算定额的应用

在应用预算定额时，要认真阅读掌握定额的总说明、册说明、分部工程说明、附注说明以及定额的适用范围。在实际工程预算定额应用时，通常会遇到以下三种情况：预算定额的直接套用、预算定额的换算、补充定额。

1. 预算定额的直接套用

当分项工程的设计要求、项目内容与预算定额项目内容完全相符时，可以直接套用

定额,直接套用定额时可按分部工程→定额表→项目的顺序找出所需项目。此类情况在编制施工图预算中属于最常见的情况。

直接套用定额的主要内容,包括定额编号、项目名称、计量单位、人材机消耗量、基价等。套用时应注意以下几点。

(1)应根据施工图纸、设计说明、做法说明、分项工程施工过程划分来选择合适的定额项目。

(2)要从工程内容、技术特征、施工方法、材料和机械规格与型号方面仔细核对与定额规定的一致性,才能较正确地确定相应的定额项目。

(3)分项工程的名称、计量单位必须与预算定额相一致,计量口径不一致的,不能直接套用定额。

(4)要注意定额表上的工作内容,工作内容中列出的内容其人材机消耗已包括在定额内,否则需另列项目。

(5)查阅时应特别注意定额表下的附注,附注作为定额表的一种补充与完善,套用时必须严格执行。

2. 预算定额的换算

当施工图纸设计要求与定额的工程内容、规格与型号、施工方法等条件不完全相符,按定额有关规定允许进行换算时,则该分项工程或结构构件能套用相应定额项目,但须按规定进行换算。

定额换算的实质就是按定额规定的换算范围、内容和方法,对某些分项工程或结构构件按设计要求进行换算。

预算定额换算的常见类型有以下几种。

1)砂浆、混凝土配合比换算

当设计砂浆、混凝土配合比与定额规定不同时,按定额规定的换算范围进行换算。其换算公式如下。

  换算后定额基价 = 原定额基价 + [设计砂浆(或混凝土)单价 − 定额砂浆
  (或混凝土)单价] × 定额砂浆(或混凝土)用量

  换算后相应定额消耗量 = 原定额消耗量 + [设计砂浆(或混凝土)单位用量 − 定额
  砂浆(或混凝土)单位用量] × 定额砂浆(或混凝土)用量

2)系数增减换算

当设计的工程项目内容与定额规定的相应内容不完全相符时,按定额规定对定额中的人工、材料、机械台班消耗量乘以大于或小于1的系数进行换算。

其换算公式如下。

  换算后定额基价 = 原定额基价 ± [定额人工费(或材料费、机械费) ×
  相应调整系数]

  换算后相应消耗量 = 定额人工费(或材料费、机械费) × 相应调整系数

举例说明:

若工程中采用 200×100 的不锈钢槽式桥架,根据《浙江省通用安装工程预算定额》

（2018 版）第四册第八章的章说明可知，不锈钢桥架安装执行相应的钢制桥架定额，乘以系数 1.1。因此 200×100 的不锈钢槽式桥架套用 200×100 钢制桥架，即套用定额子目 4-8-28。查询《浙江省通用安装工程预算定额》（2018 版）中该定额子目可知，其基价为 220.20 元 /10m、人工费为 176.31 元 /10m、材料费为 35.40 元 /10m、机械费为 8.49 元 /10m，则预算定额人工费、材料费、机械费和基价调整如下。

$$基价 = 220.20 \times 1.1 = 242.22（元 /10m）$$
$$人工费 = 176.31 \times 1.1 \approx 193.94（元 /10m）$$
$$材料费 = 35.40 \times 1.1 = 38.94（元 /10m）（不包括主要材料费）$$
$$机械费 = 8.49 \times 1.1 \approx 9.34（元 /10m）$$

同学们可以自己再翻阅一下《浙江省通用安装工程预算定额》（2018 版），阅读各章说明，从中找出类似的系数增减换算规定。

3）材料或机械台班单价换算

当设计材料（或机械）由于品种、规格、型号等与定额规定不相符时，在定额规定的允许范围内，对其单价进行换算。

其换算公式如下。

$$换算后定额基价 = 原定额基价 + [设计材料（或机械台班）单价 - 定额设计材料（或机械台班）单价] \times 定额相应用量$$

4）材料用量的换算

当设计图纸的分项工程或结构构件的主要材料由于施工方法、材料断面、规格等与定额规定不同时，会引起材料用量调整，同时材料用量不同会引起相应基价的换算。

其换算公式如下。

$$换算后主要材料用量 = 原定额消耗量 + （设计材料用量 - 定额材料用量）$$
$$换算后基价 = 定额人工费 + 材料量差 \times 相应材料单价$$

5）用量与单价同时进行换算

当设计图纸的分项工程或结构构件与定额规定相比较，某些不同因素同时出现时，不仅要进行用量调整还要进行价格换算，即量与价同时进行换算。

其换算公式如下。

$$换算后基价 = 原定额基价 + 设计材料（或机械台班） \times 相应单价 - 定额设计材料（或机械台班）用量 \times 相应单价$$

3. 补充定额

当分项工程或结构构件的设计要求与定额适用范围和规定内容完全不符合，或者由于设计采用新结构、新材料、新工艺、新方法，在预算定额中没有这类项目，属于定额缺项时，应另行补充预算定额。

补充定额编制有两类情况：一类是地区性补充定额，这类定额项目在全国或省（市）统一预算定额中没有包括，但此类项目本地区经常遇到，可由当地（市）造价管理机构按预算定额编制原则、方法和统一口径与水平编制，报上级造价管理机构批准颁布；另

一类是一次性使用的临时定额，此类定额项目可由预（结）算编制单位根据设计要求，按照预算定额编制原则并结合工程实际情况编制，在预（结）算审核中审定。

举例说明：

《浙江省通用安装工程预算定额》（2018版）中设有 DN15 以内、DN20 以内、DN25 以内、DN32 以内、DN40 以内的"螺纹水表组成安装"定额子目，大于 DN40 的螺纹水表组安装无定额子目。随着市场对水表规格的需求变化，为妥善解决 DN50、DN80、DN100 螺纹水表计价依据应用过程中的缺项问题，浙江省建设工程造价管理总站在"浙建站计〔2020〕11号"文件中编制了螺纹水表的补充定额。

2020年12月29日浙江省建设工程造价管理总站发布"浙建站计〔2020〕11号"文件，附件《浙江省建设工程计价依据（2018版）综合解释及动态调整补充》（2021年1月1日起执行）"二、安装工程"的第10条规定，螺纹水表组成安装（DN50 以内、DN80 以内、DN100 以内）执行 10B-2-1～10B-2-3 定额，见表1.15。

表1.15 补充定额表

螺纹水表组成安装

工作内容：切管、套丝、水表、阀门安装、水压试验。 计量单位：组

定额编号				10B-2-1	10B-2-2	10B-2-3
项目				公称直径（mm 以内）		
				50	80	100
基价/元				68.88	111.20	132.49
其中	人工费/元			52.79	69.12	77.09
	材料费/元			14.82	40.25	53.25
	机械费/元			1.27	1.83	2.15
	名称	单位	单价/元	消耗量		
人工	二类人工	工日	135.00	0.391	0.512	0.571
材料	螺纹水表	只	—	(1.000)	(1.000)	(1.000)
	螺纹阀门	个	—	(1.000)	(1.000)	(1.000)
	镀锌活接头 DN50	个	13.09	1.010	—	—
	镀锌活接头 DN80	个	37.07	—	1.010	—
	镀锌活接头 DN100	个	49.24	—	—	1.010
	聚四氟乙烯生料带 宽20	m	0.29	4.280	6.640	8.120
	机油 综合	kg	2.91	0.021	0.032	0.040
	水	m³	4.27	0.001	0.001	0.001
	其他材料费	元	1.00	0.290	0.790	1.040
机械	管子切断套丝机 159mm	台班	21.59	0.038	0.064	0.079
	试压泵 3MPa	台班	18.64	0.024	0.024	0.024

任务 1.3 进行安装工程量清单计价

思维导图

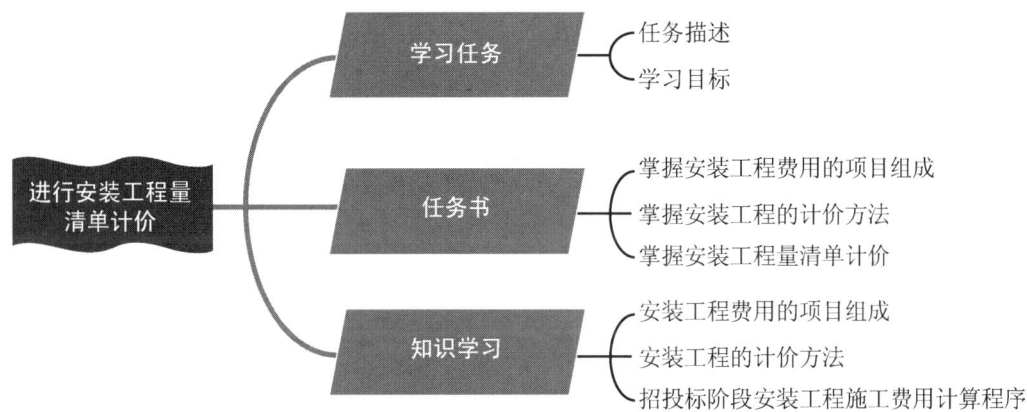

任务描述

本任务主要介绍安装工程费用的项目组成、安装工程的计价方法,并进行安装工程量清单计价。计价方法和取费的费率等以《浙江省建设工程计价规则》(2018版)的相关规定为主,要求学生在掌握知识点的基础上完成任务书。

学习目标

1. 知识目标

(1) 掌握安装工程费用的项目组成。
(2) 掌握安装工程的计价方法。

2. 能力目标

(1) 能够正确说出安装工程费用的项目组成。
(2) 能运用安装工程的计价方法进行整体价格的计算。

3. 素质目标

(1) 通过学习安全文明施工费用等,培养环保意识和可持续发展的理念。
(2) 通过对安装工程计价相关规范规则的了解,树立"执行行业标准和法规"的职业意识。

任务 1 认识安装工程量清单与安装工程定额

任务书					
班级：	学号：	姓名：	日期：		页数：2

工作准备

1. 阅读《浙江省建设工程计价规则》（2018 版）中安装工程费用项目组成的相关规定。
2. 阅读《浙江省建设工程计价规则》（2018 版）中安装工程计价方法的相关规定。

某幼儿园招标控制价

工作实施

问题 1：扫描右上角的二维码，阅读某幼儿园招标控制价文件，分析该招标控制价文件的费用项目组成。

问题 2：扫描右上角的二维码，阅读某幼儿园招标控制价文件，分析该招标控制价文件的工程报表组成。

问题 3：扫描右上角的二维码，阅读某幼儿园招标控制价文件，分析该招标控制价文件各报表的编制方法。

问题4：根据"招投标阶段安装工程施工费用计算程序"，写出招标控制价的计算过程。

任务反馈

学生根据对安装工程费用的项目组成、安装工程的计价方法及安装工程量清单计价的掌握程度，进行自我评价，评价自己是否能完成知识点的学习、是否能按时完成任务书、有无任务遗漏。同时学生以小组为单位，共同学习，针对组内成员的学习过程和结果进行互评。教师对学生的评价包括任务书的书写是否工整，是否按时完成任务书，完成质量是否达标。将各自的评价总分填入下表，教师可根据学生的表现情况额外进行增值评价。

学生遇到问题时，可先进行组内讨论，针对争议性问题或组内讨论后仍无法解决的问题，可填写在下表的相应位置。

学生自评	组内互评	教师评价	增值评价
综合总评			
学生学习情况反馈（问题、难点等）			

拓展思考

1. 招标控制价文件自前而后依次装订哪些文件？
2. 查找本地区造价站发布的相关计价规则调整文件。

知识学习

知识点 1：安装工程费用项目组成

1. 按费用构成要素划分费用项目组成

安装工程费用按照费用构成要素划分，由人工费、材料费、机械费、企业管理费、利润、规费和税金组成，如图 1.4 所示。

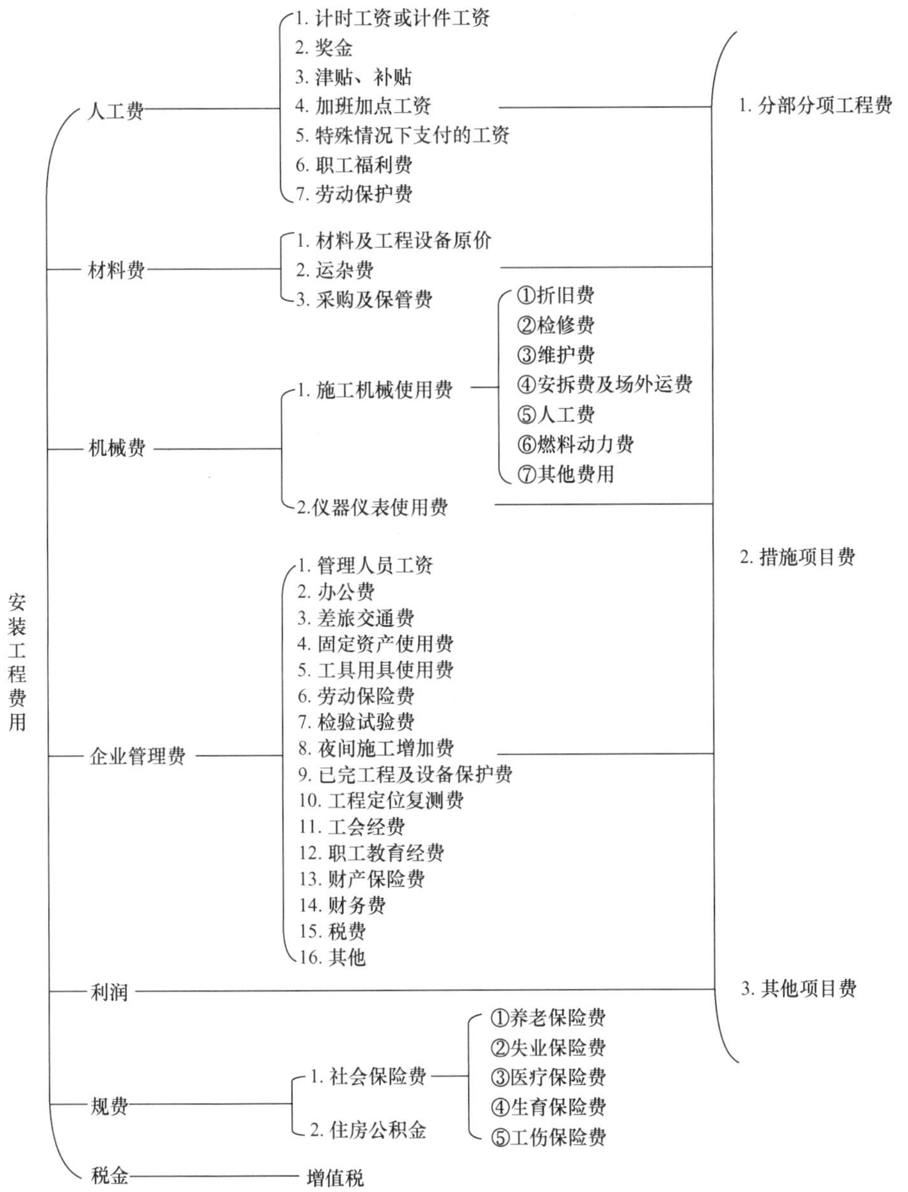

安装工程费用构成要素

图 1.4 安装工程费用项目组成（按费用构成要素划分）

2. 按造价形成划分费用项目组成

安装工程造价形成内容

在清单计价方式下,安装工程费用按照造价形成划分,由分部分项工程费、措施项目费、其他项目费、规费和税金组成,其中分部分项工程费、措施项目费、其他项目费均包含人工费、材料费、机械费、企业管理费、利润,如图 1.5 所示。

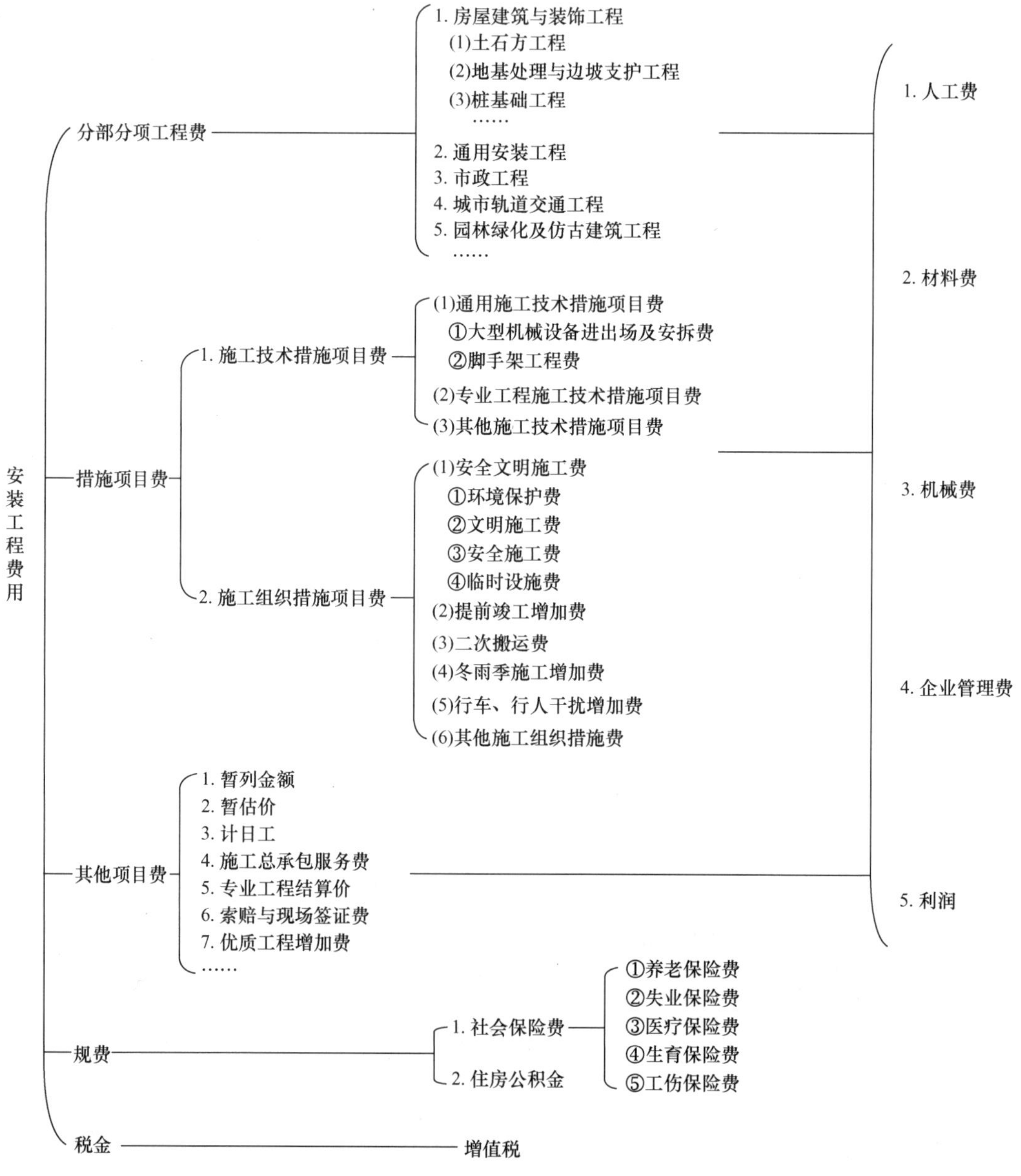

图 1.5 安装工程费用项目组成(按造价形成划分)

1）分部分项工程费

分部分项工程费是指根据设计规定，按照施工验收规范、质量评定标准的要求，完成构成工程实体所耗费或发生的各项费用，包括人工费、材料费、机械费、企业管理费和利润。

2）措施项目费

措施项目费是指为完成安装工程施工，按照安全操作规程、文明施工规定的要求，发生于该工程施工前和施工过程中的技术、生活、安全、环境保护等方面的项目费用，由施工技术措施项目费和施工组织措施项目费构成，包括人工费、材料费、机械费、企业管理费和利润。

（1）施工技术措施项目费按实施要求划分，可分为通用施工技术措施项目费、专业工程施工技术措施项目费和其他施工技术措施项目费。其中，专业工程施工技术措施项目费是指根据设计或建设主管部门的规定，需由承包人提出专项方案并经认证、批准后方能实施的施工技术措施项目（如深基坑支护、高支模承重架、大型施工机械设备等）的费用。

（2）施工组织措施项目费包括安全文明施工费（环境保护费、文明施工费、安全施工费、临时设施费），提前竣工增加费，二次搬运费，冬雨季施工增加费，行车、行人干扰增加费和其他施工组织措施费，具体费用释义详见相应规范。

3）其他项目费

其他项目费的构成内容应视工程实际情况按照不同阶段的计价需要进行列项。其中，编制招标控制价和投标报价时，由暂列金额、暂估价、计日工、施工总承包服务费构成；编制竣工结算时，由专业工程结算价、计日工、施工总承包服务费、索赔与现场签证费及优质工程增加费构成。

4）规费与税金

内容同任务 1.1 的知识学习，此处略。

知识点 2：安装工程的计价方法

安装工程的计价方法分为综合单价法和工料单价法，安装工程统一按照综合单价法进行计价。综合单价法计价包括国标清单计价法和定额清单计价法两种。采用国标清单计价和定额清单计价时，除分部分项工程费、施工技术措施项目费分别依据计量规范规定的清单项目和专业定额规定的定额项目列项计算外，其余费用计算原则及方法应当一致。本教材按国标清单计价法来进行学习。

工程量清单计价是指按招标文件的规定，完成工程量清单所需的全部费用，包括分部分项工程费、措施项目费、其他项目费、规费和税金。工程量清单计价应采用综合单价法。在建设工程招投标中，招标人按照国家统一的工程量计算规则提供工程数量，由投标人依据工程量清单自主报价，确定工程造价。

工程造价 = 分部分项工程量清单与计价表合计 + 措施项目清单与计价表合计 + 其他项目清单与计价表合计 + 规费 + 税金

工程量清单计价的项目编码、项目名称、项目特征、计量单位、工程量等必须与工程量清单一致。因此，工程量清单具有的表格与内容，工程量清单计价均有，工程量清单计价是在工程量清单提供"量"的基础上进行的"计价"，所以是在工程量清单的基础上增加了有关"价"后形成的表格。

1. 工程量清单计价封面、说明与汇总表

依据工程建设不同阶段的要求及服务对象的不同,应填写不同要求的封面,以及对应的说明与汇总表。在工程招投标阶段,有招标控制价与投标报价总价封面。

招标控制价/投标报价样表

工程量清单计价的编制说明应从招标人或投标人"计价"的角度去编写,主要内容如下:

① 工程概况(工程计价范围与主要内容)。
② 工程量清单计价的编制依据。
③ 采用的施工组织设计。
④ 采用的材料价格来源。
⑤ 综合单价中的风险因素、风险范围(幅度)。
⑥ 措施项目的依据(此项一般是在投标报价的说明中列出)。
⑦ 其他有关问题的说明等。

2. 分部分项工程费

分部分项工程费按分部分项工程数量乘以综合单价以其合价之和进行计算。

$$分部分项工程费 = \sum(分部分项工程数量 \times 综合单价)$$

(1) 分部分项工程数量。

分部分项工程数量应根据《通用安装工程工程量计算规范》(GB 50856—2013)中清单项目(含浙江省补充清单项目)规定的工程量计算规则和本省有关规定进行计算。编制投标报价时,分部分项工程数量应统一按照招标人在发承包计价前依据招标工程设计图纸和有关计价规定计算并提供的工程数量确定。

(2) 综合单价。

综合单价是指完成一个规定清单项目所需的人工费、材料费、机械费和对应的企业管理费、利润,以及一定的风险费用。

① 人工费、材料费、机械费:编制招标控制价时,综合单价所含人工费、材料费应按预算"专业定额"中的人工、材料、施工机械(仪器仪表)台班消耗量以相应的"基准价格"进行计算。遇未发布"基准价格"的,可通过市场调查以询价方式确定价格;因设计标准未明确等原因造成无法确定准确价格,或者设计标准虽已明确但一时无法取得合理询价的材料,应以"暂估单价"计入综合单价。编制投标报价时,综合单价所含人工费、材料费、机械费可按照企业定额或参照预算"专业定额"中的人工、材料、施工机械(仪器仪表)台班消耗量以当时当地的市场价格由企业自主确定。其中,材料的"暂估单价"应与招标控制价保持一致。

② 企业管理费、利润:编制招标控制价时,采用"国标清单计价"的工程,综合单价所含企业管理费、利润应以清单项目中的"定额人工费+定额机械费"乘以企业管理费、利润的相应费率分别计算;采用"定额清单计价"的工程,综合单价所含企业管理费、利润应以定额项目中的"定额人工费+定额机械费"乘以企业管理费、利润的相应费率分别计算;企业管理费、利润费率应按相应施工取费费率的中值计取。编制投标报价时,综合单价所含企业管理费、利润应以清单项目中的"人工费+机械费"乘以企

管理费、利润的相应费率分别计算，费率可参考《浙江省建设工程计价规则》（2018版）中企业管理费和利润的费率标准，由企业自主确定。通用安装工程企业管理费费率和利润费率分别见表1.16及表1.17。

③风险费用：隐含于综合单价之中用于化解发承包双方在工程合同中约定风险内容和范围（幅度）内人工、材料、施工机械（仪器仪表）台班的市场价格波动风险的费用。以"暂估单价"计入综合单价的材料不考虑风险费用。

表1.16 通用安装工程企业管理费费率

定额编号	项目名称	计算基数	费率/%					
			一般计税			简易计税		
			下限	中值	上限	下限	中值	上限
B1	企业管理费							
B1-1	水、电、暖通、消防、智能、自控及通信安装工程	人工费+机械费	16.29	21.72	27.15	16.20	21.60	27.00
B1-2	设备及工艺金属结构安装工程		14.48	19.31	24.14	14.32	19.09	23.86

注：消防安装工程和智能化安装工程不分单独承包与非单独承包，统一按相应费率执行。

表1.17 通用安装工程企业利润费率

定额编号	项目名称	计算基数	费率/%					
			一般计税			简易计税		
			下限	中值	上限	下限	中值	上限
B2	利润							
B2-1	水、电、暖通、消防、智能、自控及通信安装工程	人工费+机械费	7.80	10.40	13.00	7.76	10.35	12.94
B2-2	设备及工艺金属结构安装工程		7.43	9.91	12.39	7.35	9.80	12.25

注：利润费率使用说明同企业管理费。

3. 措施项目费

措施项目费按施工技术措施项目费、施工组织措施项目费之和进行计算。

（1）施工技术措施项目费按施工技术措施项目工程数量乘以综合单价以其合价之和进行计算，其工程数量及综合单价的计算原则参照分部分项工程费相关内容处理。

（2）施工组织措施项目费。

编制招标控制价时，施工组织措施项目费应以分部分项工程费与施工技术措施项目费中的"定额人工费+定额机械费"乘以各施工组织措施项目相应费率以其合价之和分别计算。其中安全文明施工基本费费率应按相应基准费率（即施工取费率的中值）计取，其余施工组织措施项目费（标化工地增加费除外）费率均按相应施工取费费率的中值确定。编制投标报价时，施工组织措施项目费应以分部分项工程费与施工技术措施项目费中的"人工费+机械费"乘以各施工组织措施项目相应费率以其合价之和分别计算。其中安全文明施工基本费费率应以不低于相应基准费率的90%（即施工取费费率的下限）计取，其余施工组织措施项目费（标化工地增加费除外）费率可参考《浙江省建设工程计价规则》（2018版）中有关施工组织措施项目费费率标准，由企业自主确定。通用安装工程施工组织措施项目费费率见表1.18。

表1.18 通用安装工程施工组织措施项目费费率

定额编号	项目名称		计算基数	费率/%					
				一般计税			简易计税		
				下限	中值	上限	下限	中值	上限
B3	施工组织措施项目费								
B3-1	安全文明施工基本费								
B3-1-1	其中	非市区工程	人工费+机械费	5.33	5.92	6.51	5.60	6.22	6.84
B3-1-2		市区工程	人工费+机械费	6.39	7.10	7.81	6.72	7.47	8.22
B3-2	标化工地增加费								
B3-2-1	其中	非市区工程	人工费+机械费	1.43	1.68	2.02	1.50	1.77	2.12
B3-2-2		市区工程	人工费+机械费	1.73	2.03	2.44	1.82	2.14	2.57
B3-3	提前竣工增加费								
B3-3-1	其中	缩短工期比例10%以内	人工费+机械费	0.01	0.83	1.65	0.01	0.88	1.75
B3-3-2		缩短工期比例20%以内		1.65	2.06	2.47	1.75	2.16	2.57
B3-3-3		缩短工期比例30%以内		2.47	2.97	3.47	2.57	3.12	3.67
B3-4	二次搬运费		人工费+机械费	0.08	0.26	0.44	0.09	0.27	0.45
B3-5	冬雨季施工增加费		人工费+机械费	0.06	0.13	0.20	0.07	0.14	0.21

注：施工组织措施项目费费率使用说明如下。
1. 通用安装工程的安全文明施工基本费费率按照与建（构）筑物同步交叉配合施工的建筑设备安装工程进行测算，工业设备安装工程及不与建（构）筑物同步交叉配合施工（即单独进场施工）的建筑设备安装工程，其安全文明施工基本费费率乘以系数1.4。
2. 标化工地增加费费率的下限、中值、上限分别对应设区市级、省级、国家级标化工地，县市区级标化工地的费率按费率中值乘以系数0.7。

4. 其他项目费

其他项目费按不同计价阶段结合工程实际确定计价内容。

（1）暂列金额：分为标化工地暂列金额、优质工程暂列金额、其他暂列金额。招标控制价和投标报价的暂列金额应保持一致，竣工结算时，暂列金额应予以取消，另根据实际发生项目增加相应费用。标化工地暂列金额应以招标控制价中分部分项工程费与施工技术措施项目费的"定额人工费+定额机械费"乘以标化工地增加费相应费率进行计算；优质工程暂列金额应以招标控制价中除暂列金额外的税前工程造价乘以优质工程增加费相应费率进行计算；其他暂列金额应以招标控制价中除暂列金额外的税前工程造价乘以相应估算比例进行计算，估算比例一般不高于 5%。

（2）暂估价：分为专业工程暂估价和专项措施暂估价。招标控制价与投标报价的专业工程暂估价应保持一致，材料（工程设备）暂估单价列入分部分项工程项目的综合单价计算；竣工结算时，专业工程暂估价以专业工程结算价取代。专项措施暂估价以专项措施结算价取代并计入施工技术措施项目费中。

（3）计日工：按计日工数量乘以计日工综合单价之和进行计算。计日工数量以招标人在发承包计价前提供的"暂估数量"进行计算，计日工综合单价应按除税金外的全部费进行计算。

（4）施工总承包服务费：按专业发包工程管理费和甲供材料设备保管费之和进行计算。专业发包工程管理费按各专业发包工程金额乘以相应费率计算；甲供材料设备保管费按甲供材料金额、甲供设备金额分别乘以各自的保管费费率计算。

（5）优质工程增加费：以获奖工程除本费用外的税前工程造价乘以优质工程增加费相应费率进行计算。由于优质工程是在工程竣工后进行评定，且不一定发生或达到预期要求的等级，因此遇发包人有优质工程要求的，在编制投标报价时，优质工程增加费可按暂列金额方式列项计算。

通用安装工程其他项目费费率见表 1.19。

表 1.19 通用安装工程其他项目费费率

定额编号	项目名称		计算基数	费率 /%
B4	其他项目费			
B4-1	优质工程增加费			
B4-1-1	其中	县市区级优质工程	除优质工程增加费外税前工程造价	1.00
B4-1-2		设区市级优质工程		1.35
B4-1-3		省级优质工程		1.80
B4-1-4		国家级优质工程		2.25
B4-2	施工总承包服务费			
B4-2-1	其中	专业发包工程管理费（管理、协调）	专业发包工程金额	1.00～2.00
B4-2-2		专业发包工程管理费（管理、协调、配合）		2.00～4.00
B4-2-3		甲供材料保管费	甲供材料金额	0.50～1.00
B4-2-4		甲供设备保管费	甲供设备金额	0.20～0.50

注：其他项目费费率使用说明如下。
1. 其他项目费不分计税方法，统一按相应费率执行。
2. 优质工程增加费费率按工程质量综合性奖项测定，适用于获得工程质量综合性奖项工程的计价；获得工程质量单项性专业奖项的工程，费率标准由发包方双方自行商定。
3. 专业发包工程管理费的取费基数按其税前金额确定，不包括相应的销项税；甲供材料保管费和甲供设备保管费的取费基数按其含税金额计算，包括相应的进项税。

5. 规费

编制招标控制价时,规范应以分部分项工程费与施工技术措施项目费中的"定额人工费+定额机械费"乘以规费相应费率进行计算;编制投标报价时,投标人根据本企业实际交纳"五险一金"的情况自主确定规费费率,规费应以分部分项工程费与施工技术措施项目费中的"人工费+机械费"乘以自主规费费率进行计算。通用安装工程规费费率见表1.20。

表1.20 通用安装工程规费费率

定额编号	项目名称	计算基数	费率/%	
			一般计税法	简易计税法
B5	规费			
B5-1	水、电、暖通、消防、智能、自控及通信安装工程	人工费+机械费	30.63	30.48
B5-2	设备及工艺金属结构安装工程		27.66	27.36

注:规费费率使用说明同企业管理费。

6. 税金

税金应依据国家税法所规定的计算基数和税率进行计算,不得作为竞争性费用。

税金按税前工程造价乘以增值税相应税率进行计算。遇税前工程造价包含甲供材料、甲供设备金额的,应在计算基数中予以扣除;增值税税率应根据计价工程按规定选择的适用计税方法分别以增值税销项税税率或增值税征收率取定。通用安装工程税金税率见表1.21。

表1.21 通用安装工程税金税率

定额编号	项目名称	适用计税方法	计算基数	税率/%
B6	增值税			
B6-1	增值税销项税	一般计税法	税前工程造价	10.00
B6-2	增值税征收率	简易计税法		3.00

注:采用一般计税法计税时,税前工程造价中的各费用项目均不包含增值税进项税额;采用简易计税法计税时,税前工程造价中的各费用项目均应包含增值税进项税额。

根据浙江省住房和城乡建设厅2019年3月27日发文《关于增值税调整后我省建设工程计价依据增值税税率及有关计价调整的通知》(浙建建发〔2019〕92号文),计算增值税销项税额时,增值税税率由10%调整为9%,自2019年4月1日起执行。

知识点3:招投标阶段安装工程施工费用计算程序

招投标阶段安装工程施工费用计算程序(表1.22)仅适用于单位工程的招标控制价和投标报价编制,本程序的相关说明参见《浙江省建设工程计价规则》(2018版)的相关说明,其他阶段的安装工程施工费用计算程序同样参见该规范文本,此处不再列出。

任务 1 认识安装工程量清单与安装工程定额

表 1.22 招投标阶段安装工程施工费用计算程序

序号	费用项目			计算方法（公式）
一	分部分项工程费			∑（分部分项工程数量 × 综合单价）
	其中	1. 人工费 + 机械费		∑分部分项工程（人工费 + 机械费）
二	措施项目费			（一）+（二）
	（一）施工技术措施项目费			∑（施工技术措施项目工程数量 × 综合单价）
	其中	2. 人工费 + 机械费		∑施工技术措施项目（人工费 + 机械费）
	（二）施工组织措施项目费			按实际发生项之和进行计算
	其中	3. 安全文明施工基本费		（1+2）× 费率
		4. 提前竣工增加费		
		5. 二次搬运费		
		6. 冬雨季施工增加费		
		7. 行车、行人干扰增加费		
		8. 其他施工组织措施费		按相关规定进行计算
三	其他项目费			（三）+（四）+（五）+（六）
	（三）暂列金额			9+10+11
	其中	9. 标化工地暂列金额		（1+2）× 费率
		10. 优质工程暂列金额		除暂列金额外税前工程造价 × 费率
		11. 其他暂列金额		除暂列金额外税前工程造价 × 估算比例
	（四）暂估价			12+13
	其中	12. 专业工程暂估价		按各专业工程的除税金外全费用暂估金额之和进行计算
		13. 专项措施暂估价		按各专项措施的除税金外全费用暂估金额之和进行计算
	（五）计日工			∑计日工（暂估数量 × 综合单价）
	（六）施工总承包服务费			14+15
	其中	14. 专业发包工程管理费		∑专业发包工程（暂估金额 × 费率）
		15. 甲供材料设备保管费		甲供材料暂估金额 × 费率 + 甲供设备暂估金额 × 费率
四	规费			（1+2）× 费率
五	税前工程造价			一 + 二 + 三 + 四
六	税金（增值税销项税或增值税征收率）			五 × 税率
七	建筑安装工程造价			五 + 六

任务小结

本任务是依据《建设工程工程量清单计价规范》（GB 50500—2013）、《通用安装工程工程量计算规范》（GB 50856—2013）、《浙江省通用安装工程预算定额》（2018 版）、《浙江省建设工程计价规则》（2018 版）等文件，结合现场实际案例进行编制的。学习本任务内容时，要求学生结合教材内知识点、规范文件和案例等进行线上线下混合学习，完成每个子任务的任务书。

本任务划分为 3 个子任务，即认识安装工程量清单、认识安装工程定额、进行安装工程量清单计价。"认识安装工程量清单"任务主要介绍工程量清单的定义、编制依据等，重点要求学生了解安装工程量清单文件的组成及编制方法；"认识安装工程定额"任务主要介绍预算定额的概念、编制等，重点要求学生熟悉《浙江省通用安装工程预算定额》（2018版）的内容及使用方法；"进行安装工程量清单计价"任务主要介绍安装工程费用的项目组成、安装工程的计价方法等内容，重点掌握安装工程费用的项目组成及安装工程的计价方法，并能进行安装工程总造价的计算。

任务1.1
在线答题

任务1.2
在线答题

任务1.3
在线答题

任务 2

建筑给排水工程计量与计价

任务 2 建筑给排水工程计量与计价

知识引入

一、建筑生活排水系统的分类和组成

给排水工程包括给水工程和排水工程两个系统。按照其所处位置的不同，给排水工程可分为市政给排水工程和建筑给排水工程。本任务主要以建筑内部（室内）给排水工程为主。

1. 室外生活给排水系统

室外生活给水系统由取水构筑物、水处理构筑物、泵站和室外配水管网等部分组成；室外生活排水系统由排水管网、窨井、污水泵站及污水处理和出口等组成。

央视公益短片：每天节约一滴水

拓展讨论

党的二十大报告提出，统筹水资源、水环境、水生态治理，推动重要江河湖库生态保护治理，基本消除城市黑臭水体。作为公民，在生活中如何节约每一滴水？请观看央视公益短片后展开讨论。

2. 室内生活给排水系统

1）室内生活给水系统

室内生活给水系统一般由引入管（包括水表阀门）、水表节点、管道系统（包括干管、立管、支管）、用水设备、给水附件等基本部分，以及增压和贮水设备等组成，如图 2.1 所示。

生活给水系统的组成

（1）引入管。将建筑物内部给水系统与城市给水管网或建筑小区给水管网连接起来的联络管段称为引入管，也称进户管。引入管通常采用埋地敷设方式引入。从供水的可靠性和配水平衡等方面考虑，引入管应从建筑物用水量最大处和不允许断水处引入。

（2）水表节点。在引入管室外部分离开建筑物适当位置处，设置水表井或阀门井，在引入管上装设的水表、阀门等计量及控制附件总称为水表节点（图 2.2）。水表节点用于对整支管道的用水进行总计量或总控制。

（3）管道系统。管道系统是指由干管、立管、支管等组成的建筑内部的一套供水管网系统。干管是室内给水管道的主线，立管是指由干管通往各楼层的管线，支管是指从立管（或干管）接往各用水点的管线。

（4）用水设备。对于生活给水系统，用水设备是指各种用水器具，如水龙头；对于生产给水系统，用水设备是指各生产用水设备。

（5）给水附件。给水附件是指为保证给水系统正常运行而设置在管路上的各种闸阀、止回阀、安全阀和减压阀等，可用来控制和分配水量。

（6）增压和贮水设备。增压和贮水设备是指当城市管网压力不足或建筑对安全供水、水压稳定有要求时，需设置的水箱、水泵、气压装置、水池等设备。

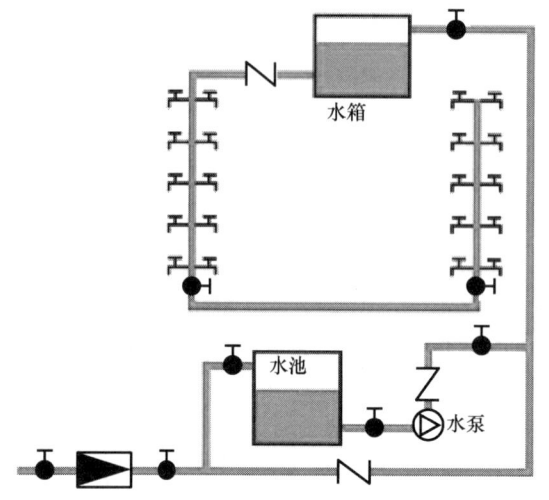

图 2.1 室内生活给水系统图

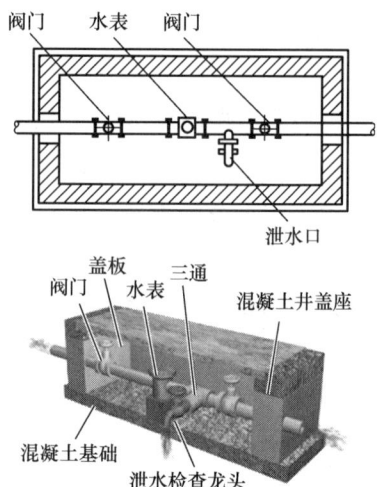

图 2.2 水表节点

2）室内生活污（废）水排水系统

一个完整的室内生活污（废）水排水系统由污（废）水收集器、排水附件、排水管道系统、清通设备等部分组成。图 2.3 所示为某室内生活污（废）水排水系统图。

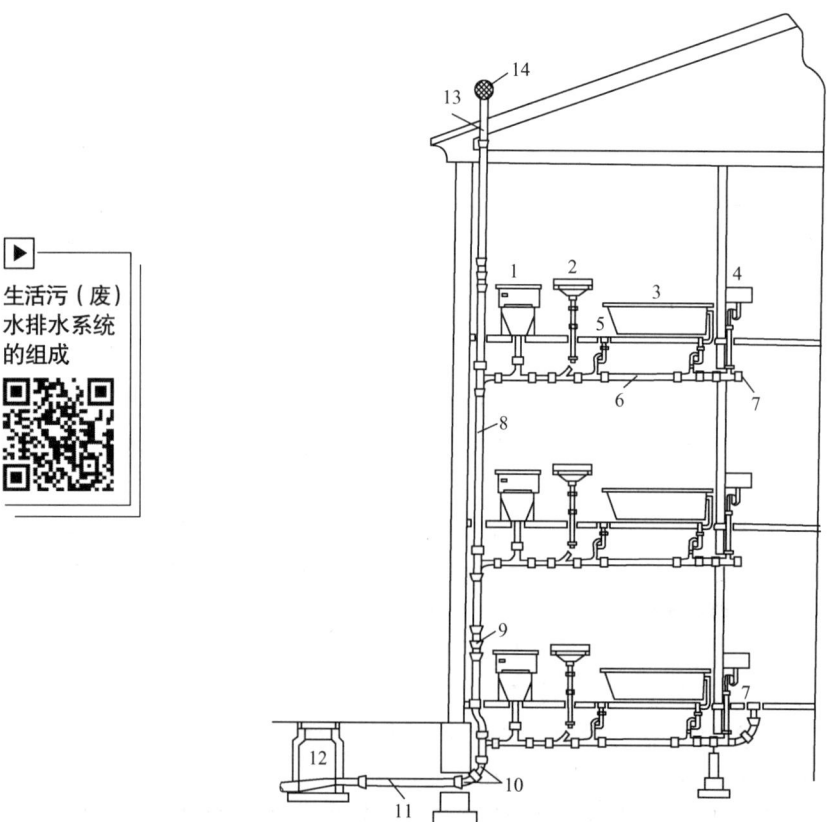

1—大便器；2—洗脸盆；3—浴盆；4—洗涤盆；5—地漏；6—横支管；7—清扫口；8—立管；
9—检查口；10—45°弯头；11—排出管；12—检查井；13—通气管；14—通气帽。

图 2.3 某室内生活污（废）水排水系统图

（1）污（废）水收集器。污（废）水收集器是用来收集污（废）水的器具。其是建筑排水系统的起点，如室内的卫生器具、生产设备受水器等。

（2）排水附件。排水附件包括地漏和存水弯。存水弯是连接在卫生器具与排水支管之间的管件，用于防止排水管内腐臭、有害气体、虫类等通过排水管进入室内。如果卫生器具自带存水弯，则不用再安装。

（3）排水管道系统。排水管道系统包括器具排水管、排水横支管、排水立管、排水干管、排出管及通气管。

（4）清通设备。清通设备是指设在排水管道中的检查口、清扫口及检查井等，用以疏通排水管道。

3）屋面雨水排水系统

（1）檐沟外排水系统：一般用于屋面面积较小的居住建筑、公共建筑及单跨的工业建筑。檐沟外排水系统主要由檐沟、雨水斗及雨水立管组成。

（2）天沟外排水系统：一般用于多跨厂房建筑。天沟外排水系统主要由天沟、雨水斗、排水立管和排出管组成。

（3）内排水系统：雨水管道设在建筑内部，适用于大屋面建筑及在外墙设雨水立管有困难的建筑。内排水系统一般由雨水斗、连接管、悬吊管、立管、排出管及清通设备等组成。

（4）虹吸式雨水排水系统：在虹吸状态下，池中的水在大气压作用下沿管道流出。形成虹吸的条件是管道内为液体充满状态（不被大气所贯通）、管道出口低于液面、液面的高差大于水流阻力。虹吸式雨水排水系统利用虹吸原理进行排水，与传统的重力流屋面雨水排水系统相比，其具有无须坡度、管道布置灵活、占用空间小等优点。

任务 2 建筑给排水工程计量与计价

引入案例

依据《通用安装工程工程量计算规范》(GB 50856—2013)和《浙江省通用安装工程预算定额》(2018 版)中有关建筑给排水工程计量与计价的要求,计算下面某幼儿园建筑给排水工程的工程量,并编制其分部分项工程量清单,进行清单计价。本工程基本概况如下。

1. 本工程为钢筋混凝土框架结构,地下局部一层,地上三层,层高 3.9m。本工程采用相对标高,单位以 "m" 计,给水管标高以管中心计、排水管标高以管底计,其余尺寸以 "mm" 计。

2. 除标注尺寸外,管中心距离墙面的距离:管径≤50mm 的管道按 50mm 计,50mm<管径≤100mm 的管道按 100mm 计,100mm<管径≤200mm 的管道按 150mm 计。

3. 给水系统:竖向不分区,均由市政自来水直供;生活冷水给水管采用 PPR 塑料管,$DN15$、$DN20$ 的采用 S4 系列,$DN25$ 及以上的采用 S5 系列,热熔连接;生活给水管道安装完毕后需进行试压($P=0.9$MPa);生活给水管道在系统运行前必须冲洗和消毒。

4. 排水系统:排水管采用硬聚氯乙烯(UPVC)管,粘接,管道安装完毕后进行灌水试验;卫生设备排水留洞已根据所定洁具型号预留。小便器均采用墙排水,排水口中心点距地面 0.3m。不考虑地漏与墙边的距离。

5. 穿楼板给水排水管道设置一般钢套管(套管直径比工作管道大两号),穿屋面、外墙管道设置刚性防水套管。

6. 各卫生器具的给水点除注明外,安装高度如下:洗脸盆距地 450mm,儿童洗脸盆距地 600mm,蹲便器距地 250mm,小便器冲洗阀距地 1200mm,洗涤盆距地 1000mm。

7. 材料设备规格型号:台下式陶瓷洗脸盆,采用感应式水嘴;壁挂式陶瓷小便器,采用自闭式冲洗阀;低水箱蹲式陶瓷大便器;不锈钢儿童洗手槽,配备 6 个水龙头;带冷热水混合水龙头洗涤盆;陶瓷洗涤盆,单嘴;圆形不锈钢地漏;$DN100$ 地面扫除口,铜制品;阀门(当管径≤50mm 时,采用 J11W-10T 截止阀;当管径>50mm 时,采用 Z41T-10 闸阀)。

(任务书与引入案例采用同一套图纸,适用以上说明,相关图纸如图 2.4~图 2.16 所示。)

给水系统识图

排水系统识图

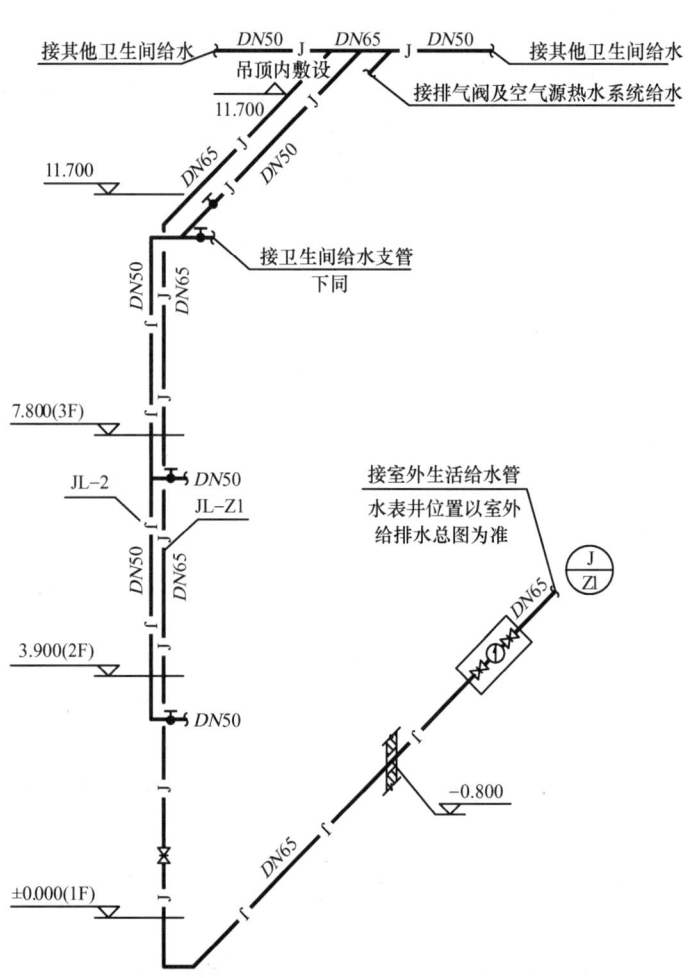

图 2.4 给水系统图

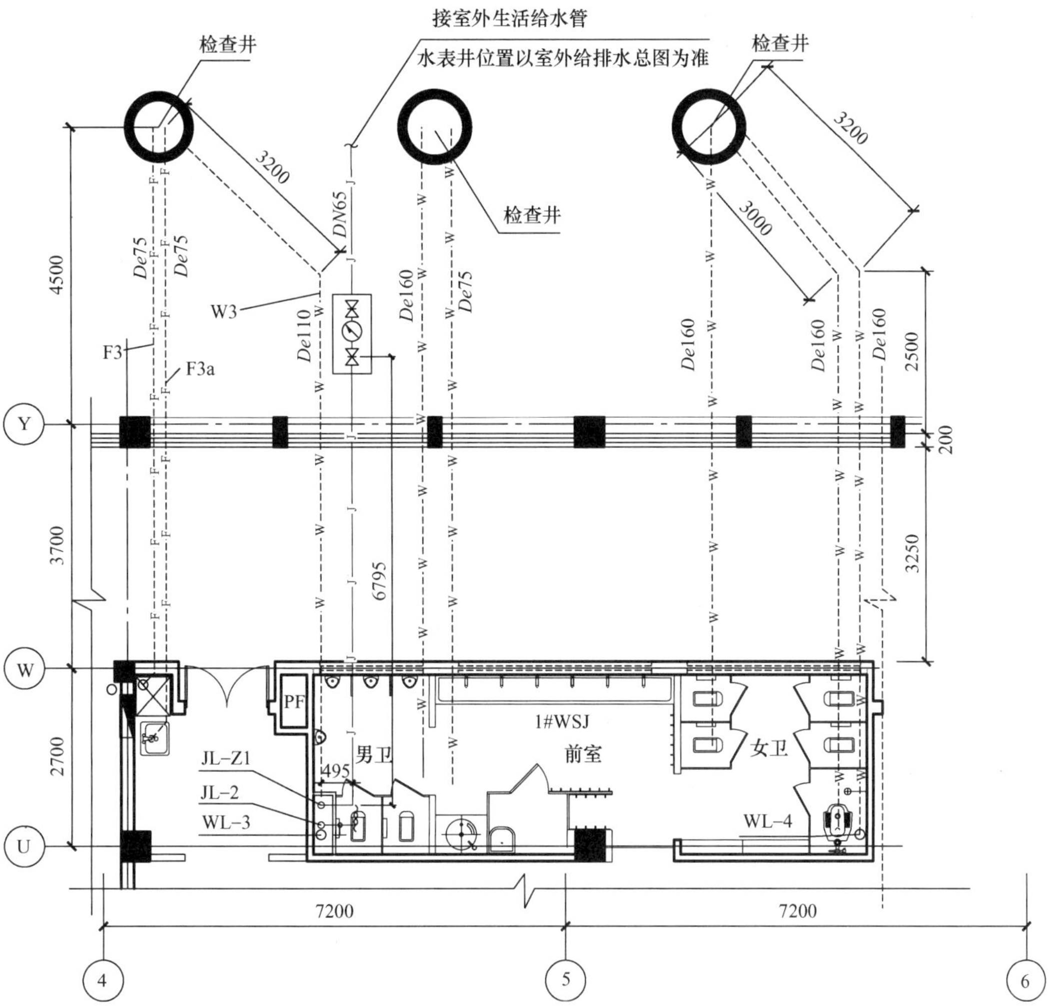

图 2.5 首层局部建筑平面图

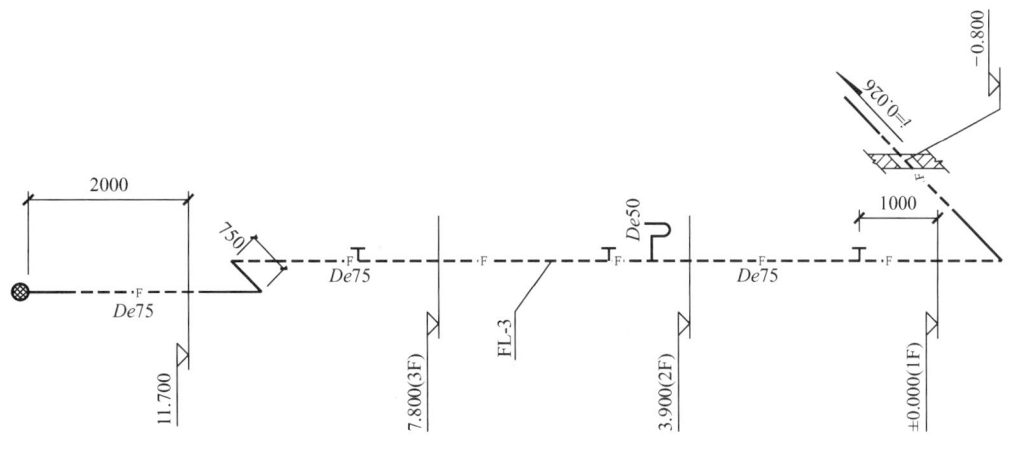

图 2.6 排水系统图 1

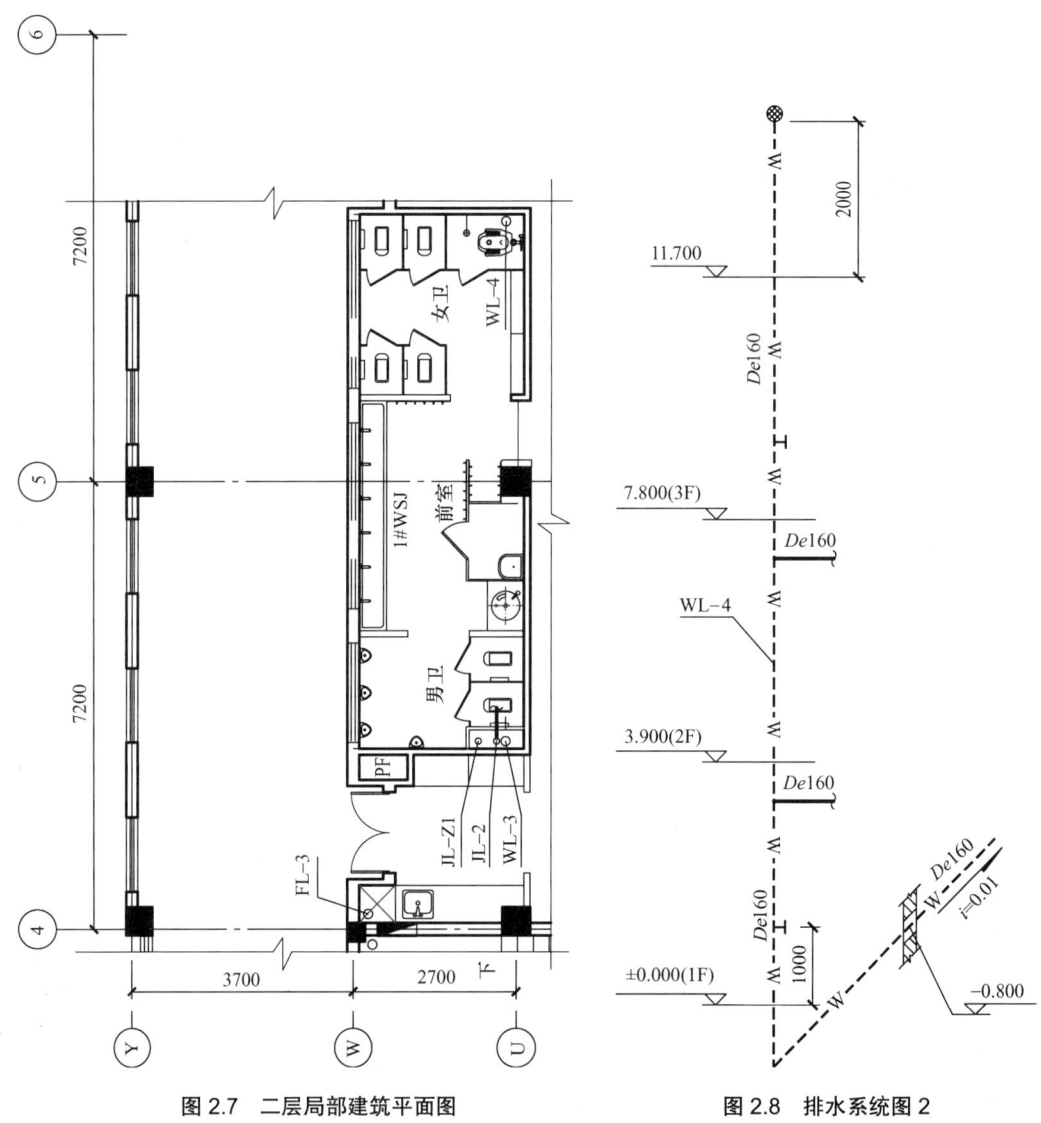

图 2.7　二层局部建筑平面图　　　图 2.8　排水系统图 2

任务 2 建筑给排水工程计量与计价

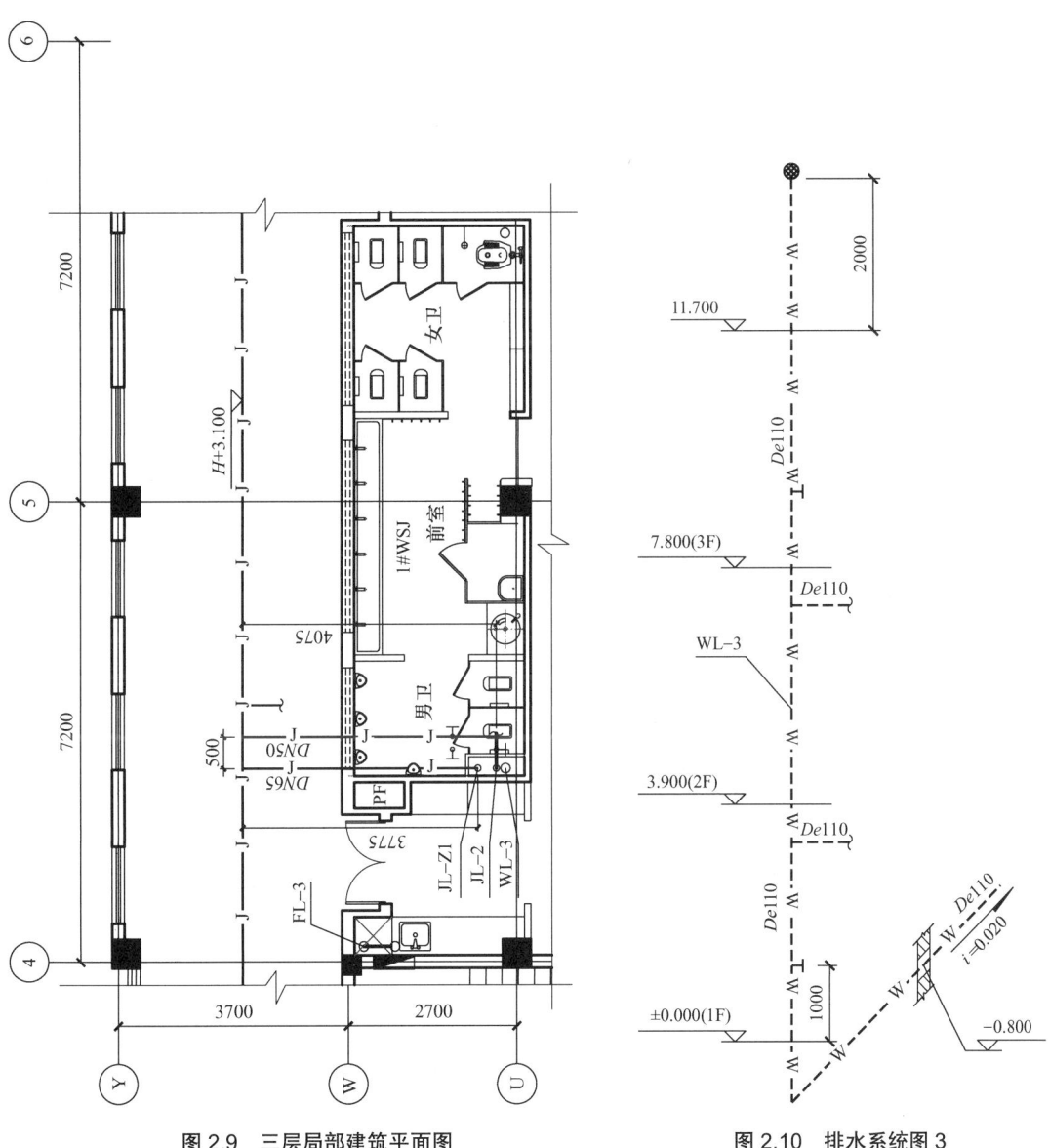

图 2.9 三层局部建筑平面图　　图 2.10 排水系统图 3

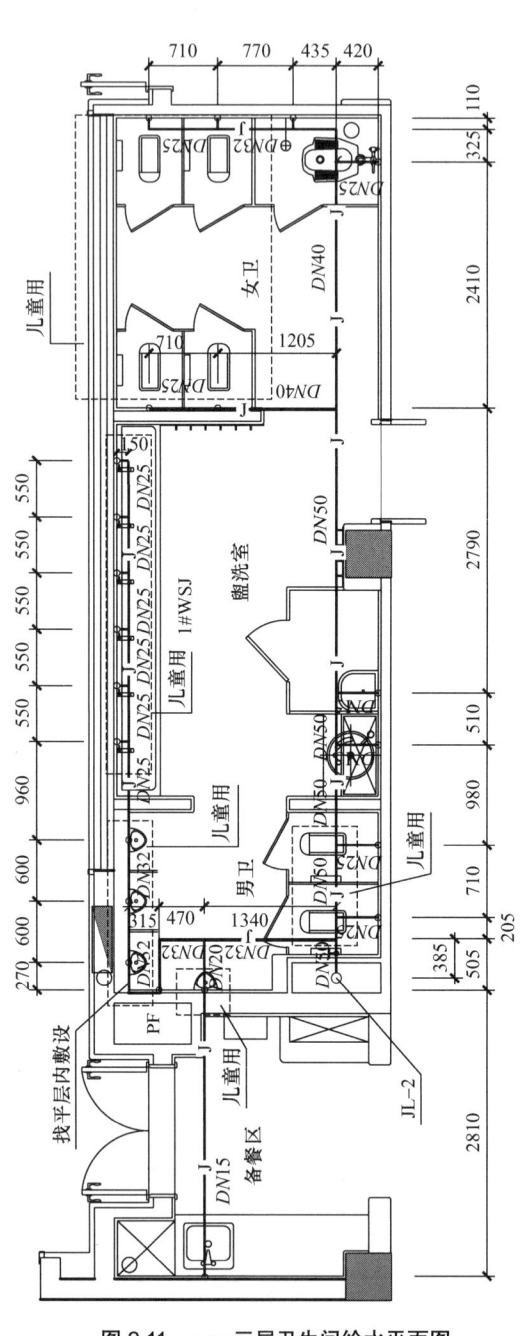

图 2.11　一~三层卫生间给水平面图

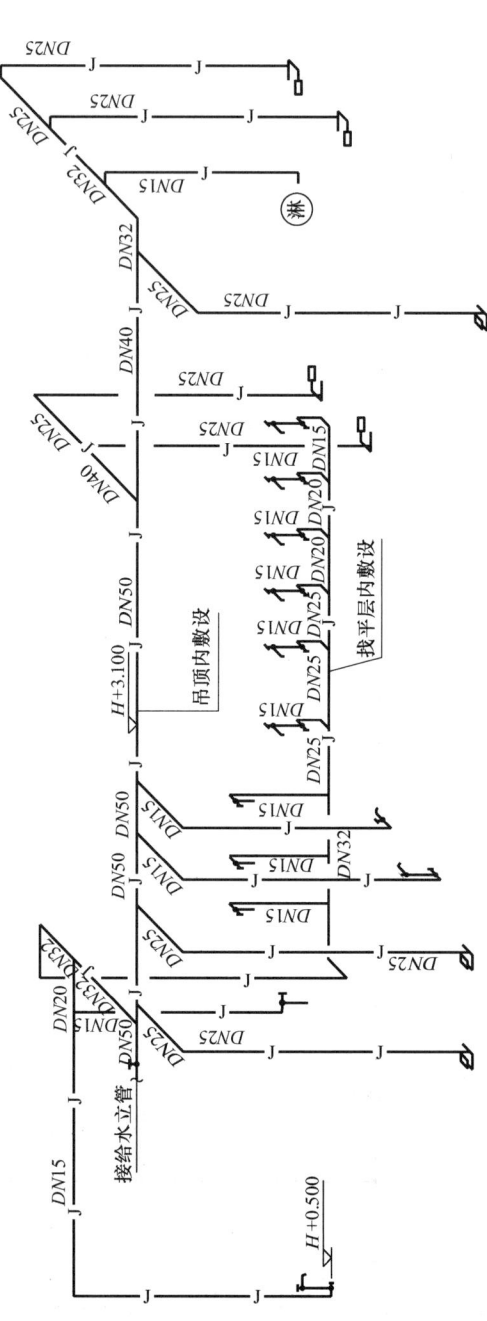

图 2.12　一~三层卫生间给水系统图

任务 2 建筑给排水工程计量与计价

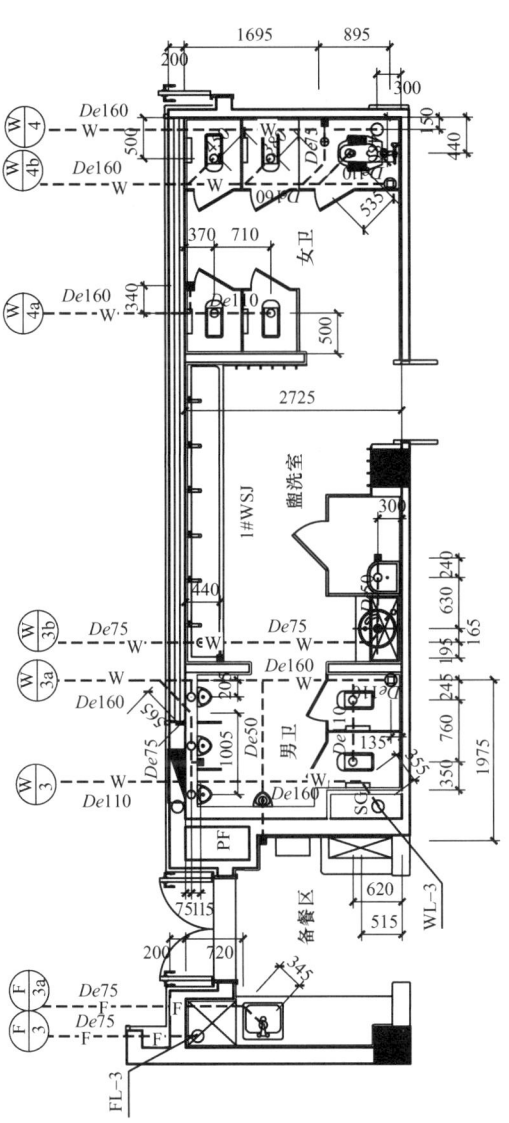

图 2.13 一层卫生间排水平面图

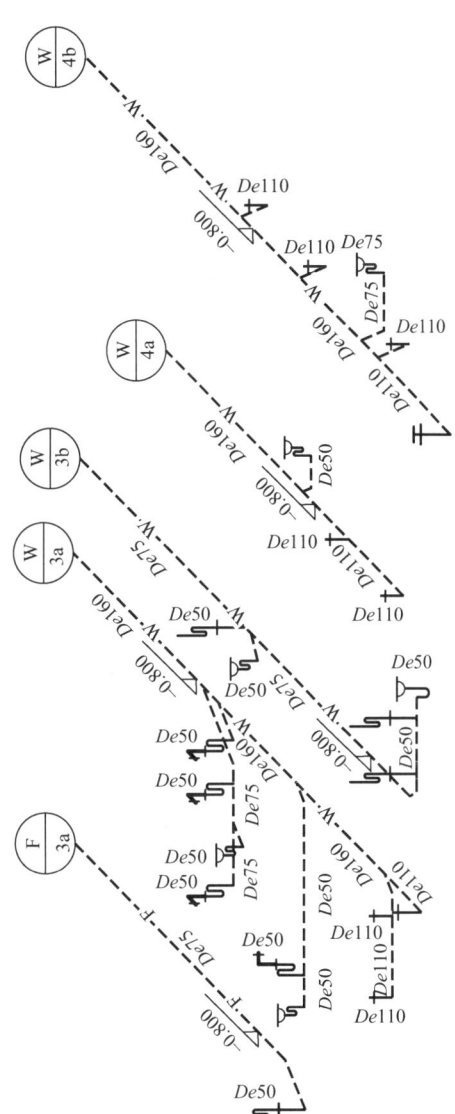

图 2.14 一层卫生间排水系统图

2-13

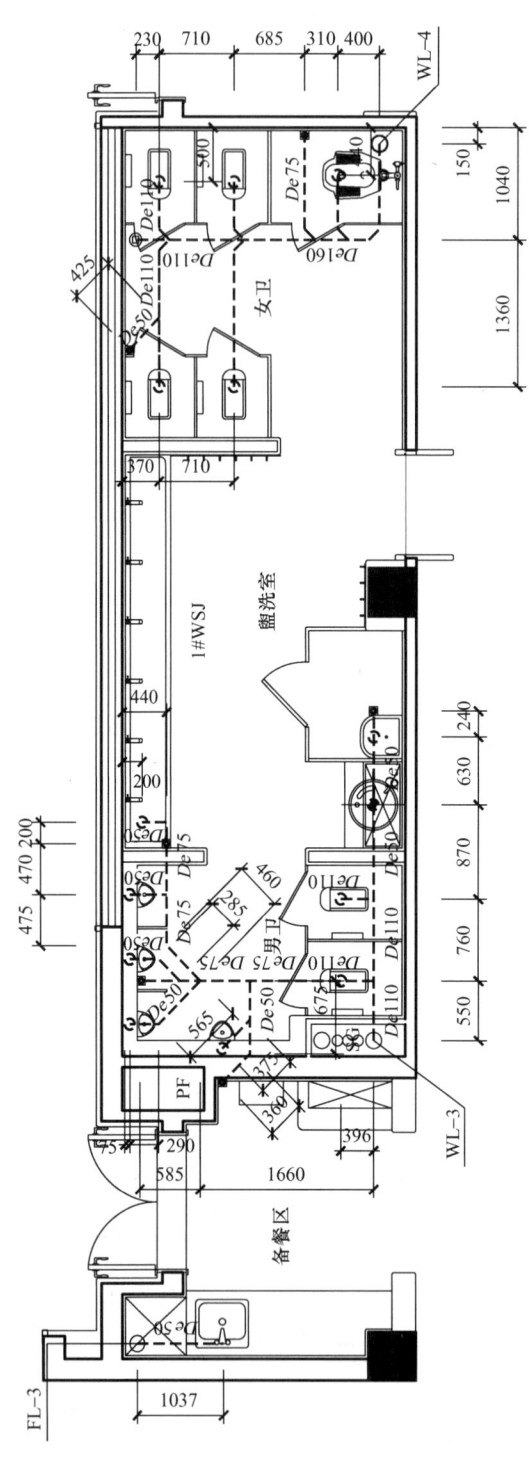
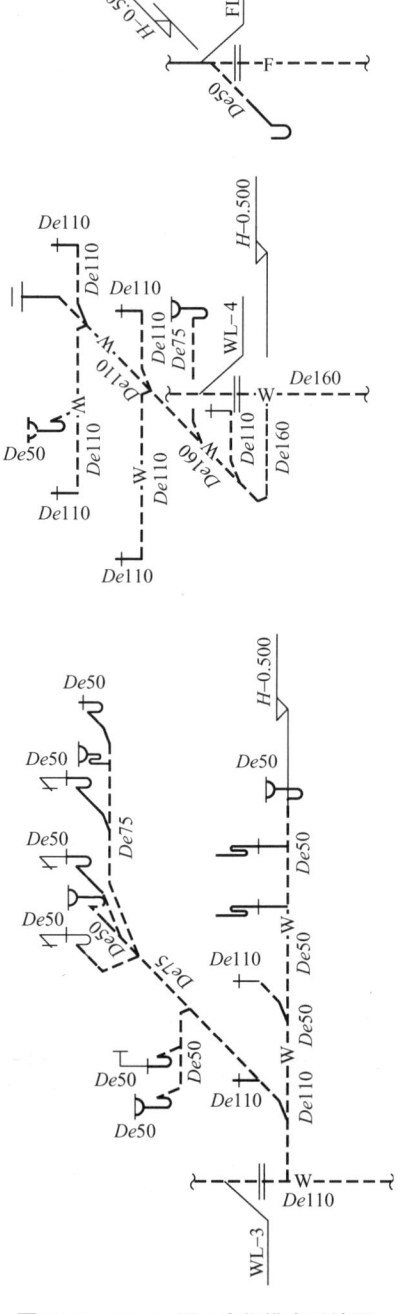

图 2.15　二、三层卫生间排水平面图　　　　图 2.16　二、三层卫生间排水系统图

任务 2.1 管道计量与计价

思维导图

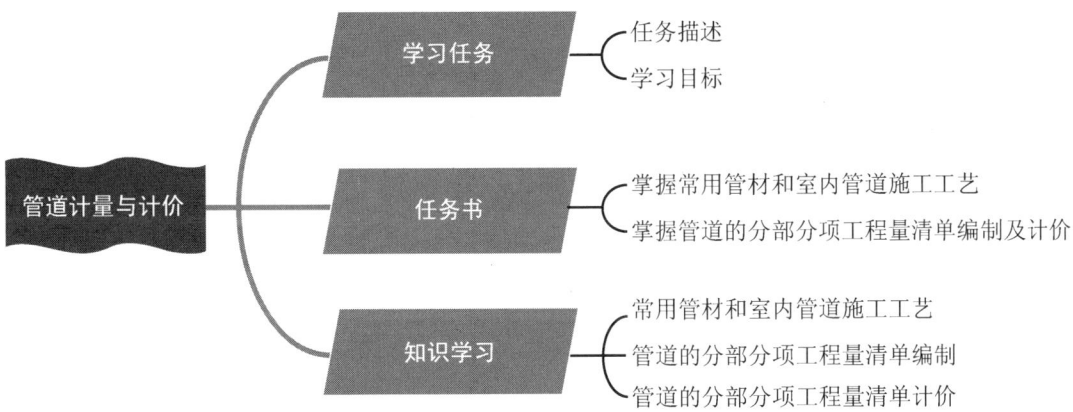

任务描述

本任务依据《通用安装工程工程量计算规范》（GB 50856—2013）和《浙江省通用安装工程预算定额》（2018 版）的相关规定，主要介绍了以下几方面内容：一是常用管材和室内管道施工工艺；二是管道的分部分项工程量清单编制，包括工程量计算方法；三是管道的分部分项工程量清单计价，包括工程量清单计价的项目组合和综合单价的计算。本任务要求学生在掌握知识点的基础上完成任务书。

学习目标

1. 知识目标

（1）掌握管道的工程量计算规则及计量方法。
（2）掌握管道的分部分项工程量清单的构成及编制方法。
（3）熟悉管道的预算定额表格，掌握其工程量清单计价的项目组合。

2. 能力目标

（1）能够熟练地计算管道的分部分项工程量。
（2）能够编制管道的分部分项工程量清单。
（3）能够在所编制的工程量清单基础上找到对应的定额子目。
（4）能够举一反三，从案例中吸取经验和教训，运用到其他工程实例中。

3. 素质目标

（1）通过对建筑给排水相关规范规则的了解，树立"执行行业标准和法规"的职业意识。

（2）通过学习工程量清单编制及计价，培养理论联系实际、认真观察生活的意识。

任务 2 建筑给排水工程计量与计价

任务书				
班级：	学号：	姓名：	日期：	页数：4

工作准备

1. 熟悉管道的施工工艺，了解管道的敷设方式、连接方法、材质等信息。
2. 自行阅读《通用安装工程工程量计算规范》（GB 50856—2013）和《浙江省通用安装工程预算定额》（2018 版）关于给排水管道的相关规定。

工作实施

1. 室内生活给水系统。

问题 1：扫描右上角的二维码，阅读图纸并计算图纸中给水管道的工程量。

任务图

问题 2：在"问题 1"计算书的基础上，编制给水管道的分部分项工程量清单。

问题3：在"问题2"的基础上，结合图纸和各分部分项工程的工作内容，找出各工程量清单项目对应的定额子目，并将定额编码填入相应表格中，如需换算，请在定额编号后加"换"字。

2. 室内生活污（废）水排水系统。
问题4：扫描本任务书首页的二维码，阅读并计算图纸中排水管道的工程量。

问题 5：在"问题 4"计算书的基础上，编制排水管道的分部分项工程量清单。

问题 6：在"问题 5"的基础上，结合图纸和各分部分项工程的工作内容，找出各工程量清单项目对应的定额子目，并将定额编码填入相应表格中，如需换算，请在定额编号后加"换"字。

任务反馈

学生根据对常用管材及室内管道施工工艺、管道的分部分项工程量清单编制及计价的掌握程度，进行自我评价，评价自己是否能完成知识点的学习、是否能按时完成任务书、有无任务遗漏。同时学生以小组为单位，共同学习，针对组内成员的学习过程和结果进行互评。教师对学生的评价包括任务书的书写是否工整，是否按时完成任务书，完成质量是否达标。将各自的评价总分填入下表，教师可根据学生的表现情况额外进行增值评价。

学生遇到问题时，可先进行组内讨论，针对争议性问题或组内讨论后仍无法解决的问题，可填写在下表的相应位置。

学生自评	组内互评	教师评价	增值评价
综合总评			
学生学习情况反馈（问题、难点等）			

拓展思考

1. 管道刷油如何计量与计价？
2. 扫码查看完整的 CAD 图，计算屋面雨水排水系统工程量，编制分部分项工程量清单，并进行组价。
3. 建筑给排水室外管道如何施工？如何进行建筑给排水室外管道的计量与计价？

任务 2 建筑给排水工程计量与计价

知识学习

管道的分部分项工程量清单计价应先根据《通用安装工程工程量计算规范》(GB 50856—2013)(简称《计算规范》)列出清单子目,并计算工程量,而后根据《计算规范》所列的工作内容,结合《浙江省通用安装工程预算定额》(2018 版)(简称《预算定额》)的相关规定进行计价。

管道的分部分项工程量清单计价步骤如下:确定管道的清单子目和工作内容→计算管道的工程量→编制管道的分部分项工程量清单→套取预算定额并计算各子目综合单价。

PPR 管

热熔连接

粘接

知识点 1:常用管材和室内管道施工工艺

1. 常用管材

1)常用给水管材及连接方式

常用给水管材有塑料管、金属管、复合管等。

(1)塑料管。给水常用的塑料管是 PPR 管,其是由丙烯-乙烯共聚物加入适量的稳定剂,经挤压成型的热塑性塑料管,在我国塑料管材质中使用较早。PPR 管具有耐腐蚀、不结垢、耐高温、耐高压、质量轻、安装方便等特点,主要应用在建筑室内生活冷热水供应系统、中央空调水系统,通常用作建筑给水系统的卫生间支管。PPR 管一般采用热熔连接。图 2.17 所示为塑料管及其连接。

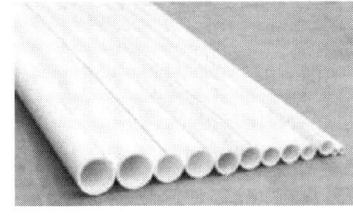
(a)塑料管
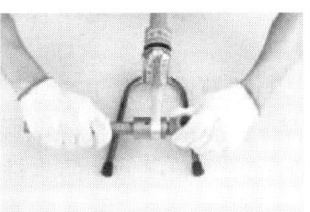
(b)热熔连接

(c)粘接

图 2.17 塑料管及其连接

(2)金属管。民用建筑给水系统中常用的金属管有钢管和铸铁管。钢管有焊接钢管(又称水煤气管)和无缝钢管两种,焊接钢管又分镀锌钢管(白铁管)和非镀锌钢管(黑铁管)两种,主要适用于空调给水、消防给水、采暖系统等工作压力低且要求不高的管道系统中。钢管可采用螺纹连接(又称丝扣连接)、焊接、法兰连接和沟槽连接。图 2.18 所示为金属管及其连接。

(a)白铁管

(b)黑铁管
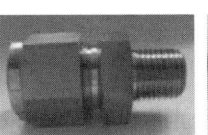
(c)螺纹连接
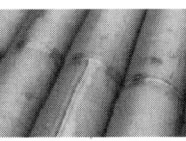
(d)焊接

(e)法兰连接

(f)沟槽连接

图 2.18 金属管及其连接

（3）复合管。复合管是金属与塑料混合型管材，目前工程中常用的是钢塑复合管。钢塑复合管由镀锌钢管和管件以及 ABS、PVC、PE 等工程塑料管道复合而成，通常用作生活给水系统中的干管和立管。钢塑复合管一般采用螺纹连接，管径大于 100mm 的钢塑复合管应采用沟槽连接或法兰连接。图 2.19 所示为复合管。

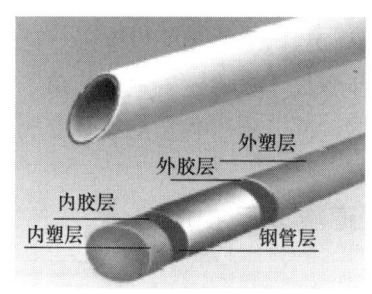

图 2.19　复合管

2）常用排水管材及连接方式

常用排水管材有塑料管、双壁波纹管、铸铁管等。

（1）塑料管。排水常用的塑料管是 UPVC 塑料排水管，它一般采用粘接，常用作卫生间排水支管，即卫生器具排水管和排水横支管。

（2）双壁波纹管。双壁波纹管是一种用料省、刚性高、弯曲性优良、具有波纹状外壁和光滑内壁的管材，可分为 HDPE（高密度聚乙烯）双壁波纹管和 UPVC 双壁波纹管两类。双壁波纹管一般采用橡胶圈挤压夹紧连接，广泛用于给水管、污水管、电缆管中，在污水排水系统中，多用于室外埋地的排出管。

（3）铸铁管。当建筑高度大于或等于 100m 时，排水立管通常选用新型柔性抗震铸铁管。新型柔性抗震铸铁管通常采用卡箍式连接，其具有抗震性能高、密封性能好、噪声低、防火性能好等优点，被广泛使用在高层建筑的污水立管、雨水立管中。图 2.20 所示为双壁波纹管及铸铁管。

(a) 双壁波纹管　　　　(b) 铸铁管

图 2.20　双壁波纹管及铸铁管

2. 室内管道施工工艺

（1）室内生活给水、热水供应系统管道安装的一般程序如下。

安装准备→预制加工→引入管安装→干管安装→立管安装→支管安装→管道试压→管道冲洗→管道防腐和保温。

（2）室内排水管道安装的一般程序如下。

安装准备→排出管安装→底层埋地横管及器具支管安装→立管安装→通气管安装→各层横支管安装→器具短支管安装等。

知识点2：管道的分部分项工程量清单编制

1. 清单编制说明

管道的工程量清单项目设置、项目特征描述的内容、计量单位及工程量计算规则，应按《计算规范》附录K.1的规定执行。管道的无损探伤与热处理，应按《计算规范》附录H相关项目编码列项。管道的除锈、刷油、保温除注明外，应按《计算规范》附录M相关项目编码列项。

2. 常用项目的清单规范

表2.1摘自《计算规范》附录K.1，在进行管道工程量清单项目编制时，应按附录K.1的规定执行。附录K.1共有11项清单项目，表2.1仅摘取其中7项。

表2.1 管道工程量清单项目设置

项目编码	项目名称	项目特征	计量单位	工程计算规则	工作内容
031001001	镀锌钢管	1. 安装部位 2. 介质 3. 规格、压力等级 4. 连接形式 5. 压力试验及吹、洗设计要求 6. 警示带形式	m	按设计图示管道中心线以长度计算	1. 管道安装 2. 管件制作、安装 3. 压力试验 4. 吹扫、冲洗 5. 警示带铺设
031001002	钢管	^			
031001003	不锈钢管	^			
031001004	铜管	^			
031001005	铸铁管	1. 安装部位 2. 介质 3. 材质、规格 4. 连接形式 5. 接口材料 6. 压力试验及吹、洗设计要求 7. 警示带形式			1. 管道安装 2. 管件安装 3. 压力试验 4. 吹扫、冲洗 5. 警示带铺设
031001006	塑料管	1. 安装部位 2. 介质 3. 材质、规格 4. 连接形式 5. 阻火圈设计要求 6. 压力试验及吹、洗设计要求 7. 警示带形式			1. 管道安装 2. 管件安装 3. 塑料卡固定 4. 阻火圈安装 5. 压力试验 6. 吹扫、冲洗 7. 警示带铺设
031001007	复合管	1. 安装部位 2. 介质 3. 材质、规格 4. 连接形式 5. 压力试验及吹、洗设计要求 6. 警示带形式			1. 管道安装 2. 管件安装 3. 塑料卡固定 4. 压力试验 5. 吹扫、冲洗 6. 警示带铺设

3. 工程量清单项目特征描述

在《计算规范》中，管道的清单项目特征描述主要涉及安装部位、输送介质、材质、型号、规格、连接形式、接口材料等内容，须结合工程实际情况予以描述，具体要求如下。

（1）安装部位按管道安装在室内、室外的不同编制清单项目。

（2）输送介质包括给水、排水、中水、雨水、热媒体、燃气、空调水等。

（3）材质按焊接钢管（镀锌、不镀锌）、无缝钢管、铸铁管（承插铸铁管、球墨铸铁管、柔性抗震铸铁管等）、铜管（T1、T2、T3、H59-96）、不锈钢管（0Cr18Ni9、1Cr18Ni9Ti）、塑料管（PVC、UPVC、PPR、PPC、PE、PB等）、复合管（钢塑复合管、铝塑复合管、钢骨架复合管等）等不同特征分别编制清单项目。

（4）型号、规格分别按照不同管径大小编制清单项目。

（5）连接形式按接口形式的不同，如螺纹连接、焊接（电弧焊、氧乙炔焊）、承插连接、卡接、热熔连接、粘接等不同特征分别列项。

（6）接口材料指承插连接的管道的接口材料，如铅、膨胀水泥、石棉水泥、橡胶圈等。

（7）压力试验按设计要求描述试验方法，如水压试验、气压试验、泄漏性试验、闭水试验、通球试验、真空试验等；吹、洗按设计要求描述吹扫、冲洗方法，如水冲洗、消毒冲洗、空气吹扫等。

（8）排水管道安装包括立管检查口、透气帽。

（9）管道工程量计算不扣除阀门、管件（包括减压器、疏水器、水表、伸缩器等组成安装）及附属构筑物所占长度。

举例说明：

任务2的"引入案例"中，编制的管道分部分项工程量清单见表2.2。

表2.2 管道分部分项工程量清单

序号	项目编码	项目名称	项目特征	计量单位	工程量
1	031001006001	塑料管	1.安装部位：室内 2.介质：冷水 3.材质、规格：PPR15 4.连接形式：热熔连接 5.压力试验及吹、洗设计要求：水压试验、水冲洗、消毒	m	70.290
2	031001006002	塑料管	1.安装部位：室内 2.介质：冷水 3.材质、规格：PPR20 4.连接形式：热熔连接 5.压力试验及吹、洗设计要求：水压试验、水冲洗、消毒	m	4.815

续表

序号	项目编码	项目名称	项目特征	计量单位	工程量
3	031001006003	塑料管	1. 安装部位：室内 2. 介质：冷水 3. 材质、规格：PPR25 4. 连接形式：热熔连接 5. 压力试验及吹、洗设计要求：水压试验、水冲洗、消毒	m	74.730
4	031001006004	塑料管	1. 安装部位：室内 2. 介质：冷水 3. 材质、规格：PPR32 4. 连接形式：热熔连接 5. 压力试验及吹、洗设计要求：水压试验、水冲洗、消毒	m	26.190
5	031001006005	塑料管	1. 安装部位：室内 2. 介质：冷水 3. 材质、规格：PPR40 4. 连接形式：热熔连接 5. 压力试验及吹、洗设计要求：水压试验、水冲洗、消毒	m	10.845
6	031001006006	塑料管	1. 安装部位：室内 2. 介质：冷水 3. 材质、规格：PPR50 4. 连接形式：热熔连接 5. 压力试验及吹、洗设计要求：水压试验、水冲洗、消毒	m	28.615
7	031001006007	塑料管	1. 安装部位：室内 2. 介质：冷水 3. 材质、规格：PPR65 4. 连接形式：热熔连接 5. 压力试验及吹、洗设计要求：水压试验、水冲洗、消毒	m	23.265
8	031001006008	塑料管	1. 安装部位：室内 2. 介质：污水 3. 材质、规格：UPVC40 4. 连接形式：粘接 5. 压力试验及吹、洗设计要求：安装完毕后做灌水试验	m	45.150
9	031001006009	塑料管	1. 安装部位：室内 2. 介质：污、废水 3. 材质、规格：UPVC65 4. 连接形式：粘接 5. 压力试验及吹、洗设计要求：安装完毕后做灌水试验	m	55.265

续表

序号	项目编码	项目名称	项目特征	计量单位	工程量
10	031001006010	塑料管	1. 安装部位：室内 2. 介质：污水 3. 材质、规格：UPVC100 4. 连接形式：粘接 5. 压力试验及吹、洗设计要求：安装完毕后做灌水试验	m	60.735
11	031001006011	塑料管	1. 安装部位：室内 2. 介质：污水 3. 材质、规格：UPVC150 4. 连接形式：粘接 5. 压力试验及吹、洗设计要求：安装完毕后做灌水试验	m	60.465

4. 工程量计算

1）清单规则

管道的清单工程量计算规则见表2.1。

2）定额规则

各类管道安装工程量，区分室内外、介质、材质、连接形式、规格分别列项，均按设计管道中心线长度，以"m"为计量单位，不扣除阀门、管件、附件（包括器具组成）及井类所占长度。定额中室内铜管、制冷剂管路按管外径表示，其他管道均按公称直径表示。公称直径与公称外径对照表见表2.3。

表2.3 公称直径与公称外径对照表

公称直径 DN/mm	公称外径 dn/mm	
	塑料管、复合管	铜管
15	20	18
20	25	22
25	32	28
32	40	35
40	50	42
50	63	54
65	75	76
80	90	89
100	110	108
125	125	—
150	160	—
200	200	—
250	250	—
300	315	—
400	400	—

3）管道长度工程量计取方法

水平管道在平面图上获得，尽量采用图上标注的对应尺寸计算，如果图纸是按照比例绘制的，可用比例尺在图上按管线实际位置直接量取。

垂直尺寸一般在系统图上获得，一般为"止点标高－起点标高"。在给排水工程图中，给水管道一般标注管中心标高，排水管道一般标注管底标高。当图示标高为管底标高时，应将其换算为管中心标高。

4）给排水管道计算范围

（1）给排水管道的计算起点。

① 给水管道。

室内外给水管道界线：以建筑物外墙皮 1.5m 为界，入口处设阀门者以阀门为界。室外给水管道与市政给水管道界线以水表井为界，无水表井者，以与市政管道碰头点为界，如图 2.21 所示。

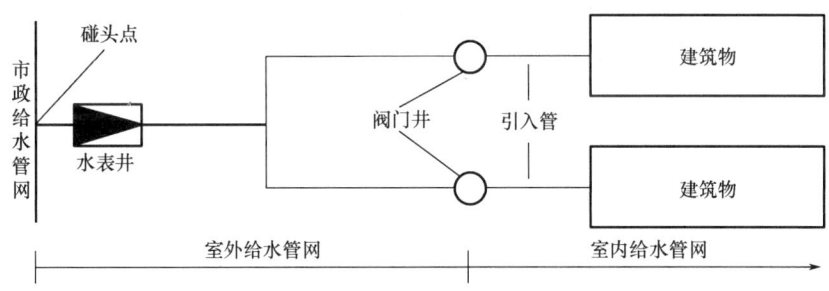

图 2.21　给水管道界线划分

② 排水管道。

室内外排水管道界线以出户第一个排水检查井为界；室外排水管道与市政排水管道界线以与市政管道碰头井为界，如图 2.22 所示。

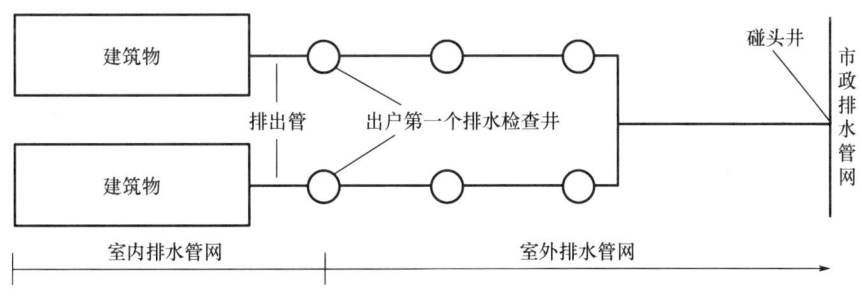

图 2.22　排水管道界线划分

（2）室内给排水管道与卫生器具的界线划分。

① 室内给水管道工程量计算至卫生器具（含附件）前与管道系统连接的第一个连接件（角阀、三通、弯头、管箍等）。

连接件（给水配件）高度按设计要求确定，设计无规定时，可扫描二维码参照表中卫生器具给水配件的安装高度确定。

② 室内排水管道工程量自卫生器具出口处的地面或墙面的设计尺寸算起；与地漏连接的排水管道自地面设计尺寸算起，不扣除地漏所占长度。

卫生器具给水配件的安装高度

5）管道相关项目工程量计算

（1）阻火圈安装、成品防火套管安装按工作介质管道直径，区分不同规格以"个"为计量单位。

（2）管道保护管制作与安装分为钢制和塑料两种材质，区分不同规格，按设计图示管道中心线长度以"m"为计量单位。

（3）管道水压试验、消毒冲洗按设计图示管道长度，分规格以"m"为计量单位。

知识链接

阻火圈（图2.23）外壳由金属材料制作，内部填充阻燃膨胀芯材。阻火圈通常套在UPVC管道外壁上，固定于楼板或墙体部位。火灾发生时，芯材受热迅速膨胀，挤压UPVC管道，可在较短时间内封堵管道穿洞口，阻止火势沿洞口蔓延。

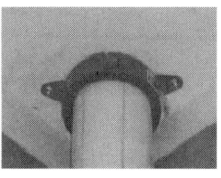
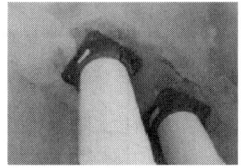

图2.23　阻火圈

举例说明：

任务2的"引入案例"中，管道分部分项工程量计算书见表2.4。

表2.4　管道分部分项工程量计算书

序号	项目编码	项目名称	计算过程	单位	工程量
1	031001006001	塑料管PPR15	{［0.11+（3.1-1.15）］+［0.42×2+（3.1-0.45）+（3.1-1）］+0.55+（0.12+0.6）×6+［1.2×3+（3.1-1.2）］+［2.81+（3.1-0.5）］}×3	m	70.290
2	031001006002	塑料管PPR20	［（0.55×2）+0.505］×3	m	4.815
3	031001006003	塑料管PPR25	［（0.71×2+0.11×2+0.42）+（3.1-0.25）×5+［0.42+（3.1-0.25）］×2+（0.96+0.55×2）］×3	m	74.730
4	031001006004	塑料管PPR32	［（0.325+0.435+0.77）+（1.34+0.47+0.505+0.315+0.27+0.6×2）+3.1］×3	m	26.190
5	031001006005	塑料管PPR40	（2.41+1.205）×3	m	10.845
6	031001006006	塑料管PPR50	（0.385+0.205+0.71+0.98+0.51+2.79）×3+4.075+（7.8+3.1-3.1）	m	28.615
7	031001006007	塑料管PPR65	（6.795+0.495）+［7.8+3.1-（-0.8）］+（3.775+0.5）	m	23.265

续表

序号	项目编码	项目名称	计算过程	单位	工程量
8	031001006008	塑料管 UPVC40	污水管： {[(0.87+0.63+0.24)+0.5×3]+[(0.675+0.375+0.360)+0.5+0.8]+[(0.565+0.290)+0.8]+[(0.285+0.290)+0.8]+[(0.44−0.075)+0.8]+(0.585+0.5)+[(0.44−0.2)+0.2+0.5×2]}×2+(0.425+0.5)×2+[(0.115+0.205+1.975)+0.8×6+0.3×4]+[(0.63+0.24+0.195)+0.8×5]+(0.34+0.8)=41.690 废水管： (0.83+0.5)×2+0.8=3.46 41.690+3.46=45.150	m	45.150
9	031001006009	塑料管 UPVC65	污水管： (1.66−0.315+0.46+0.475+0.47)×2+(1.04+0.5)×2+(0.565+1.005)+(4.5+0.2+3.25+0.2+2.725−0.3+0.165)+[(0.38+0.48)+0.8]=22.550 废水管： (4.5+0.2+3.25+0.2+0.1)+(4.5+0.2+3.25+0.2+0.72+0.345)+{[11.7+2−(−0.8)]+0.75} F3=32.715 22.550+32.715=55.265	m	55.265
10	031001006010	塑料管 UPVC100	(2.5+3.2+0.2+3.25+0.2+2.725−0.515+0.385)+[11.7+2−(−0.8)]+[(0.55+0.76+0.315×2)+0.5×2]×2+{[(1.04−0.44)+0.5]+[(1.36+1.04−0.5)×2+0.5×4]+[(0.71+0.23)+0.5]}×2+[(0.62−0.135)+0.8]+[(0.245+0.76)+0.8×2]+(0.71+0.8×2)+[(0.895+0.535+0.45×2)+0.8×4]	m	60.735
11	031001006011	塑料管 UPVC150	(2.5+3.2+0.2+3.25+0.2+2.725−0.3)+[11.7+2−(−0.8)]+(1.040−0.15+0.4+0.31+0.685)×2+(4.5+0.2+3.25+0.2+2.725−0.62)+(4.5+0.2+3.25+0.2+0.37)+(2.5+3+0.2+3.25+0.2+1.695)	m	60.465

知识点 3：管道的分部分项工程量清单计价

进行清单计价时，需结合清单项目特征，参考当地的计价规则和方法，根据当地的预算定额确定综合单价。定额应用说明是《预算定额》定额表的应用指引，在套用定额前，需先熟悉定额应用说明，而后根据清单的项目特征综合考虑定额子目。

给排水工程使用《预算定额》第十册《给排水、采暖、燃气工程》（以下简称本册定额），本册定额适用于工业与民用建筑的生活用给排水，采暖空调水，燃气管道系统中的管道、附件、器具及附属设备等安装工程。本册定额由八个定额章和三个附录组成，共计1284个定额子目。本册定额可概括为八大部分内容：管道安装，管道附件，卫生器具，采暖、给排水设备，供暖器具，燃气工程，医疗气体设备及附件，其他。本部分的计价依据是本册定额中的第一章"管道安装"。

1. 工程量清单计价说明

（1）给水管道安装项目中，均包括水压试验及水冲洗工作内容，如需消毒，执行本册定额第八章的相应项目；排（雨）水管道包括灌水（闭水）及通球试验工作内容。

（2）雨水管安装定额（室内虹吸塑料雨水管安装除外）已包括雨水斗（图2.24）的安装，雨水斗主材另计；虹吸式雨水斗安装执行本册定额第二章"管道附件"的相应项目。

举例说明：

普通雨水管组价时，不用另外套用雨水斗安装定额，但应在雨水管道下加入雨水斗的主材费，虹吸式雨水管道组价时，除考虑管道本身的定额外，还要另外套用"虹吸式雨水斗安装"的定额子目，该定额子目可以在《预算定额》第十册第二章"管道附件"中找到，定额编号涉及10-2-330、10-2-331和10-2-332。

(a) 87型钢制雨水斗　　(b) 87重力雨水斗　　(c) 侧入式雨水斗　　(d) 虹吸式雨水斗　　(e) 落水斗

图2.24　雨水斗

（3）管道预安装（即二次安装，指确实需要且实际发生管子吊装上去进行点焊预安装，然后拆下来经镀锌再二次安装的部分），其定额人工费乘以系数2.0。

（4）卫生间（内周长在12m以下）暗敷管道每间补贴1.0工日，卫生间（内周长在12m以上）暗敷管道每间补贴1.5工日，厨房暗敷管道每间补贴0.5工日，阳台暗敷管道每个补贴0.5工日，其他室内管道安装，不论明敷或暗敷，均执行相应管道安装定额子目不做调整。

（5）室内钢塑给水管道沟槽连接执行室内钢管沟槽连接的相应项目。

（6）楼层阳台排水支管与雨水管接通组成排水系统，执行室内排水管道安装定额，雨水斗主材另计。

（7）弧形管道制作、安装按相应管道安装定额，定额人工费和机械费乘以系数1.40。

（8）室内雨水镀锌钢管（螺纹连接）项目，执行室内镀锌钢管（螺纹连接）定额基价乘以系数0.8。

（9）各种套管、支架制作与安装执行《预算定额》第十三册《通用项目和措施项目工程》相应定额。

（10）设置于管道井、封闭式管廊内的管道、法兰、阀门、支架、水表，相应定额人工费乘以系数1.20。

2. 工程量清单计价的项目组合

根据《计算规范》表格中的工作内容可知，各类金属管、塑料管、复合管的工作内容涉及管道安装、管件安装、压力试验、吹扫、冲洗、警示带铺设，结合《预算定额》

可知，这些费用均已包含在管道费用中，但若给水管需要做消毒，则消毒费用要另计。此外，如果管道进行二次试压，也需要额外考虑二次试压费用。塑料管和复合管的工作内容还包含了塑料卡固定，此费用亦在管道中计取，不需要另计。若塑料管设置了阻火圈，则分部分项清单项目下还需要考虑阻火圈的费用。

根据《计算规范》的有关规定，具体工程发生的内容及施工组织设计内容应进行选项组合，管道的组价内容见表2.5。

表2.5 管道的组价内容（不包含室外管道、燃气管道，不考虑警示带铺设）

序号	项目编码	项目名称	可组合的主要内容	对应的定额子目	定额编码
1	031001001	镀锌钢管	管道安装	室内镀锌钢管（螺纹连接）	10-1-148～10-1-158
				室内钢管（沟槽连接）	10-1-172～10-1-181
			吹扫、冲洗	管道消毒、冲洗	10-8-31～10-8-36
2	031001002	钢管	管道安装	室内钢管（焊接）	10-1-159～10-1-171
				室内钢管（沟槽连接）	10-1-172～10-1-181
			吹扫、冲洗	管道消毒、冲洗	10-8-31～10-8-36
3	031001003	不锈钢管	管道安装	室内不锈钢管（螺纹连接）	10-1-193～10-1-201
				室内薄壁不锈钢管（卡压连接）	10-1-202～10-1-210
				室内薄壁不锈钢管（氩弧焊）	10-1-211～10-1-219
			吹扫、冲洗	管道消毒、冲洗	10-8-31～10-8-36
4	031001004	铜管	管道安装	室内铜管（氧乙炔焊）	10-1-220～10-1-228
				空调制冷剂铜管安装	10-1-311～10-1-318
			吹扫、冲洗	管道消毒、冲洗	10-8-31～10-8-36
5	031001005	铸铁管	管道安装	室内柔性铸铁排水管（机械接口）	10-1-256～10-1-260
				室内无承口柔性铸铁排水管（卡箍连接）	10-1-261～10-1-265
				室内柔性铸铁雨水管（机械接口）	10-1-266～10-1-270
				室内无承口柔性铸铁雨水管（卡箍连接）	10-1-271～10-1-275
			吹扫、冲洗	管道消毒、冲洗	10-8-31～10-8-36
6	031001006	塑料管	管道安装	室内塑料给水管（热熔连接）	10-1-229～10-1-237
				室内塑料给水管（电熔连接）	10-1-238～10-1-246
				室内塑料给水管（粘接）	10-1-247～10-1-255
				室内塑料排水管（粘接）	10-1-276～10-1-280

续表

序号	项目编码	项目名称	可组合的主要内容	对应的定额子目	定额编码
6	031001006	塑料管	管道安装	室内塑料排水管（热熔连接）	10-1-281～10-1-285
				室内塑料排水管（卡箍连接）	10-1-286～10-1-290
				室内塑料雨水管（粘接）	10-1-291～10-1-295
				室内塑料雨水管（热熔连接）	10-1-296～10-1-300
				室内虹吸式塑料雨水管（电熔连接）	10-1-301～10-1-305
				空调凝结水塑料管（粘接）	10-1-306～10-1-310
			阻火圈安装	阻火圈安装	10-8-21～10-8-25
			吹扫、冲洗	管道消毒、冲洗	10-8-31～10-8-36
7	031001007	复合管	管道安装	室内钢管（沟槽连接）	10-1-172～10-1-181
				室内钢塑给水管（螺纹连接）	10-1-182～10-1-192
			吹扫、冲洗	管道消毒、冲洗	10-8-31～10-8-36

举例说明：

以表 2.2 的清单为基础，找出任务 2 的"引入案例"中管道的定额子目进行组价（表 2.6）。

表 2.6 管道分部分项工程量清单组价

序号	项目编码	项目名称	定额编码
1	031001006001	塑料管 PPR15	10-1-229、10-8-31
2	031001006002	塑料管 PPR20	10-1-230、10-8-31
3	031001006003	塑料管 PPR25	10-1-231、10-8-31
4	031001006004	塑料管 PPR32	10-1-232、10-8-31
5	031001006005	塑料管 PPR40	10-1-233、10-8-31
6	031001006006	塑料管 PPR50	10-1-234、10-8-31
7	031001006007	塑料管 PPR65	10-1-235、10-8-32
8	031001006008	塑料管 UPVC40	10-1-276
9	031001006009	塑料管 UPVC65	10-1-277
10	031001006010	塑料管 UPVC100	10-1-278
11	031001006011	塑料管 UPVC150	10-1-279

综合单价的计算

3. 综合单价的计算

采用一般计税法，取中值，风险费暂时不计取，以表 2.6 中第 1 项和第 10 项分部分项工程量清单为例，计算各自的综合单价和合价。已知 $DN15$ 的 PPR 管道为 3.65 元/m，$DN100$ 的 UPVC 管道为 14.57 元/m（均为除税价格）。综合单价的计算可扫描二维码查看。

任务 2 建筑给排水工程计量与计价

任务 2.2　管道支架及套管计量与计价

思维导图

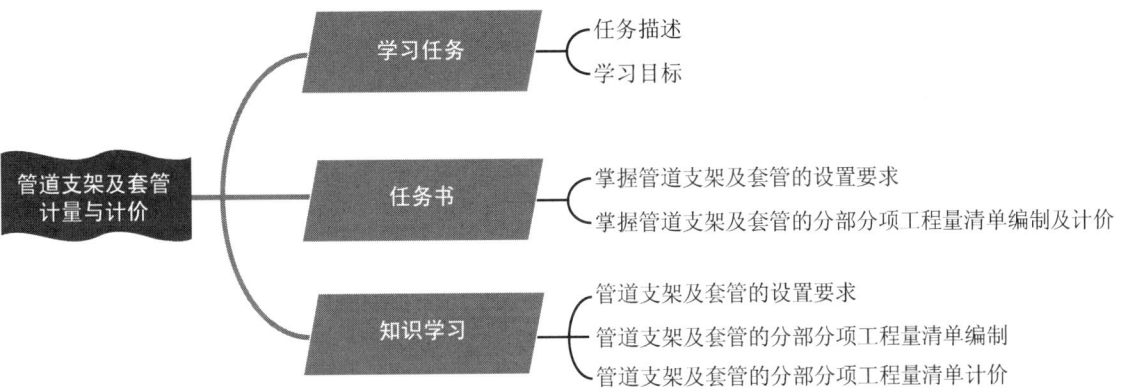

任务描述

本任务依据《通用安装工程工程量计算规范》（GB 50856—2013）和《浙江省通用安装工程预算定额》（2018 版）的相关规定，主要介绍了以下几方面内容：一是管道支架及套管的设置要求；二是管道支架及套管的分部分项工程量清单编制，包括工程量计算方法；三是管道支架及套管的分部分项工程量清单计价，包括工程量清单计价的项目组合和综合单价计算。本任务要求学生在掌握知识点的基础上完成任务书。

学习目标

1. 知识目标

（1）掌握管道支架及套管的工程量计算规则及计量方法。
（2）掌握管道支架及套管的分部分项工程量清单的构成及编制方法。
（3）熟悉管道支架及套管的预算定额表格，掌握其工程量清单计价的项目组合。

2. 能力目标

（1）能够熟练地计算管道支架及套管的分部分项工程量。
（2）能够编制管道支架及套管的分部分项工程量清单。
（3）能够在所编制的工程量清单基础上找到对应的定额子目。
（4）能够举一反三，从案例中吸取经验和教训，运用到其他工程实例中。

3. 素质目标

(1) 通过对建筑给排水相关规范规则的了解，树立"执行行业标准和法规"的职业意识。

(2) 通过学习工程量清单编制及计价，培养理论联系实际、认真观察生活的意识。

任务 2 建筑给排水工程计量与计价

任务书					
班级：	学号：	姓名：	日期：		页数：2

工作准备

1. 熟悉管道支架的施工工艺，了解管道支架的间距设置要求。

2. 熟悉套管的施工工艺，了解不同建筑部位套管的设置要求。

3. 自行阅读《通用安装工程工程量计算规范》（GB 50856—2013）和《浙江省通用安装工程预算定额》（2018版）关于管道支架及套管的相关规定。

任务图

工作实施

问题1：扫描右上角的二维码，阅读图纸并编制管道支架及套管的分部分项工程量清单。

问题2：在"问题1"的基础上，结合图纸和各分部分项工程的工作内容，找出各工程量清单项目对应的定额子目，并将定额编码填入相应表格中，如需换算，请在定额编号后加"换"字。

任务反馈

　　学生根据对管道支架及套管的设置要求、管道支架及套管的分部分项工程量清单编制和计价的掌握程度，进行自我评价，评价自己是否能完成知识点的学习、是否能按时完成任务书、有无任务遗漏。同时学生以小组为单位，共同学习，针对组内成员的学习过程和结果进行互评。教师对学生的评价包括任务书的书写是否工整，是否按时完成任务书，完成质量是否达标。将各自的评价总分填入下表，教师可根据学生的表现情况额外进行增值评价。

　　学生遇到问题时，可先进行组内讨论，针对争议性问题或组内讨论后仍无法解决的问题，可填写在下表的相应位置。

学生自评	组内互评	教师评价	增值评价
综合总评			
学生学习情况反馈（问题、难点等）			

拓展思考

1. 在工程图纸中，如果未在图中注明套管情况，请思考这时该如何处理？
2. 什么情况下需要计算管道支架及支架刷油工程量？什么情况下涉及保温工程量计算？

任务 2　建筑给排水工程计量与计价

知识学习

管道支架及套管的分部分项工程量清单计价应先根据《通用安装工程工程量计算规范》（GB 50856—2013）（简称《计算规范》）列出清单子目，并计算工程量，而后根据《计算规范》所列的工作内容，结合《浙江省通用安装工程预算定额》（2018 版）（简称《预算定额》）的相关规定进行计价。

管道支架及套管的分部分项工程量清单计价步骤如下：确定管道支架及套管的清单子目和工作内容→计算管道支架及套管的工程量→编制管道支架及套管的分部分项工程量清单→套取预算定额并计算各子目综合单价。

知识点 1：管道支架及套管的设置要求

1. 管道支架

管道支架（图 2.25）是用于地上架空敷设管道支承的一种结构件，它在任何有管道敷设的地方都会用到，又被称作管道支座、管部等。

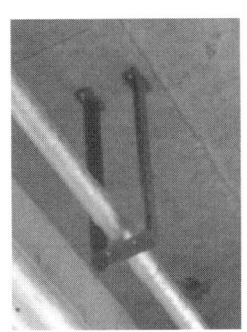

图 2.25　管道支架

1）支架的设置间距

钢管管道支架的最大间距应符合表 2.7 的规定。

表 2.7　钢管管道支架的最大间距

公称直径 /mm		15	20	25	32	40	50	70	80	100	125	150	200	250	300
支架的最大间距 /m	保温管	2	2.5	2.5	2.5	3	3	4	4	4.5	6	7	7	8	8.5
	不保温管	2.5	3	3.5	4	4.5	5	6	6	6.5	7	8	9.5	11	12

采暖、给水及热水供应系统的塑料管及复合管管道支架的最大间距应符合表 2.8 的规定。采用金属制作的管道支架，应在管道与支架间加衬非金属垫或套管。

表 2.8　塑料管及复合管管道支架的最大间距

管径 /mm			12	14	16	18	20	25	32	40	50	63	75	90	110
支架的最大间距 /m	立管		0.5	0.6	0.7	0.8	0.9	1.0	1.1	1.3	1.6	1.8	2.0	2.2	2.4
	水平管	冷水管	0.4	0.4	0.5	0.5	0.6	0.7	0.8	0.9	1.0	1.1	1.2	1.35	1.55
		热水管	0.2	0.2	0.25	0.3	0.35	0.4	0.5	0.6	0.7	0.8			

铜管管道支架的最大间距应符合表 2.9 的规定。

表 2.9　铜管管道支架的最大间距

公称直径 /mm		15	20	25	32	40	50	65	80	100	125	150	200
支架的最大间距 /m	垂直管	1.8	2.4	2.4	3.0	3.0	3.0	3.5	3.5	3.5	3.5	4.0	4.0
	水平管	1.2	1.8	1.8	2.4	2.4	2.4	3.0	3.0	3.0	3.0	3.5	3.5

采暖、给水及热水供应系统的金属管道立管管卡安装应符合下列规定：楼层高度小于或等于 5m，每层必须安装 1 个；楼层高度大于 5m，每层不得少于 2 个；管卡安装高度，距地面应为 1.5～1.8m，2 个以上管卡应匀称安装，同一房间管卡应安装在同一高度上。

金属排水管道上的吊钩或卡箍应固定在承重结构上。固定件间距：横管不大于 2m；立管不大于 3m。楼层高度小于或等于 4m，立管可安装 1 个固定件。立管底部的弯管处应设支墩或采取固定措施。

排水塑料管道支架的最大间距应符合表 2.10 的规定。

表 2.10　排水塑料管道支架的最大间距

管径 /mm	50	75	110	125	160
立管	1.2	1.5	2.0	2.0	2.0
横管	0.5	0.75	1.10	1.30	1.60

以上内容参考《建筑给水排水及采暖工程施工质量验收规范》(GB 50242—2002)。

2）支架的质量

国家建筑标准图集《室内管道支架及吊架》(03S402) 提供了部分型号支架的数据供学习参考，但在实际工作中一定要根据现行标准图集及施工图纸的具体要求认真计算单个支架的质量。

2. 套管

管道穿过墙壁和楼板，应设置金属或塑料套管，如图 2.26 所示。地下室或地下构筑物外墙有管道穿过的，应采取防水措施。对有严格防水要求的建筑物，必须采用柔性防水套管。

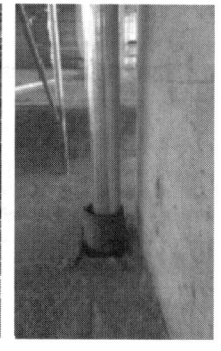

图 2.26　套管

安装在楼板内的套管，其顶部应高出装饰地面 20mm；安装在卫生间及厨房内的套管，其顶部应高出装饰地面 50mm，且底部应与楼板底面相平；安装在墙壁内的套管，其两端应与饰面相平。穿过楼板的套管与管道之间的缝隙应用阻燃密实材料和防水油膏填实，且端面光滑。穿墙套管与管道之间的缝隙宜用阻燃密实材料填实，且端面光滑。管道的接口不得设在套管内。

知识点 2：管道支架及套管的分部分项工程量清单编制

1. 清单编制说明

管道支架及套管工程量清单项目设置、项目特征描述的内容、计量单位及工程量计算规则，应按《计算规范》附录 K.2 的规定执行。设备及支架的除锈、刷油、保温除注明外，应按《计算规范》附录 M 的相关项目编码列项。

2. 常用项目的清单规范

表 2.11 摘自《计算规范》附录 K.2，在进行管道支架及套管工程量清单项目编制时，应按附录 K.2 的规定执行。附录 K.2 共有 3 项清单项目，见表 2.11。

表 2.11　管道支架及套管工程量清单项目设置

项目编码	项目名称	项目特征	计量单位	工程计算规则	工作内容
031002001	管道支架	1. 材质 2. 管架形式	1. kg 2. 套	1. 以千克计量，按设计图示质量计量 2. 以套计量，按设计图示数量计算	1. 制作 2. 安装
031002002	设备支架	1. 材质 2. 形式			
031002003	套管	1. 名称、类型 2. 材质 3. 规格 4. 填料材质	个	按设计图示数量计算	1. 制作 2. 安装 3. 除锈、刷油

3. 工程量清单项目特征描述

在《计算规范》中，管道支架和设备支架需要描述支架的材质和形式；套管需要描述套管的名称、类型、材质、规格等。在进行清单编制时，需要注意以下几点。

（1）单件支架质量 100kg 以上的管道支吊架执行设备支吊架制作安装。

（2）成品支架安装执行相应管道支架或设备支架项目，不再计取制作费，支架本身价值含在综合单价中。

（3）套管制作安装，适用于穿基础、墙、楼板等部位的防水套管、填料套管、无填料套管及防火套管等，应分别列项。

举例说明：

任务 2 的"引入案例"中，编制的套管分部分项工程量清单见表 2.12。

表2.12 套管分部分项工程量清单

序号	项目编码	项目名称	计算过程	单位	工程量
1	031002003001	套管	1. 名称、类型：穿楼板普通钢套管制作、安装 2. 材质：钢套管 3. 规格：DN80	个	2
2	031002003002	套管	1. 名称、类型：穿楼板普通钢套管制作、安装 2. 材质：钢套管 3. 规格：DN100	个	6
3	031002003003	套管	1. 名称、类型：穿楼板普通钢套管制作、安装 2. 材质：钢套管 3. 规格：DN150	个	3
4	031002003004	套管	1. 名称、类型：穿楼板普通钢套管制作、安装 2. 材质：钢套管 3. 规格：DN250	个	3
5	031002003005	套管	1. 名称、类型：穿外墙、屋面刚性防水套管制作、安装 2. 材质：刚性防水套管 3. 规格：DN65	个	5
6	031002003006	套管	1. 名称、类型：穿外墙、屋面刚性防水套管制作、安装 2. 材质：刚性防水套管 3. 规格：DN100	个	2
7	031002003007	套管	1. 名称、类型：穿外墙、屋面刚性防水套管制作、安装 2. 材质：刚性防水套管 3. 规格：DN150	个	5

4. 工程量计算

1）清单规则

管道支架及套管的清单工程量计算规则见表2.11。

2）定额规则

（1）支架制作安装（成品抗震支架除外），均按施工图设计尺寸，以成品质量"kg"为计量单位；成品抗震支架安装按施工图数量，以"副"为计量单位。

（2）柔性防水套管制作、安装和刚性防水套管制作、安装，按工作管道的不同规格，以"个"为计量单位；一般穿墙钢套管制作、安装按套管的不同规格，以"个"为计量单位。

拓展提高

计算支架质量时，先计算支架的个数，支架个数＝某规格的管道长度÷该规格管道支架的间距，计算的得数有小数就进1取整数。支架质量＝单个支架质量×支架个数，单个支架质量若无法查国家标准图集获得，则可用"型钢长度×理论质量"获得，理论质量可查五金手册。

举例说明：

任务2的"引入案例"中，套管分部分项工程量计算书见表2.13。

表2.13 套管分部分项工程量计算书

序号	项目编码	项目名称	计算过程	单位	工程量
1	031002003001	穿楼板普通钢套管 DN80	JL-2 立管上 2 个	个	2
2	031002003002	穿楼板普通钢套管 DN100	JL-Z1 立管上 3 个 + FL3 穿楼板 3 个	个	6
3	031002003003	穿楼板普通钢套管 DN150	WL3 穿楼板 3 个	个	3
4	031002003004	穿楼板普通钢套管 DN250	WL4 穿楼板 3 个	个	3
5	031002003005	穿外墙、屋面刚性防水套 DN65	W3b 穿外墙 1 个 + F3 穿外墙 1 个 + F3a 穿外墙 1 个 + 引入管穿外墙 1 个 + FL3 穿屋面 1 个	个	5
6	031002003006	穿外墙、屋面刚性防水套 DN100	W3 穿外墙 1 个 + WL3 穿屋面 1 个	个	2
7	031002003007	穿外墙、屋面刚性防水套 DN150	W4 穿外墙 1 个 + WL4 穿屋面 1 个 + W3a 穿外墙 1 个 + W4a 穿外墙 1 个 + W4b 穿外墙 1 个	个	5

知识点3：管道支架及套管的分部分项工程量清单计价

本部分的计价基本依据是《预算定额》第十三册《通用项目与措施项目工程》第一章"通用项目工程"，内容除支架制作、安装项目及套管制作与安装外，还包括室外附属工程、零星项目等。

1. 工程量清单计价说明

（1）管道安装项目中，除室内塑料管道等项目外，其余均不包括管道型钢支架、管卡、托钩等的制作与安装，发生时，执行《预算定额》第十三册《通用项目和措施项目工程》相应定额。

（2）管道支架制作、安装适用于给排水、消防、工业管道工程中各类管道支架制作、安装。设备支架的制作、安装适用于安装工程中各类设备、通风部件支架的制作、安装。

（3）一般管架制作、安装定额按单件质量列项，并包括所需螺栓、螺母及膨胀螺栓本身的价格。

（4）木垫式管架质量计算不包括木垫质量，但木垫式管架定额包括木垫的安装工料。若采用成品的木哈夫做木垫，木垫式管架制作定额中人工乘以系数 0.7。弹簧式管架制作，不包括弹簧价格，其价格应另行计算。

（5）成品抗震支架安装适用于安装工程中各类成品抗震支架安装，分单管侧向支架和门形侧向支架安装。侧纵向支架安装执行相应侧向支架安装定额，人工乘以系数 1.05。

（6）管道支架制作安装项目，如单件质量大于 100kg 时，应执行设备支架制作、安装相应项目。

（7）管道穿墙、过楼板套管制作与安装等工作内容，发生时，执行《预算定额》第十三册《通用项目和措施项目工程》的"一般穿墙套管制作、安装"相应子目，其中过楼板套管执行"一般穿墙套管制作、安装"相应子目时，主材按 0.2m 计，其余不变。

如设计要求穿楼板的管道要安装刚性防水套管，则执行《预算定额》第十三册《通用项目和措施项目工程》的"刚性防水套管安装"相应子目，基价乘以系数 0.3，"刚性防水套管"主材费另计。若"刚性防水套管"由施工单位自制，则执行《预算定额》第十三册《通用项目和措施项目工程》的"刚性防水套管制作"相应子目，基价乘以系数 0.3，焊接钢管按相应定额主材用量乘以 0.3 计算。

举例说明：

（1）一根 $DN32$ 的给水立管穿一层楼板，设计要求穿楼板设置钢套管，主材焊接钢管市场信息价为 5000 元/t（除税价），其定额套用及换算见表 2.14。

表 2.14　钢套管定额套用及换算

定额编号	项目名称	计量单位	数量	单位价值/元			
				主材费	基价	其中：人工费	其中：机械费
13-1-108 换	一般穿墙套管制作、安装	个	1	4.88	15.15	8.78	1.05

例题解析：

① 工程量计算，按要求穿一层楼板，共需要穿楼板钢套管 1 个，其长度按 0.2m 计。

② 根据已知条件，管道公称直径 $DN32$，按要求套管的规格应按 $DN50$ 套定额，则套用定额 13-1-108 子目，查得该子目基价为 15.15 元/个，其中人工费、材料费、机械费分别为 8.78 元/个、5.32 元/个、1.05 元/个。$DN50$ 焊接钢管的理论质量为 4.88kg/m，则计价材料（焊接钢管）单位价值 =$0.2 \times 4.88 \times 5000 \div 1000$=4.88（元/个）。

（2）如果一根 $DN50$ 的给水立管穿一层楼板，设计要求穿楼板设置刚性防水套管，主材扁钢市场信息价为 3.76 元/kg（除税价），中厚钢板市场信息价为 4.00 元/kg（除税价），碳素结构钢焊接钢管市场信息价为 3.96 元/kg（除税价），其定额套用及换算见表 2.15。

例题解析：

① 共需穿楼板刚性防水管 1 个，刚性防水套管由企业自制，则套用定额 13-1-76 和 13-1-95。

表 2.15　刚性防水套管定额套用及换算

定额编号	项目名称	计量单位	数量	单位价值/(元/个)				
				主材费		基价	其中：人工费	其中：材料费	其中：机械费
13-1-76换	刚性防水套管制作	个	1	0.812	3.812	3.873	20.439	12.435	2.505	5.499
13-1-95换	刚性防水套管安装	个	1	0			15.825	12.840	2.985	0

② 查得定额 13-1-76 的基价为 68.13 元/个，其中人工费、材料费、机械费分别为 41.45 元/个、8.35 元/个、18.33 元/个。主材扁钢用量 0.72kg/个，中厚钢板用量 3.176kg/个，碳素结构钢焊接钢管（综合）用量 3.26kg/个；根据计价说明，如穿楼板刚性防水套管由施工单位自制，执行"刚性防水套管制作"的相应子目，基价乘以系数 0.3，主材用量乘以 0.3。

换算得定额 13-1-76 的基价为 20.439 元/个，其中人工费、材料费、机械费分别为 12.435 元/个、2.505 元/个、5.499 元/个。主材扁钢用量 0.216kg/个，中厚钢板用量 0.953kg/个，碳素结构钢焊接钢管（综合）用量 0.978kg/个；扁钢主材单位价值 =3.76×0.216≈0.812（元/个），中厚钢板主材单位价值 =4.00×0.953=3.812（元/个），碳素结构钢焊接钢管主材单位价值 =3.96×0.978≈3.873（元/个）。

③ 查得定额 13-1-95 的基价为 52.75 元/个，其中人工费、材料费、机械费分别为 42.80 元/个、9.95 元/个、0 元/个；根据计价说明，如安装穿楼板刚性防水套管，则执行"刚性防水套管安装"的相应子目，基价乘以系数 0.3。

换算得定额 13-1-95 的基价为 15.825 元/个，其中人工费、材料费、机械费分别为 12.840 元/个、2.985 元/个、0 元/个。

（8）给排水人防穿墙管制作、安装套用"刚性防水套管制作安装"定额。保温管道穿墙、板采用套管时，按保温层外径规格执行套管相应项目。

2. 工程量清单计价的项目组合

根据《计算规范》表格中的工作内容可知，管道支架及套管的工作内容包含制作、安装，其中套管工作内容还包括除锈、刷油，而管道支架的除锈、刷油需要单独列项，其清单计价方式与电气工程支架相同，将在后续内容中介绍。结合《预算定额》可知，制作和安装费可根据不同构件的定额表设置，有时合成一个定额子目，有时分成两个定额子目，进行定额套用时制作和安装费均需考虑进去。管道支架及套管的组价内容见表 2.16。

成品支架安装执行相应管道支架或设备支架清单项目，成品抗震支架包含侧向支架和门型侧向支架，定额编码分别为 13-1-37、13-1-38。

举例说明：

以表 2.11 的清单为基础，找出任务 2 的"引入案例"中套管的定额子目进行组价（表 2.17）。

表2.16 管道支架及套管的组价内容

序号	项目编码	项目名称	可组合的主要内容	对应的定额子目	定额编码
1	031002001	管道支架	制作、安装	一般管架	13-1-31、13-1-32
				木垫式管架	13-1-33、13-1-34
				弹簧式管架	13-1-35、13-1-36
				成品抗震支架安装	13-1-37、13-1-38
2	031002002	设备支架	制作	设备支架制作	13-1-39、13-1-40
			安装	设备支架安装	13-1-41、13-1-42
3	031002003	套管	制作、安装	成品防火套管安装	10-8-1～10-8-6
				柔性防水套管制作	13-1-45～13-1-63
				柔性防水套管安装	13-1-64～13-1-75
				刚性防水套管制作	13-1-76～13-1-94
				刚性防水套管安装	13-1-95～13-1-106
				一般穿墙钢套管制作、安装	13-1-107～13-1-118
				一般穿墙塑料套管制作、安装	13-1-119～13-1-125
				电气人防穿墙管制作、安装	13-1-126～13-1-131

表2.17 套管分部分项工程量清单组价

序号	项目编码	项目名称	定额编码
1	031002003001	穿楼板普通钢套管 DN80	13-1-109 换
2	031002003002	穿楼板普通钢套管 DN100	13-1-109 换
3	031002003003	穿楼板普通钢套管 DN150	13-1-110 换
4	031002003004	穿楼板普通钢套管 DN250	13-1-112 换
5	031002003005	穿外墙、屋面刚性防水套 DN65	13-1-77、13-1-96
6	031002003006	穿外墙、屋面刚性防水套 DN100	13-1-78、13-1-96
7	031002003007	穿外墙、屋面刚性防水套 DN150	13-1-80、13-1-97

以上穿楼板刚性防水套管考虑企业自制,若采用成品套管,则只需要套用刚性防水套管的安装项目即可,成品套管计入主材费中。

3. 综合单价的计算

综合单价的计算

采用一般计税法,取中值,风险费暂时不计取,以表2.17中第2项和第6项分部分项工程量清单为例,计算各自的综合单价和合价。已知 DN100 的碳钢管为51.96元/m,扁钢为3.76元/kg,中厚钢板为4.00元/kg,碳素结构钢焊接钢管为3.96元/kg(均为除税价格)。综合单价的计算可扫描二维码查看。

任务 2.3 管道附件计量与计价

思维导图

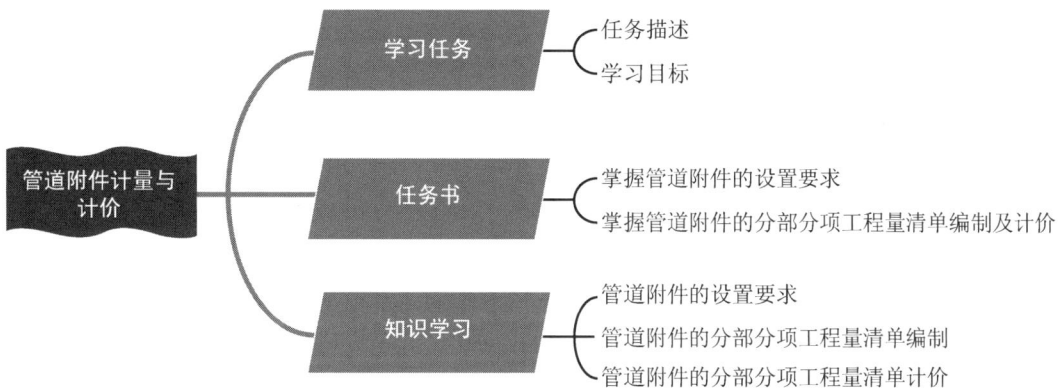

任务描述

本任务依据《通用安装工程工程量计算规范》（GB 50856—2013）和《浙江省通用安装工程预算定额》（2018 版）的相关规定，主要介绍了以下几方面内容：一是管道附件的设置要求；二是管道附件的分部分项工程量清单编制，包括工程量计算方法；三是管道附件的分部分项工程量清单计价，包括工程量清单计价的项目组合和综合单价的计算。本任务要求学生在掌握知识点的基础上完成任务书。

学习目标

1. 知识目标

（1）掌握管道附件的工程量计算规则及计量方法。
（2）掌握管道附件的分部分项工程量清单的构成及编制方法。
（3）熟悉管道附件的预算定额表格，掌握其工程量清单计价的项目组合。

2. 能力目标

（1）能够计算管道附件的分部分项工程量。
（2）能够编制管道附件的分部分项工程量清单。
（3）能够在所编制的工程量清单基础上找到对应的定额子目。
（4）能够举一反三，从案例中吸取经验和教训，运用到其他工程实例中。

3. 素质目标

（1）通过对建筑给排水相关规范规则的了解，树立"执行行业标准和法规"的职业意识。
（2）通过学习工程量清单编制及计价，培养理论联系实际、认真观察生活的意识。

任务书

班级：	学号：	姓名：	日期：	页数：2

工作准备

1. 熟悉管道附件的类型、材质、规格、连接形式等信息。
2. 自行阅读《通用安装工程工程量计算规范》（GB 50856—2013）和《浙江省通用安装工程预算定额》(2018版)关于管道附件的相关规定。

任务图

工作实施

问题1：扫描右上角的二维码，阅读图纸并请说明 Z41H-16C、J41H-16C、H11T-1.6K 的含义。

问题2：编制管道附件的分部分项工程量清单。

问题3：在"问题2"的基础上，结合图纸和各分部分项工程的工作内容，找出各工程量清单项目对应的定额子目，并将定额编码填入相应表格中，如需换算，请在定额编号后加"换"字。

任务反馈

学生根据对管道附件的设置要求、管道附件的分部分项工程量清单编制和计价的掌握程度，进行自我评价，评价自己是否能完成知识点的学习、是否能按时完成任务书、有无任务遗漏。同时学生以小组为单位，共同学习，针对组内成员的学习过程和结果进行互评。教师对学生的评价包括任务书的书写是否工整，是否按时完成任务书，完成质量是否达标。将各自的评价总分填入下表，教师可根据学生的表现情况额外进行增值评价。

学生遇到问题时，可先进行组内讨论，针对争议性问题或组内讨论后仍无法解决的问题，可填写在下表的相应位置。

学生自评	组内互评	教师评价	增值评价
综合总评			
学生学习情况反馈（问题、难点等）			

拓展思考

1. 如果图纸中未注明阀门的类型和连接方式，该如何计价？
2. 水表边上的阀门是否需要单独列清单项目？如何计算其费用？

任务 2 建筑给排水工程计量与计价

知识学习

管道附件的分部分项工程量清单计价应先根据《通用安装工程工程量计算规范》(GB 50856—2013)(简称《计算规范》)列出清单子目,并计算工程量,而后根据《计算规范》所列的工作内容,结合《浙江省通用安装工程预算定额》(2018版)(简称《预算定额》)的相关规定进行计价。

管道附件的分部分项工程量清单计价步骤如下:确定管道附件的清单子目和工作内容→计算管道附件的工程量→编制管道附件的分部分项工程量清单→套取预算定额并计算各子目综合单价。

知识点 1:管道附件的设置要求

1. 阀门

阀门是用以控制和调节各种管道及设备内气体(煤气、空气、蒸汽等)、液体(水、油等)介质流动的一种机械产品,是能随时开启或关闭的活门。在给水管道上的下列部位应设置阀门:引入管段、节点处、支管起端或接户管起端、水泵的出水管、水箱的进出水管和泄水管、设备的进水补水管、某些附件前后等。

(1)阀门按结构和功能分为:关断类的闸阀、截止阀、蝶阀、止回阀、球阀、柱塞阀;安全类的安全阀;调节类的减压阀、调节阀、平衡阀;专用类的恒温阀;多用类的多用阀;等等。下面主要介绍常用的几种关断类阀门。

① 闸阀是指关闭件(闸板)沿通路中心线的垂直方向移动的阀门,如图 2.27(a)所示。闸阀是使用很广的一种阀门,它在管路中主要作切断用。一般口径 $DN \geqslant 50mm$ 的切断装置且不经常开闭时都选用它,如水泵进出水口、引入管管阀。有些小口径的切断装置也用闸阀,如铜闸阀。管道与闸阀的连接:$DN40$ 以下常采用螺纹连接,$DN40$ 以上常采用法兰连接。

② 截止阀是关闭件(阀瓣)沿阀座中心线移动的阀门,如图 2.27(b)所示。截止阀在管路中主要作切断用,也可调节一定流量,如住宅楼内的每户总水阀。管道与截止阀的连接:$DN40$ 以下常采用螺纹连接,$DN40$ 以上常采用法兰连接。

③ 蝶阀是在阀体内绕固定轴旋转的阀门,如图 2.27(c)所示。蝶阀在管路中可作切断用,也可调节一定的流量。管道与蝶阀常采用法兰连接或对夹式连接。

④ 止回阀是指依靠介质本身流动而自动开闭阀瓣,用来防止介质倒流的阀门,如图 2.27(d)所示。$DN50$ 以内一般采用螺纹连接,$DN50$ 以上一般采用法兰连接。

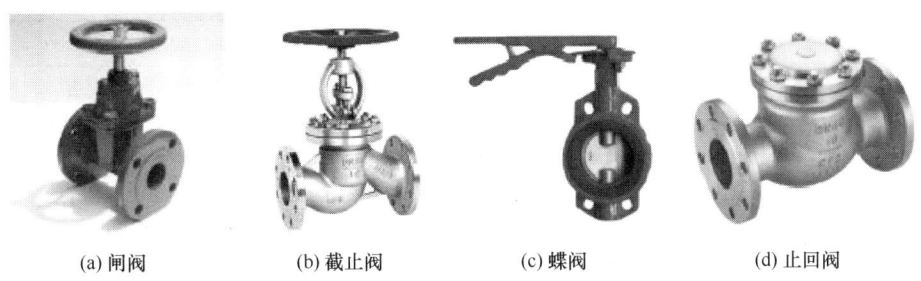

(a) 闸阀　　　(b) 截止阀　　　(c) 蝶阀　　　(d) 止回阀

图 2.27　阀门

（2）阀门产品的型号由七个单元组成，即类型代号＋驱动方式代号＋连接形式代号＋结构形式代号＋密封面/衬里材料代号＋公称压力代号＋阀体材料代号。

①类型代号如表 2.18 所示。保温、带波纹管阀门，在类型代号前分别加 B、W。

②驱动方式代号如表 2.18 所示。用手轮、手柄、扳手等可以直接驱动的阀门或自动阀门，可省略驱动方式代号。

③连接形式代号如表 2.18 所示。

④结构形式代号如表 2.19 所示。

⑤密封面/衬里材料代号如表 2.18 所示。

⑥公称压力直接以公称压力数值表示，并用横线与前部分隔开。

⑦阀体材料代号如表 2.18 所示。阀体材料为 $PN \leqslant 1.6MPa$ 的铸铁和 $PN \geqslant 2.5MPa$ 的碳素钢的阀门，可省略阀体材料代号。

表 2.18 常用阀门型号编制

类型代号		驱动方式代号		连接形式代号		密封面/衬里材料代号		阀体材料代号	
闸阀	Z	电磁动	0	内螺纹	1	合金钢	H	灰铸铁	Z
截止阀	J	电磁-液动	1	外螺纹	2	铜合金	T	可锻铸铁	K
蝶阀	D	电-波动	2	法兰	4	巴氏合金	B	球墨铸铁	Q
柱塞阀	U	蜗杆	3	焊接	6	硬质合金	Y	铜及铜合金	T
球阀	Q	正齿轮	4	对夹	7	渗氮钢	D	碳钢	C
止回阀	H	锥齿轮	5	卡箍	8	橡胶	X	铬钼系钢	I
弹簧直接载荷式安全阀	A	气动	6	卡套	9	衬橡胶	J	铬镍系不锈钢	P
杠杆式安全阀	GA	液动	7	—	—	氟塑料	F	铬镍钼系不锈钢	R
减压阀	Y	气-液动	8	—	—	尼龙塑料、衬铅	N、Q	铬钼钒钢	V
调节阀	T	电动	9	—	—	搪瓷、渗硼钢	C、P	铝合金	L
—	—	—	—	—	—	密封面材料同阀体	W	钛及钛合金	Ti

表 2.19 阀门结构形式代号

类型	结构形式代号									
	0	1	2	3	4	5	6	7	8	9
闸阀	明杆					暗杆				—
	楔式			平行式		楔式		平行式		
	弹性	刚性		刚性		刚性		刚性		
	闸板	单闸板	双闸板	单闸板	双闸板	单闸板	双闸板	单闸板	双闸板	

续表

类型	结构形式代号									
	0	1	2	3	4	5	6	7	8	9
截止阀柱塞阀	—	非平衡					平衡			
		直通式	—		角式	直流式	直角式	通式	—	
球阀	—	浮动球					固定球			
		直通式	Y型三通	—	L型三通	T型三通	四通式	直通式	T型三通	L型三通
蝶阀	密封型					非密封型				
	单偏心	中线式	双偏心	三偏心	连杆偏心	单偏心	中线式	双偏心	三偏心	连杆偏心
止回阀	—	升降式			旋启式			蝶式		—
		直通式	立式		单瓣式	多瓣式	双瓣式	双板	单板	
安全阀	弹簧			双弹簧	—	弹簧				脉冲式
	封闭			不封闭	封闭	不封闭				
	带散热片	—	—	带扳手	带扳手	带控制	带控制	带扳手	带扳手	
	全启式	微启式	全启式	微启式	全启式	微启式	全启式	微启式	全启式	
	—									
			单杠杆	—	双杠杆					
调节阀	直通式			三通式						
	可调	快开	可调	可调	快开	可调	角式	—	—	
	单座	单座	双座	对称分流	对称分流	非对称分流	合流			

例如，J11W-10T 表示截止阀，内螺纹连接，直通式（铸造），密封面材料同阀体，公称压力为 $PN10$（即 1.0MPa），阀体材料为铜合金；又如 Z41T-10 表示闸阀，法兰连接，明杆楔式单闸板，密封面材料为铜，公称压力为 $PN10$，阀体材料为灰铸铁。

2. 水表

水表是建筑中的用水计量设备，是计量用户累计用水量的仪表。常用的水表有螺翼式水表、旋翼式水表、智能水表、远传智能水表。

（1）螺翼式水表：是速度式水表的一种，适合在大口径管路中使用，其特点是流通能力大、压力损失小。螺翼式水表分为水平螺翼式水表和垂直螺翼式水表两大类。国内所使用的大部分工业用表都是水平螺翼式水表。

（2）旋翼式水表：适用于小口径管道的单向水流总量的计量。如用于口径 15mm、20mm 规格管道的家庭用水量计量。这种水表主要由外壳、叶轮测量机构和减速机构及指示表组成，具有结构简单的特点。

（3）智能水表：是一种利用现代微电子技术、现代传感技术、智能 IC 卡技术对用水量进行计量并进行用水数据传递及结算交易的新型水表。智能水表除了可对用水量进行记录和电子显示外，还可以按照约定对用水量进行控制，并且自动完成阶梯水价的水费计算，同时可对用水数据进行存储。

（4）远传智能水表：是一种由普通发讯水表加上电子采集模块组成的新型水表，其电子模块可以完成信号采集、数据处理、存储并将数据通过通信线路上传给中继器或手持式抄表器。该水表的表体采用一体化设计，它可以实时地将用户用水量记录并保存，每块水表都有唯一的代码，当智能水表接收到抄表指令后可即时将水表数据上传给管理系统。

知识点 2：管道附件的分部分项工程量清单编制

1. 清单编制说明

管道附件的工程量清单项目设置、项目特征描述的内容、计量单位及工程量计算规则，应按《计算规范》附录 K.3 的规定执行。

2. 常用项目的清单规范

表 2.20 摘自《计算规范》附录 K.3，在进行管道附件工程量清单项目编制时，应按附录 K.3 的规定执行。附录 K.3 共有 17 项清单项目，表 2.20 仅摘取其中 7 项。

表 2.20 管道附件工程量清单项目设置

项目编码	项目名称	项目特征	计量单位	工程计算规则	工作内容
031003001	螺纹阀门	1. 类型 2. 材质 3. 规格、压力等级 4. 连接形式 5. 焊接方法	个	按设计图示数量计算	1. 安装 2. 电气接线 3. 调试
031003002	螺纹法兰阀门				
031003003	焊接法兰阀门				
031003004	带短管甲乙阀门	1. 材质 2. 规格、压力等级 3. 连接形式 4. 接口方式及材质	个	按设计图示数量计算	
031003005	塑料阀门	1. 规格 2. 连接形式	个		1. 安装 2. 调试
031003011	法兰	1. 材质 2. 规格、压力等级 3. 连接形式	副（片）		安装
031003013	水表	1. 安装部位（室内外） 2. 型号、规格 3. 连接形式 4. 附件配置	组（个）		组装

3. 工程量清单项目特征描述

在《计算规范》中，阀门按连接方式分类，分为螺纹阀门、螺纹法兰阀门、焊接法兰阀门等。在编制管道附件工程量清单时，应明确描述相应材料的类型、材质、规格、连接方式等特征。如编制水表的工程量清单时，如果是成组安装，必须描述清楚其组成的工作内容和相应的材质。另外，还应注意以下几点。

（1）法兰阀门安装包括法兰连接，不得另行计算。阀门安装如仅为一侧法兰连接时，应在项目特征中描述。

（2）塑料阀门连接形式需注明热熔连接、粘接、热风焊接等方式。

（3）减压器、疏水器、倒流防止器等项目包括组成与安装工作内容，项目特征应根据设计要求描述附件配置情况，或根据××图集或××施工图做法描述。

举例说明：

任务2的"引入案例"中，编制的管道附件分部分项工程量清单见表2.21。

表2.21 管道附件分部分项工程量清单

序号	项目编码	项目名称	项目特征	计量单位	工程量
1	031003013001	水表	1. 安装部分：室外水表井内 2. 型号、规格：$DN65$ 3. 连接形式：法兰连接 4. 附件配置：含2个$DN65$闸阀	组	1
2	031003003001	焊接法兰阀门	1. 类型：闸阀 2. 材质：铸铁 3. 规格、压力等级：$Z41T-10\ DN65$ 4. 连接形式：法兰连接	个	1
3	031003001001	螺纹阀门	1. 类型：截止阀 2. 材质：铜合金 3. 规格、压力等级：$J11W-10T\ DN50$ 4. 连接形式：螺纹连接	个	4

4. 工程量计算

1）清单规则

管道附件的清单工程量计算规则见表2.20。

2）定额规则

（1）各种阀门、补偿器、软接头、水锤消除器安装，按照不同连接方式、公称直径以"个"为计量单位。

（2）减压器、疏水器、水表、倒流防止器、热量表成组安装，按照不同组成结构、连接方式、公称直径以"组"为计量单位。

（3）卡紧式软管按照不同管径以"根"为计量单位。

（4）法兰区分不同公称直径以"副"为计量单位。承插盘法兰短管按照不同连接方式、公称直径以"副"为计量单位。

（5）各种喷头、滴头以"个"为计量单位，喷泉过滤设备中过滤网以"m²"为计量单位，过滤池以"m³"为计量单位，过滤箱以"个"为计量单位，过滤器以"台"为计量单位，滴灌管以"m"为计量单位。

（6）各种伸缩器的制作、安装均以"个"为计量单位。

（7）成品表箱安装按箱体半周长以"个"为计量单位。

举例说明：

任务2的"引入案例"中，管道附件分部分项工程量计算书见表2.22。

表2.22 管道附件分部分项工程量计算书

序号	项目编码	项目名称	计算过程	单位	工程量
1	031003013001	水表	引入管室外水表井内1组	组	1
2	031003003001	焊接法兰阀门	JL-Z1立管上1个	个	1
3	031003001001	螺纹阀门	每个卫生间各1个，三楼水平管上1个，即1+3×1	个	4

知识点3：管道附件的分部分项工程量清单计价

本部分的计价基本依据是《预算定额》第十册《给排水、采暖、燃气工程》第二章"管道附件"，内容包括螺纹阀门、法兰阀门、塑料阀门、沟槽阀门、法兰、减压器、疏水器、水表、虹吸式雨水斗等。

1. 工程量清单计价说明

（1）法兰阀门安装，当仅为一侧法兰连接时，定额中的法兰、带帽螺栓及垫圈数量减半。

（2）用沟槽式法兰短管安装的"法兰阀门安装"应执行《预算定额》第八册《工业管道工程》相应法兰阀门安装子目，螺栓不得重复计算。

（3）每副法兰和法兰式附件安装项目中，均包括一个垫片和一副法兰螺栓的材料用量。各种法兰连接用垫片均按石棉橡胶板考虑，如工程要求采用其他材质可按实调整。

（4）成组水表安装是依据国家建筑标准设计图集《室外给水管道附属构筑物》（05S502）编制的。法兰水表（带旁通管）成组安装中三通、弯头均按成品管件考虑。

2. 工程量清单计价的项目组合

根据《计算规范》表格中的工作内容可知，水表的工作内容主要为组装，其他管道附件的工作内容均涉及安装，阀门的工作内容除安装外，还包含调试，除塑料阀门外，其余阀门还可能涉及电气接线。结合《预算定额》可知，需要根据构件的具体型号、规格、连接方式等选择对应的定额子目，若水表为组装项目，还需要在主材中加入附件配置的主材费。根据《计算规范》的有关规定，具体工程发生的内容及施工组织设计内容应进行选项组合，管道附件的组价内容见表2.23。

表 2.23 管道附件的组价内容

序号	项目编码	项目名称	可组合的主要内容	对应的定额子目	定额编码
1	031003001	螺纹阀门	安装	螺纹阀门安装	10-2-1 ～ 10-2-9
				螺纹浮球阀安装	10-2-10 ～ 10-2-18
				自动排气阀安装	10-2-19 ～ 10-2-21
				手动放风阀安装	10-2-22
				散热器温控阀安装	10-2-23 ～ 10-2-25
			电气接线	电动阀门检查接线	4-4-142
2	031003002	螺纹法兰阀门	安装	螺纹法兰阀门安装	10-2-26 ～ 10-2-33
			电气接线	电动阀门检查接线	4-4-142
3	031003003	焊接法兰阀门	安装	空调专用铜球阀	10-1-327 ～ 10-1-334
				焊接法兰阀门安装	10-2-34 ～ 10-2-48
				法兰浮球阀安装	10-2-69 ～ 10-2-74
				遥控浮球阀安装	10-2-75 ～ 10-2-80
			电气接线	电动阀门检查接线	4-4-142
4	031003004	带短管甲乙阀门	安装	法兰阀（带短管甲乙）胶圈接口	10-2-49 ～ 10-2-58
				法兰阀（带短管甲乙）膨胀水泥接口	10-2-59 ～ 10-2-68
			电气接线	电动阀门检查接线	4-4-142
5	031003005	塑料阀门	安装	塑料阀门（热熔连接）	10-2-81 ～ 10-2-88
				塑料阀门（粘接）	10-2-89 ～ 10-2-96
6	031003011	法兰	安装	螺纹法兰安装	10-2-107 ～ 10-2-116
				碳钢平焊法兰安装	10-2-117 ～ 10-2-133
				不锈钢平焊法兰安装	10-2-134 ～ 10-2-144
				塑料法兰（带短管）安装（热熔连接）	10-2-135 ～ 10-2-156
				塑料法兰（带短管）安装（电熔连接）	10-2-157 ～ 10-2-167
				塑料法兰（带短管）安装（粘接）	10-2-168 ～ 10-2-179
				沟槽法兰短管安装	10-2-180 ～ 10-2-189
7	031003013	水表	组装	螺纹水表组成安装	10-2-219 ～ 10-2-223
				法兰水表组成安装（无旁通管）	10-2-224 ～ 10-2-230
				法兰水表组成安装（带旁通管）	10-2-231 ～ 10-2-237

举例说明:

以表 2.21 的清单为基础,找出任务 2 的 "引入案例" 中管道附件的定额子目进行组价(表 2.24)。

表 2.24 管道附件分部分项工程量清单组价

序号	项目编码	项目名称	定额编码
1	031003013001	水表	10-2-225
2	031003003001	焊接法兰阀门	10-2-37
3	031003001001	螺纹阀门	10-2-6

水表按无旁通管考虑,所有管件均在非封闭管井或管廊内。

3. 综合单价的计算

采用一般计税法,取中值,风险费暂时不计取,以表 2.24 的分部分项工程量清单为例,计算各自的综合单价和合价。已知 DN65 法兰水表为 956 元/只,DN65 闸阀为 584 元/个,DN65 碳钢平焊法兰为 45.848 元/片,DN65 的 Z41T-10 闸阀为 584 元/个,DN50 的 J11W-10T 截止阀为 80.53 元/个(均为除税价格)。综合单价的计算可扫描二维码查看。

任务 2.4　卫生器具计量与计价

思维导图

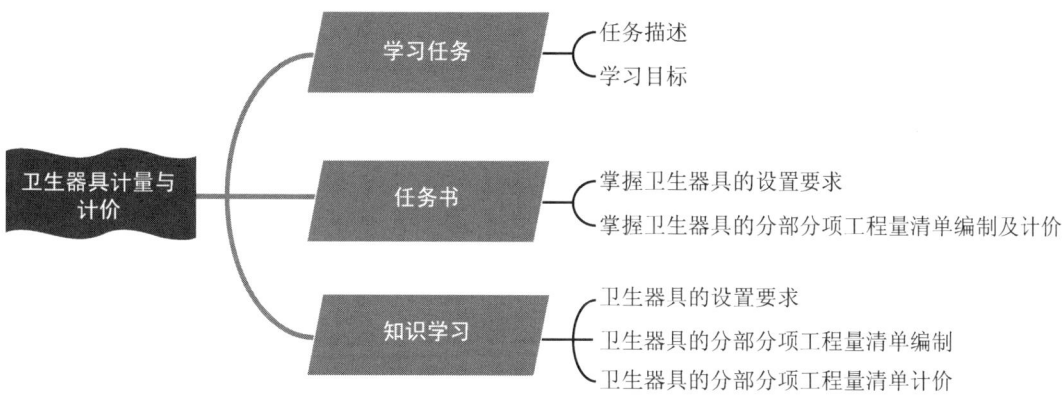

任务描述

本任务依据《通用安装工程工程量计算规范》（GB 50856—2013）和《浙江省通用安装工程预算定额》（2018 版）的相关规定，主要介绍了以下几方面内容：一是卫生器具的设置要求；二是卫生器具的分部分项工程量清单编制，包括工程量计算方法；三是卫生器具的分部分项工程量清单计价，包括工程量清单计价的项目组合和综合单价的计算。本任务要求学生在掌握知识点的基础上完成任务书。

学习目标

1. 知识目标

（1）掌握卫生器具的工程量计算规则及计量方法。
（2）掌握卫生器具的分部分项工程量清单的构成及编制方法。
（3）熟悉卫生器具的预算定额表格，掌握其工程量清单计价的项目组合。

2. 能力目标

（1）能够计算卫生器具的分部分项工程量。
（2）能够编制卫生器具的分部分项工程量清单。
（3）能够在所编制的工程量清单基础上找到对应的定额子目。
（4）能够举一反三，从案例中吸取经验和教训，运用到其他工程实例中。

3. 素质目标

（1）通过对建筑给排水相关规范规则的了解，树立"执行行业标准和法规"的职业意识。
（2）通过学习工程量清单编制及计价，培养理论联系实际、认真观察生活的意识。

任务 2 建筑给排水工程计量与计价

任务书					
班级：	学号：	姓名：	日期：		页数：2

工作准备

1. 熟悉卫生器具的施工工艺，了解各类卫生器具的安装方式和相应配件。

2. 自行阅读《通用安装工程工程量计算规范》（GB 50856—2013）和《浙江省通用安装工程预算定额》（2018 版）关于卫生器具的相关规定。

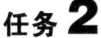

任务图

工作实施

问题 1：扫描右上角的二维码，阅读图纸并编制卫生器具的分部分项工程量清单。

问题 2：在"问题 1"的基础上，结合图纸和各分部分项工程的工作内容，找出各工程量清单项目对应的定额子目，并将定额编码填入相应表格中，如需换算，请在定额编号后加"换"字。

任务反馈

学生根据对卫生器具的设置要求、卫生器具的分部分项工程量清单编制和计价的掌握程度，进行自我评价，评价自己是否能完成知识点的学习、是否能按时完成任务书、有无任务遗漏。同时学生以小组为单位，共同学习，针对组内成员的学习过程和结果进行互评。教师对学生的评价包括任务书的书写是否工整，是否按时完成任务书，完成质量是否达标。将各自的评价总分填入下表，教师可根据学生的表现情况额外进行增值评价。

学生遇到问题时，可先进行组内讨论，针对争议性问题或组内讨论后仍无法解决的问题，可填写在下表的相应位置。

学生自评	组内互评	教师评价	增值评价
综合总评			
学生学习情况反馈（问题、难点等）			

拓展思考

1. 各类卫生器具是如何安装的？
2. 各类卫生器具各自带有哪些附件？

知识学习

卫生器具的分部分项工程量清单计价应先根据《通用安装工程工程量计算规范》(GB 50856—2013)(简称《计算规范》)列出清单子目,并计算工程量,而后根据《计算规范》所列的工作内容,结合《浙江省通用安装工程预算定额》(2018版)(简称《预算定额》)的相关规定进行计价。

卫生器具的分部分项工程量清单编制步骤如下:确定卫生器具的清单子目和工作内容→计算卫生器具的工程量→编制卫生器具的分部分项工程量清单→套取预算定额并计算各子目综合单价。

卫生器具的安装

知识点1:卫生器具的设置要求

常用的卫生器具有洗涤盆、洗脸(手)盆、盥洗槽、浴盆、淋浴器、大便器、小便器、地漏等,卫生器具的安装应采用预埋螺栓或膨胀螺栓安装固定。

卫生器具的安装高度如设计无要求时,应符合表2.25的规定。

表2.25 卫生器具的安装高度

项次	卫生器具名称		卫生器具的安装高度/mm		备注
			居住和公共建筑	幼儿园	
1	污水盆(池)	架空式	800	800	自地面至器具上边缘
		落地式	500	500	
2	洗涤盆(池)		800	800	
3	洗脸盆、洗手盆(有塞、无塞)		800	500	
4	盥洗槽		800	500	
5	浴盆		≤520		
6	蹲式大便器	高水箱	1800	1800	自台阶面至高水箱底
		低水箱	900	900	自台阶面至低水箱底
7	坐式大便器	高水箱	1800	1800	自地面至高水箱底
		低水箱 外露排水管式	510	370	自地面至低水箱底
		低水箱 虹吸喷射式	470		
8	小便器	挂式	600	450	自地面至下边缘
9	小便槽		200	150	自地面至台阶面
10	大便槽冲洗水箱		≥2000		自台阶面至水箱底
11	妇女卫生盆		360		自地面至器具上边缘
12	化验盆		800		自地面至器具上边缘

知识点2:卫生器具的分部分项工程量清单编制

1.清单编制说明

卫生器具的工程量清单项目设置、项目特征描述的内容、计量单位及工程量计算规则，应按《计算规范》附录 K.4 的规定执行。

2. 常用项目的清单规范

表 2.26 摘自《计算规范》附录 K.4，在进行卫生器具工程量清单项目编制时，应按附录 K.4 的规定执行。附录 K.4 共有 19 项清单项目，表 2.26 仅摘取其中 8 项。

表 2.26　卫生器具工程量清单项目设置

项目编码	项目名称	项目特征	计量单位	工程计算规则	工作内容
031004001	浴缸	1. 材质 2. 规格、类型 3. 组装形式 4. 附件名称、数量	组	按设计图示数量计算	1. 器具安装 2. 附件安装
031004003	洗脸盆				
031004004	洗涤盆				
031004006	大便器				
031004007	小便器				
031004008	其他成品卫生器具				
031004010	淋浴器	1. 材质、规格 2. 组装形式 3. 附件名称、数量	套	按设计图示数量计算	1. 器具安装 2. 附件安装
031004014	给、排水附（配）件	1. 材质 2. 型号、规格 3. 安装方式	个（组）	按设计图示数量计算	安装

3. 工程量清单项目特征描述

根据《计算规范》表格中的工作内容可知，成品卫生器具项目中的附件安装，主要指给水附件（包括水嘴、阀门、喷头等）、排水配件（包括存水弯、排水栓、下水口等）以及配备的连接管的安装；洗脸盆适用于洗发盆、洗手盆；给、排水附（配）件是指独立安装的水嘴、地漏、地面扫除口等。

浴缸支座和周边的砌砖、瓷砖粘贴，应按现行国家标准《房屋建筑与装饰工程工程量计算规范》（GB 50854—2013）相关项目编码列项；功能性浴缸不含电机接线和调试，应按《计算规范》附录 D 相关项目编码列项。器具安装中若采用混凝土或砖基础，同样应按现行国家标准《房屋建筑与装饰工程工程量计算规范》（GB 50854—2013）相关项目编码列项。

清单项目设置时，必须明确以下特征描述。

（1）浴缸的材质（搪瓷、玻璃钢、塑料等）、规格、组装形式（冷热水、冷热水带喷头）。

（2）洗脸盆的材质、型号（立柱式、台式、挂墙式）、规格、组装形式（冷水、冷热水）、开关种类（手动式、脚踏式）、附件的型号及规格等。

（3）洗涤盆的材质、型号（单嘴、多嘴）、规格、组装形式（冷水、冷热水）、开关种类（肘式、脚踏式）、附件的型号及规格等。

（4）大便器材质（陶瓷、搪瓷、不锈钢等）、型号（蹲式、坐式、瓷低水箱、瓷高水箱、分体水箱、连体水箱、隐蔽水箱）、开关种类（手动开关、脚踏开关、感应开关）、附件的型号及规格等。

（5）小便器材质、规格、型号（壁挂式、落地式）、开关种类（手动开关、感应开关）等。

（6）淋浴器的材质、规格、组装形式（钢管组成、钢塑管组成、铜管组成）等。

举例说明：

任务2的"引入案例"中，编制的卫生器具分部分项工程量清单见表2.27。

表2.27 卫生器具分部分项工程量清单

序号	项目编码	项目名称	项目特征	计量单位	工程量
1	031004003001	洗脸盆	1.材质：陶瓷 2.规格、类型：台下式洗脸盆 3.组装形式：冷热水 4.附件名称、数量：配备带感应水嘴1个	组	3
2	031004004001	洗涤盆	1.材质：不锈钢 2.规格、类型：儿童洗手槽 3.组装形式：冷热水 4.附件名称、数量：含6个冷热水混合水龙头	组	3
3	031004004002	洗涤盆	1.材质：陶瓷 2.规格、类型：带冷热水龙头洗涤盆 3.组装形式：冷热水 4.附件名称、数量：配备冷热水龙头1个	组	3
4	031004004003	洗涤盆	1.材质：陶瓷 2.规格、类型：单嘴，拖布池 3.附件名称、数量：配备冷水龙头1个	组	3
5	031004006001	大便器	1.材质：陶瓷 2.规格、类型：低水箱蹲式陶瓷大便器 3.组装形式：蹲式	组	3
6	031004006002	大便器	1.材质：陶瓷 2.规格、类型：低水箱儿童蹲式大便器 3.组装形式：蹲式	组	18
7	031004007001	小便器	1.材质：陶瓷 2.规格、类型：壁挂式 3.开关种类：感应开关埋入式	组	12
8	031004014001	给、排水附（配）件	1.材质：不锈钢 2.规格、类型：圆形地漏DN50	个	18
9	031004014002	给、排水附（配）件	1.材质：铜制品 2.规格、类型：地面扫除口DN100	个	4

4. 工程量计算

1）清单规则

卫生器具的清单工程量计算规则见表 2.26。

2）定额规则

（1）各种卫生器具安装工程量均按设计图示数量计算，以"组"或"套"为计量单位。

（2）大便槽、小便槽自动冲洗水箱安装分容积按设计图示数量，以"套"为计量单位。

（3）小便槽冲洗管制作与安装按设计图示尺寸以"m"为计量单位，不扣除阀门的长度。

（4）湿蒸房依据使用人数，以"座"为计量单位。

知识点 3：卫生器具的分部分项工程量清单计价

本部分的计价基本依据是《预算定额》第十册《给排水、采暖、燃气工程》第二章"管道附件"，内容包括浴盆、净身盆、洗脸盆、洗涤盆、大便器、小便器、拖布池、淋浴器、水龙头、排水栓、地漏、地面扫除口等器具安装项目，以及大小便槽自动冲洗水箱和小便槽冲洗管制作、安装。

1. 工程量清单计价说明

（1）各类卫生器具安装项目包括卫生器具本体、配套附件、成品支托架安装。各类卫生器具配套附件是指给水附件（水嘴、金属软管、阀门、冲洗管、喷头等）和排水附件（下水口、排水栓、器具存水弯、与地面或墙面排水口间的排水连接管等）。

（2）各类卫生器具所用附件已列出消耗量，如随设备或器具配套供应，其消耗量不得重复计算。各类卫生器具支托架如现场制作，执行《预算定额》第十三册《通用项目和措施项目工程》相应定额。

（3）台式洗脸盆（冷水）安装执行台式洗脸盆（冷热水）安装的相应定额，基价乘以系数 0.8，软管与角型阀的未计价主材含量减半，其余未计价主材含量不变。

（4）液压脚踏卫生器具安装执行本章相应定额，人工乘以系数 1.3，液压脚踏阀及控制器等主材另计（如水嘴或喷头等配件随液压阀及控制器成套供应，应扣除相应定额中的主材）。

（5）除带感应开关的小便器、大便器安装外，其余感应式卫生器具安装执行本章相应定额，人工乘以系数 1.2，感应控制器等主材另计（如感应控制器等配件随卫生器具成套供应，则不得另行计算）。

（6）大、小便器冲洗（弯）管均按成品考虑。大便器安装已包括了柔性连接头或胶皮碗。

（7）大、小便槽自动冲洗水箱安装中，已包括水箱和冲洗管的成品支托架、管卡安装。

2. 工程量清单计价的项目组合

根据《计算规范》表格中的工作内容可知，浴缸、洗脸盆、洗涤盆、大便器、小便器、其他成品卫生器具、沐浴器的工作内容主要涉及器具安装和附件安装，给、排水附（配）件的工作内容主要是安装。结合《预算定额》可知，这些费用均已包含在各卫生器具本身的安装费用中。根据《计算规范》的有关规定，具体工程发生的内容及施工组织设计内容应进行选项组合，卫生器具的组价内容见表2.28。

表2.28 卫生器具的组价内容

序号	项目编码	项目名称	可组合的主要内容	对应的定额子目	定额编码
1	031004001	浴缸	器具安装	浴盆	10-3-1 ～ 10-3-8
2	031004003	洗脸盆		洗脸盆	10-3-11 ～ 10-3-17
				洗发盆	10-3-18
3	031004004	洗涤盆		洗涤盆	10-3-19 ～ 10-3-23
4	031004006	大便器		大便器	10-3-29 ～ 10-3-36
5	031004007	小便器		小便器	10-3-37 ～ 10-3-40
6	031004008	其他成品卫生器具		拖布池	10-3-41
7	031004010	淋浴器		淋浴器	10-3-42 ～ 10-3-51
8	031004011	给、排水附（配）件	安装	水龙头安装	10-3-70 ～ 10-3-72
				排水栓安装	10-3-73 ～ 10-3-78
				地漏安装	10-3-79 ～ 10-3-82
				地面扫除口安装	10-3-83 ～ 10-3-87

举例说明：

以表2.27的清单为基础，找出任务2的"引入案例"中卫生器具的定额子目进行组价（表2.29）。

表2.29 卫生器具分部分项工程量清单组价

序号	项目编码	项目名称	定额编码
1	031004003001	洗脸盆（台下式洗脸盆，冷热水）	10-3-17 换
2	031004004001	洗涤盆（儿童洗手槽，多水龙头）	补充定额
3	031004004002	洗涤盆（带冷热水龙头洗涤盆）	10-3-22
4	031004004003	洗涤盆（单嘴洗涤盆）	10-3-19
5	031004006001	大便器（低水箱蹲式陶瓷大便器）	10-3-30
6	031004006002	大便器（低水箱儿童蹲式大便器）	10-3-30
7	031004007001	小便器（壁挂式儿童小便器，感应开关）	10-3-38
8	031004014001	给、排水附（配）件（不锈钢圆形地漏）	10-3-79
9	031004014002	给、排水附（配）件（地面扫除口）	10-3-85

3. 综合单价的计算

采用一般计税法，取中值，风险费暂时不计取，以表2.29的分部分项工程量清单为例，计算各自的综合单价和合价。已知台式洗脸盆为280元/个，洗脸盆托架为15元/副，角型阀（带铜活）为16.35元/个，洗脸盆排水附件为15.93元/套，带感应的冷热水龙头为400元/个，金属软管为

综合单价的计算

15元/根（均为除税价格）。综合单价的计算可扫描二维码查看。

拓展知识：建筑给排水设备计量与计价

1. 工程量计算

1）清单规则

地源（水源、气源）热泵机组和水箱的清单工程量计算规则见表2.30。

表2.30 建筑给排水设备常用项目清单设置

项目编码	项目名称	项目特征	计量单位	工程计算规则	工作内容
031006006	地源（水源、气源）热泵机组	1. 型号、规格 2. 安装方式 3. 减振装置形式	套	按设计图示数量计算	1. 安装 2. 减振装置制作、安装
031006015	水箱	1. 材质、类型 2. 型号、规格	台		1. 制作 2. 安装

注：地源热泵机组，接管及接管上的阀门、软接头、减振装置和基础另行计算，并按相关项目编码列项。

2）定额规则

（1）各种设备安装项目除另有说明外，按设计图示规格、型号、质量，均以"台"为计量单位。

（2）给水设备按同一底座设备质量计算，不分组出口管道公称直径，按设备质量列项，以"套"为计量单位。

（3）水箱自洁器分外置式、内置式，电热水器分挂式、立式安装，以"台"为计量单位。

（4）水箱安装项目按水箱设计容量，以"台"为计量单位；钢板水箱制作分圆形、矩形，按水箱设计容量，以箱体金属质量"kg"为计量单位。

2. 工程量清单编制

任务2的"引入案例"中，屋顶设有水箱和热泵机组，各自列举一项，如表2.31所示。

表2.31 建筑给排水设备分部分项工程量清单

序号	项目编码	项目名称	项目特征	计量单位	工程量
1	031006006001	地源（水源、气源）热泵机组	1. 名称：热泵主机 2. 型号、规格：CAHP-PI-42，额定功率9.15kW，最大输入功率13.7kW，热泵额定制热量42kW 3. 其他：设备基础制作、安装	组	1
2	031006006002	地源（水源、气源）热泵机组	1. 名称：1#热泵循环泵组 2. 型号、规格：IRG15-80 一备一用，$N=0.18$kW 3. 其他：设备基础制作、安装	组	2

续表

序号	项目编码	项目名称	项目特征	计量单位	工程量
3	031006015001	水箱	1. 名称：加热承压水箱 2. 型号、规格：容积455L，净重127kg，861mm×712mm×1712mm（长×宽×高），预留电加热35kW 3. 其他：设备基础制作、安装	台	2

3. 工程量清单计价

1）计价说明

（1）本部分设备安装定额中均包括设备本体及其配套的管道、附件、部件的安装，以及单机试运转或水压试验、通水调试等内容，均不包括与设备外接的第一片法兰或第一个连接口以外的安装工程量，发生时，应另行计算。设备安装项目中包括与本体配套的压力表、温度计等附件的安装，如实际未随设备供应附件时，其材料另行计算。

（2）给水设备、地源热泵机组均按整体组成安装编制，随设备配套的各种控制箱（柜）、电气接线及电气调试等，执行《预算定额》第四册《电气设备安装工程》相应定额。

（3）水箱安装适用于玻璃钢、不锈钢、钢板等各种材质，不分圆形、方形，均按箱体容积执行相应项目。水箱安装按成品水箱编制，如现场制作、安装水箱，水箱主材不得重复计算。水箱消毒冲洗及注水试验用水按设备图示容积或施工方案计入。组装水箱的连接材料是按随水箱配套供应考虑的。

（4）设备安装定额中均未包括减振装置和机械设备的拆装检查、基础灌浆、地脚螺栓的埋设，发生时执行《预算定额》第一册《机械设备安装工程》和第十三册《通用项目和措施项目工程》相应定额。

（5）设备安装定额中均未包括设备支架或底座制作、安装，如采用型钢支架，则执行《预算定额》第十三册《通用项目和措施项目工程》相应定额。混凝土及砖底座执行《浙江省房屋建筑与装饰工程预算定额》（2018版）有关定额。

（6）太阳能集热器是按集中成批安装编制的，如发生 $4m^2$ 以下工程量，人工、机械乘以系数1.1。

2）清单计价实例

采用一般计税法，取中值，风险费暂时不计取，以表2.31的分部分项工程量清单为例，计算各自的综合单价和合价。已知 CAHP-PI-42 热泵主机为 18000.00 元/台，1# 热泵循环泵组为 6500.00 元/组，均为除税价格。综合单价的计算可扫描二维码查看。

综合单价的计算

任务小结

本任务是依据《通用安装工程工程量计算规范》（GB 50856—2013）、《浙江省通用安装工程预算定额》（2018 版）等文件，结合现场实际案例进行编制的。学习本任务内容时，要求学生在前修课程基础上，结合教材内知识点、规范文件和案例等进行线上线下混合学习，完成每个子任务的任务书。

本任务介绍了建筑给排水工程相关内容的计量与计价，依据《通用安装工程工程量计算规范》（GB 50856—2013）划分为 4 个子任务，即管道计量与计价、管道支架及套管计量与计价、管道附件计量与计价、卫生器具计量与计价。学生通过学习本任务内容，可以培养独立编制建筑给排水工程计量与计价文件的能力。

同步测试

算量软件操作1

任务 2.1 在线答题

任务 2.2 在线答题

任务 2.3 在线答题

任务 2.4 在线答题

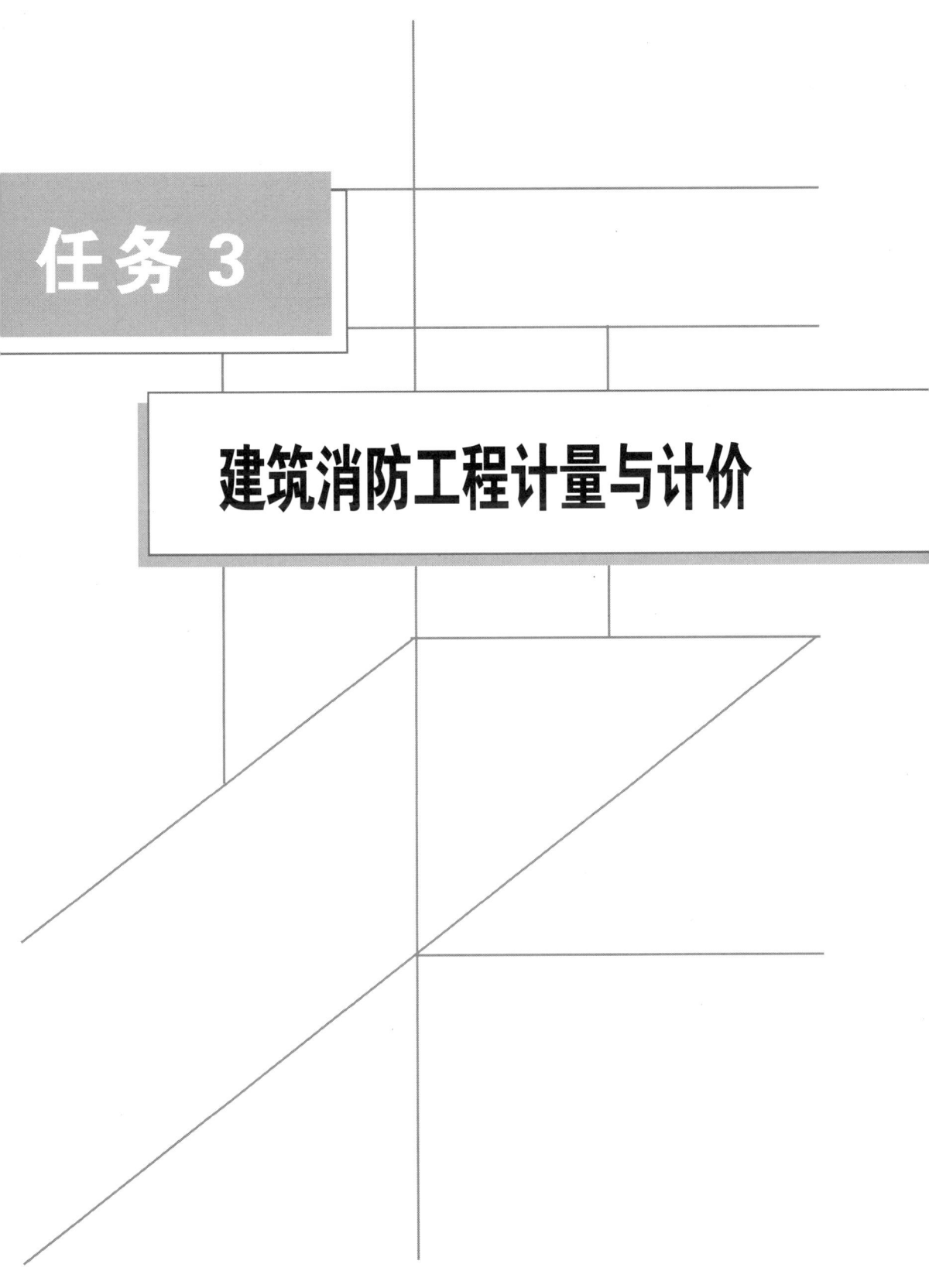

任务 3

建筑消防工程计量与计价

任务 3　建筑消防工程计量与计价

 知识引入

火是人类生存的重要条件，它既可造福于人类，也会给人类带来灾难。因此，在使用火的同时一定要注意对火的控制和管理。在时间和空间上失去控制的燃烧所造成的对财物和人身的损害称为火灾。火灾的发生给人民的生命财产造成了重大损失，据国家消防救援局统计，2022 年全国消防救援队伍共接报高层建筑火灾 1.7 万起，死亡 260 人，受伤 252 人，与 2021 年相比，起数上升 276%、死亡人数上升 44.4%、受伤人数上升 53.7%，特别是接报 2 起高层建筑重大火灾、13 起较大火灾，同比分别增加 2 起、7 起，建筑消防工作越显重要。

拓展讨论

党的二十大报告提出，提高防灾减灾救灾和重大突发公共事件处置保障能力，加强国家区域应急力量建设。近年来高层建筑火灾事件频发，给人民的生命和财产造成损失，如何预防火灾，怎样防消结合，请观看"高层建筑的消防安全知识"视频后，从生活和专业的角度分别展开讨论。

高层建筑的消防安全知识

火灾是可以预防的。我国消防工作的方针是"预防为主，防消结合"，可见预防的重要性。在进行城镇、居住区规划和建筑设计时，应根据建筑用途及其重要性、火灾特征和火灾危险性等综合因素设计消防给水系统。城市、居住区应设市政消火栓，民用建筑、厂房（仓库）、储罐（区）、堆场应设室外消火栓，民用建筑、厂房（仓库）应设室内消火栓。

相关消防知识如图 3.1 所示。

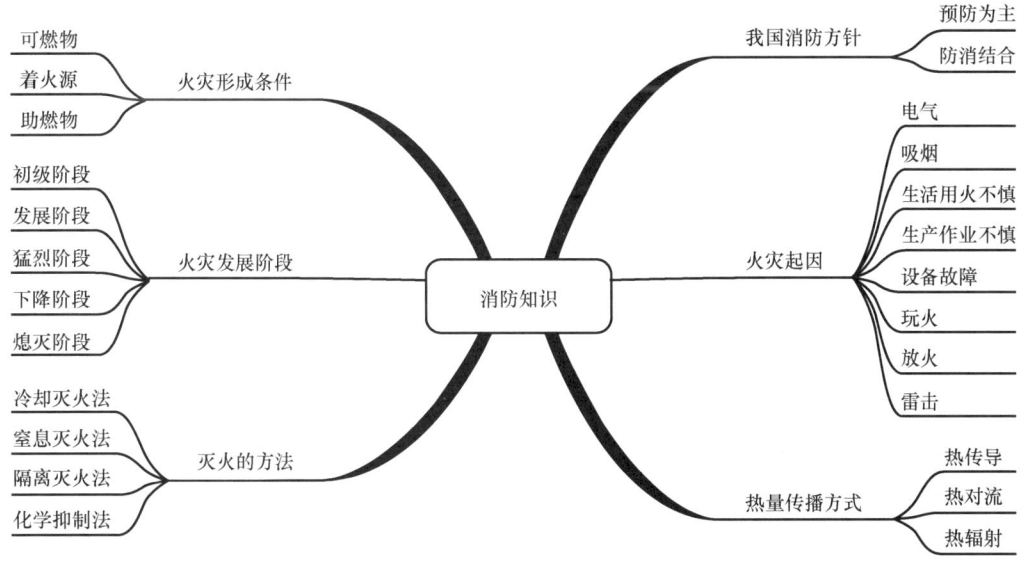

图 3.1　相关消防知识

一、消防系统的分类

消防系统分为以下四个部分。

（1）防火系统：包括建筑防火分隔设施和安全疏散设施。

（2）灭火系统：包括消火栓系统、自动喷淋系统、水喷雾灭火系统、细水雾灭火系统、泡沫灭火系统、气体灭火系统、干粉灭火系统。

（3）防排烟系统：包括防烟与排烟设施。

（4）消防控制系统：包括火灾自动报警系统、消防供配电设施、消防通信设施、消防应急照明和安全疏散指示标志。

二、灭火系统

1）水灭火系统

水灭火系统有两种基本形式：消火栓系统和自动喷淋系统。消火栓系统一般分为常高压消火栓系统、临时高压消火栓系统和稳高压消火栓系统。自动喷淋系统是一种发生火灾时能自动喷水灭火并同时发出火警信号的灭火系统。

2）气体灭火系统

在建筑物中，有些场所的火灾是不能使用水扑灭的，因为有的物质（如电石、碱金属等）与水接触会引起燃烧爆炸或助长火势蔓延；有些场所有易燃、可燃液体，很难用水扑灭火灾；而有些场所（如电子计算机房、通信机房、文物资料、图书档案馆等）用水扑灭会造成严重的水渍损失。所以，在建筑物内除设置消火栓系统外，还应根据其内部不同房间或部位的性质和要求采用气体灭火装置。

3）干粉灭火系统

干粉灭火系统是指以干粉作为灭火剂的灭火系统。干粉灭火剂是一种干燥的、易于流动的细微粉末，平时贮存于干粉灭火器或干粉灭火设备中，灭火时由加压气体（二氧化碳或氮气）将干粉从喷嘴射出，形成一股雾状粉流射向燃烧物，起到灭火作用。

4）泡沫灭火系统

泡沫灭火系统的工作原理是使泡沫灭火剂与水混溶后，产生一种可漂浮的黏附在可燃、易燃液体或固体表面，或者充满某一着火物质的空间的物质，起到隔绝、冷却燃烧物质，使燃烧物质熄灭的作用。

5）火灾自动报警系统

火灾自动报警系统作为建筑设备管理自动化系统的一个子系统，是保障建筑防火安全的关键。火灾自动报警系统既可以与安防系统、建筑设备自动化系统联网通信，向上级管理系统传递信息，又可与城市消防管理系统及城市综合信息管理网络联网运行，提供火灾及消防系统状态的有效信息。

在建筑物中装设火灾自动报警系统，能在火灾初期阶段，还未成灾之前发出警报，以便及时疏散人员、启动灭火系统，并联动其他设备的输出接点，能够控制自动灭火系统、事故广播、事故照明、消防给水和排烟等减灾系统，并对外发送火警信息，实现监测、报警和灭火的自动化。这对于消除火灾或减少火灾的损失，是一种极为重要的方法和十分有效的措施。

任务 3 建筑消防工程计量与计价

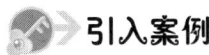

引入案例

依据《通用安装工程工程量计算规范》（GB 50856—2013）和《浙江省通用安装工程预算定额》（2018版）中有关消防水灭火系统工程计量与计价的要求，计算下面某幼儿园建筑消防水灭火系统工程的工程量，并编制其分部分项工程量清单，进行清单计价。工程基本概况如下。

1. 消防水灭火系统

（1）本工程为钢筋混凝土框架结构，地下局部一层，地上三层，层高3.9m。本工程采用相对标高，单位以"m"计，管线标高以管中心线计，其余尺寸以"mm"计。

（2）除标注尺寸外，管中心距离墙面的距离：管径≤50mm的管道按50mm计，50mm<管径≤100mm的管道按100mm计，100mm<管径≤200mm的管道按150mm计。

（3）管道穿钢筋混凝土墙、楼板和梁时，应预埋套管。管道穿屋面、卫生间、阳台、厨房、地下室外墙、水池壁时，应预埋防水套管。除刚性防水套管外，其余套管直径应比工作管道大两个号。

（4）管道支架及吊架采用40×40×4角钢制成，40×40×4角钢的理论质量为2.422kg/m。靠墙边用L形架，每个长0.6m，图3.2～图3.4中有9付；其余位置用U形架，长2m，图3.2～图3.4中有12付。管道支架除锈后刷樟丹二道、灰色调和漆二道。明装金属管道除锈后，应先刷红丹防锈漆二道，再刷醇酸磁漆二道。

（5）消火栓系统。

① 室内消防给水管采用内外热镀锌钢管，DN≤65mm采用丝扣连接，DN>65mm采用沟槽连接。消防给水管道安装完毕后应进行试压（P=1.4MPa），且试压后必须对管道进行冲洗。

② 消火栓选型：采用薄型单栓带灭火器组合式消防柜（参见图集15S202-21），室内消火栓按明装、暗装、半暗装安装，均配置25m长DN65麻质衬胶水带一条，DN65×19直流水枪一支，30m长消防软管卷盘及MF/ABC5型干粉灭火器两具。消火栓栓口距地面或楼板面1.1m。

③ 室外设置SQS100-C型消防水泵接合器，安装参见图集99（03）S302；除特别注明外，阀门采用带开启刻度的暗杆闸阀或带锁定装置的双向型蝶阀。

（6）自动喷淋系统。

① 室内消防给水管采用内外热镀锌钢管，DN≤65mm采用丝扣连接，DN>65mm采用沟槽连接。消防给水管道安装完毕后应进行试压（P=1.4MPa），且试压后必须对管道进行冲洗。

② 本建筑厨房内设置93℃、K=80的喷头，其余位置设置68℃、K=80的直立型喷头。

③ 室外设置SQS150-C型消防水泵接合器，安装参见图集99（03）S302；除特别注明外，阀门采用带开启刻度的暗杆闸阀或带锁定装置的双向型蝶阀。

（7）消防水炮系统。

① 本工程设有全自动智能定位消防水炮系统，配置ZDMS0.6/5S-ES IP30型消防水炮。消防水炮的工作电压为220V、射水流量为5L/s、标准工作压力为0.6MPa、保护半

径为30m、安装调试为6～25m。

②全自动智能定位消防水炮系统与自动喷淋系统合用一套供水系统，独立设置水流指示器与信号阀。在系统管网最不利点处设置模拟末端试水装置，出口接不小于DN50的排水管。

③管材选用：采用镀锌钢管，DN<100mm采用螺纹连接，DN≥100mm采用法兰或卡箍连接。管道安装后其试验压力不低于1.4MPa，且试压后必须对管道进行冲洗。

2. 火灾自动报警系统

本工程采用消防联动控制系统。竖井内集中线路沿槽式桥架敷设，桥架规格为150×100。

（1）线路选用情况。B线为层报警线，选用ZN-RVS-2×1.5-SC20；G线为消防广播线，选用ZN-RVS-2×2.5-SC25；H线为电话线，选用ZN-RVS-2×1.5-SC20。

（2）设备安装。输入模块、输出模块设置在模块箱内，有吊顶处模块箱顶边距吊顶下0.2m，无吊顶处模块箱底边距地面2.5m；区域显示器、手动报警按钮、消防电话分机、可燃气体报警控制器底边距地面1.3m；声光报警器底边距地面2.3m。

未尽事宜执行现行的施工及验收规范的有关要求，该工程相关图纸如图3.2～图3.11所示。

消火栓系统识图

自动喷淋系统识图

消防水炮系统识图

任务 3 建筑消防工程计量与计价

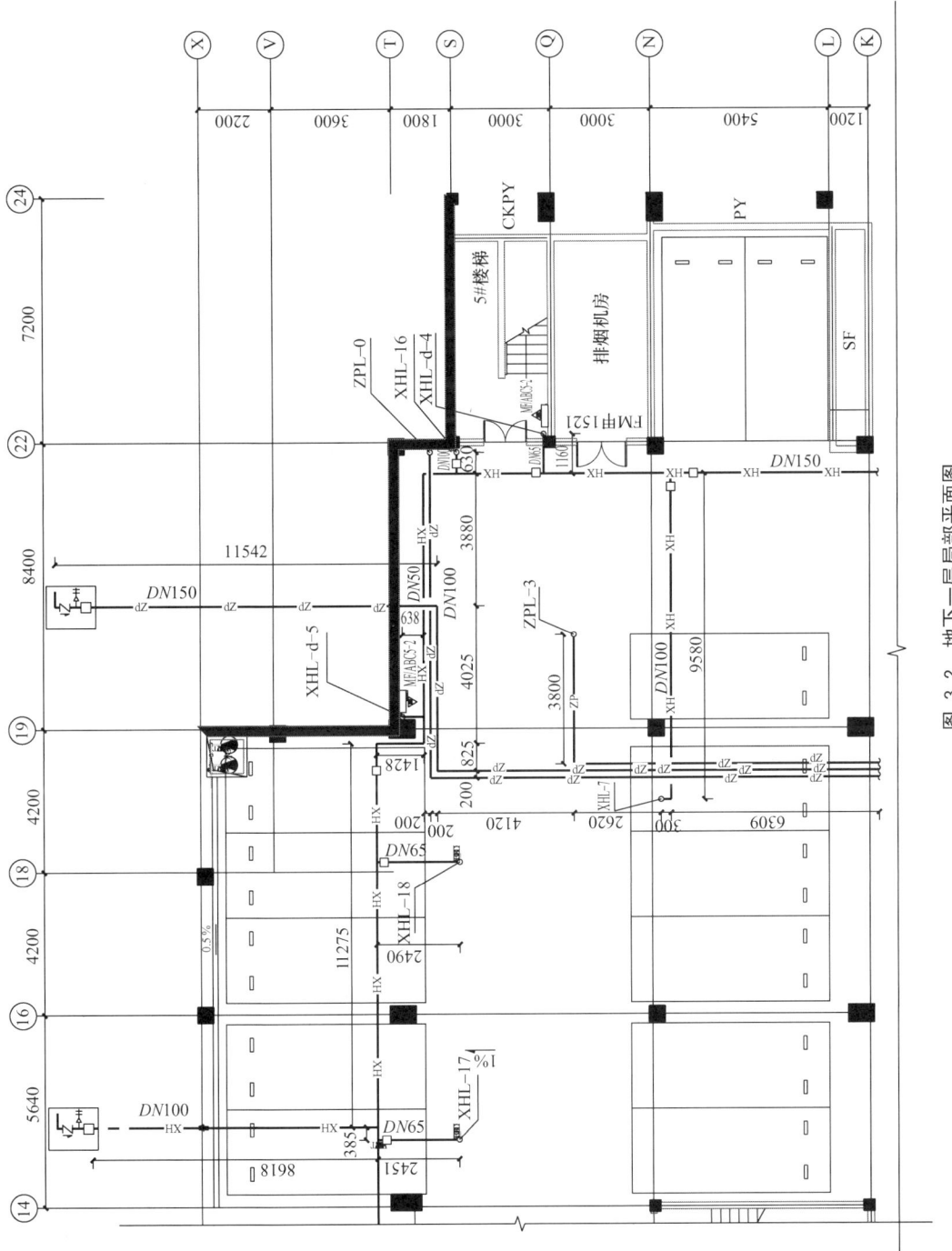

图 3.2 地下一层局部平面图

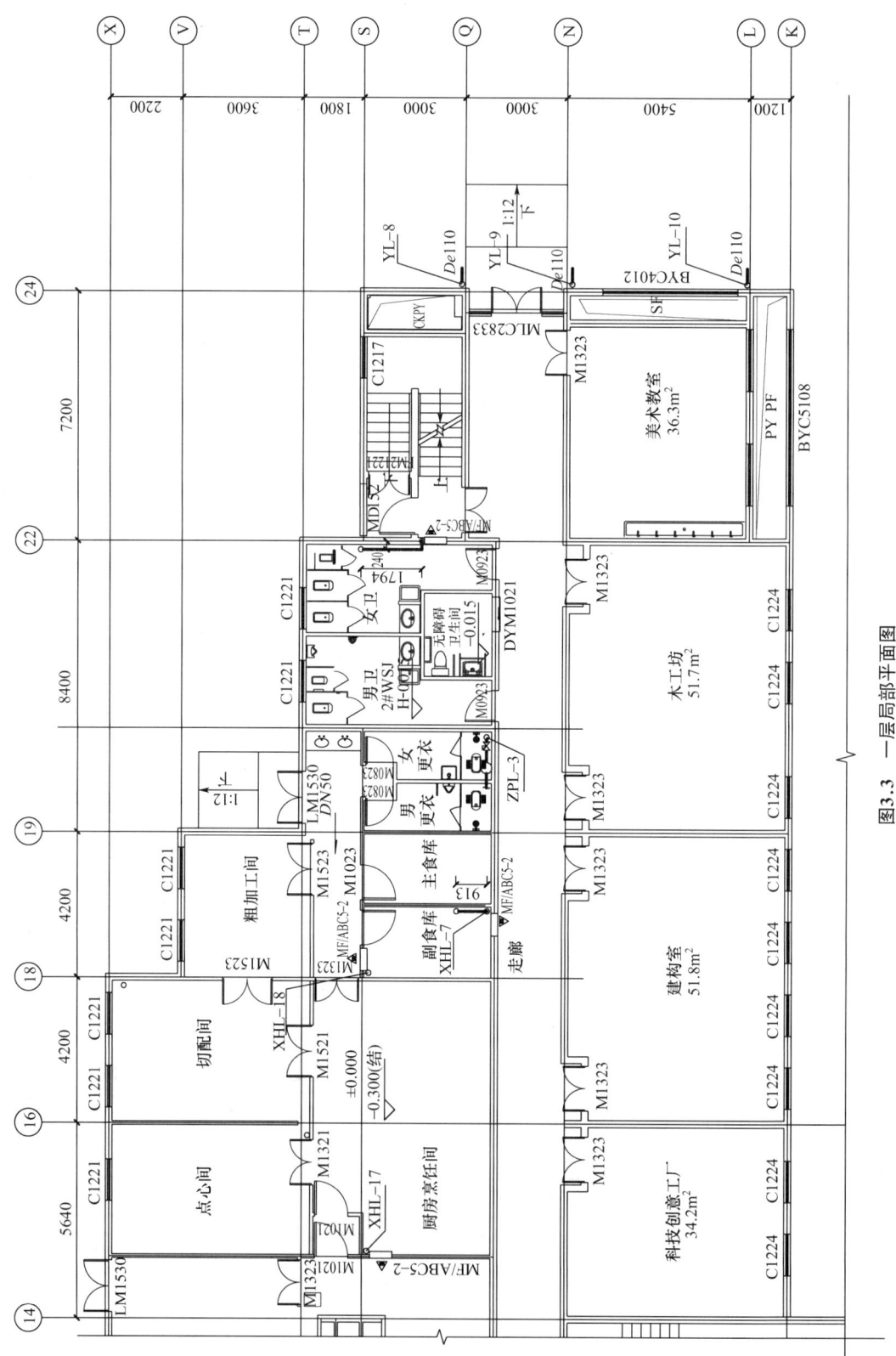

图3.3 一层局部平面图

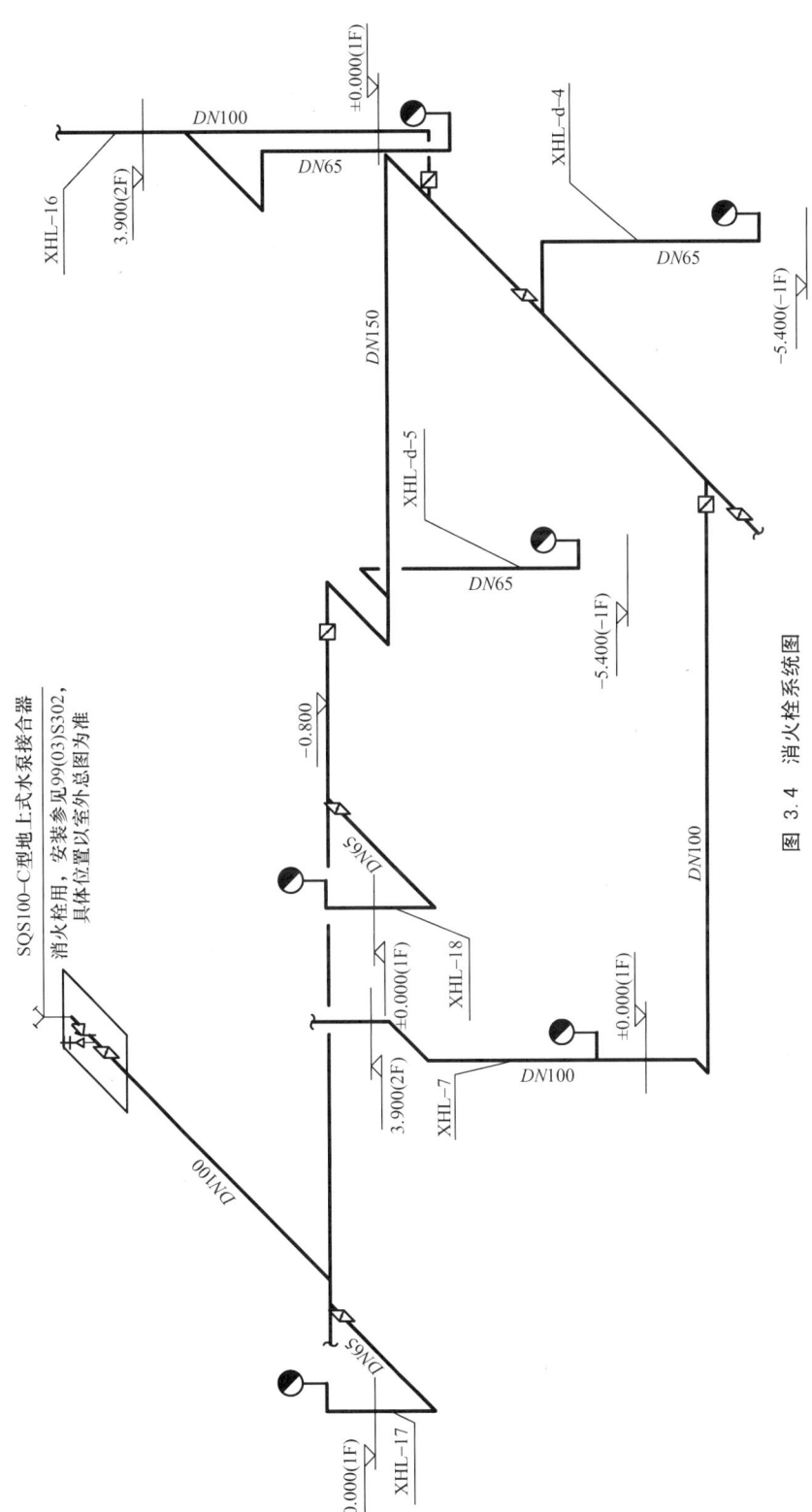

图 3.4 消火栓系统图

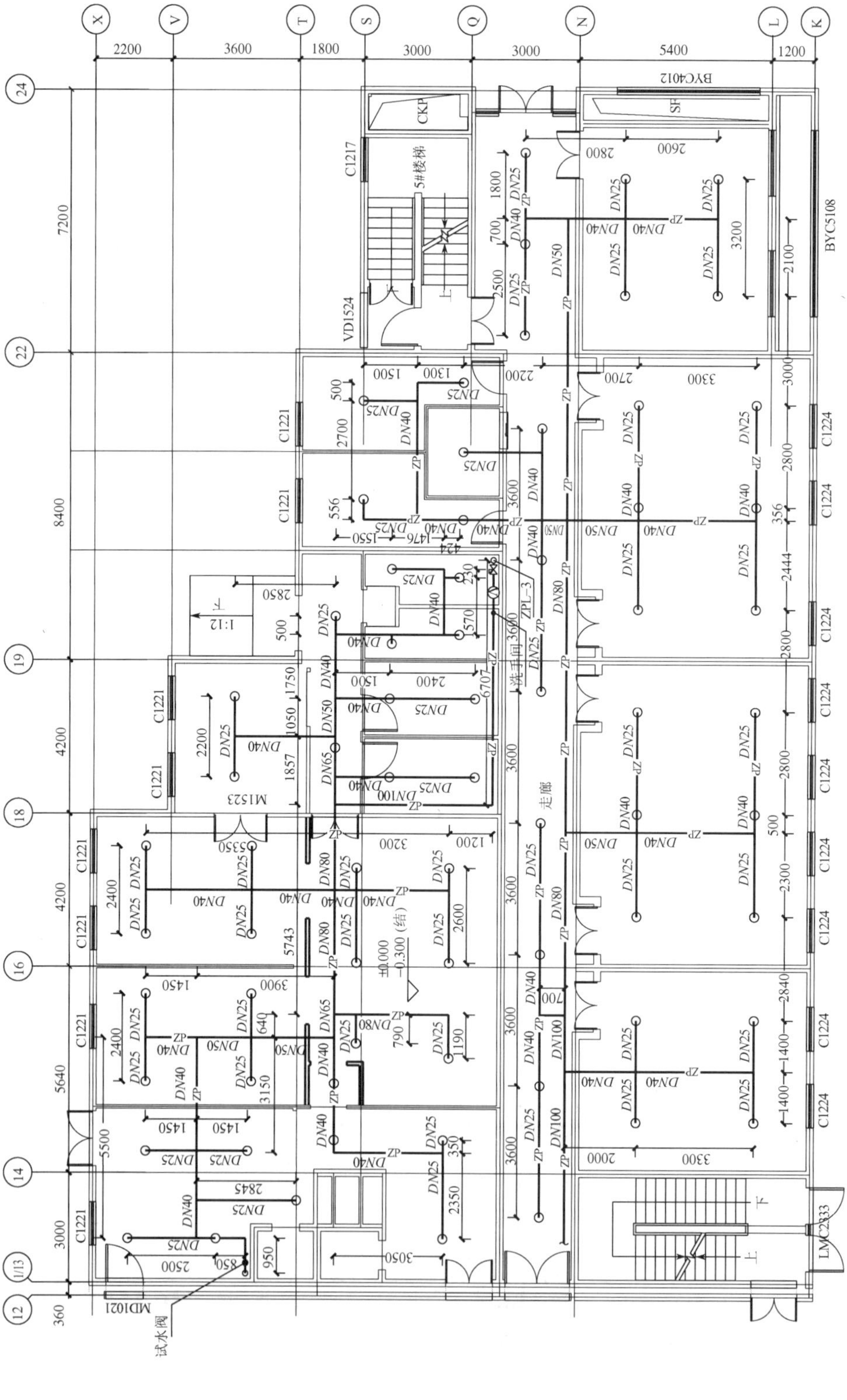
X
V
T
S
Q
N
L
K
24
22
19
18
16
14
1/13
12
5#楼梯
走廊
洗手间
试水阀
ZPL-3
MD1021
M1523
LMC2333
BYC4012
BYC5108
VD1524
C1217
C1221
C1224
CKP
1:12
±0.000
-0.300 (结)

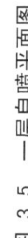

图 3.5　一层自喷平面图

任务 3 建筑消防工程计量与计价

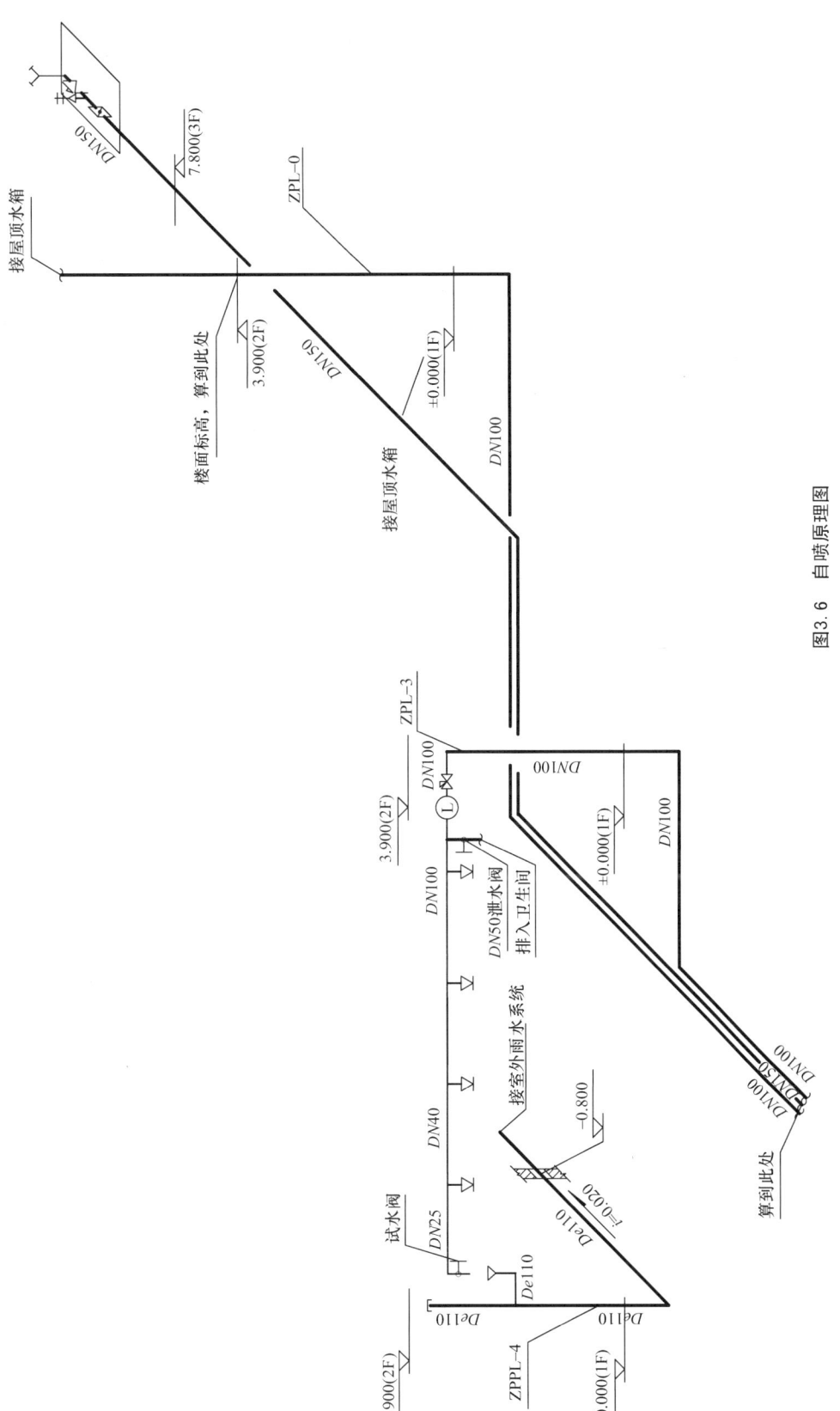

图 3.6 自喷原理图

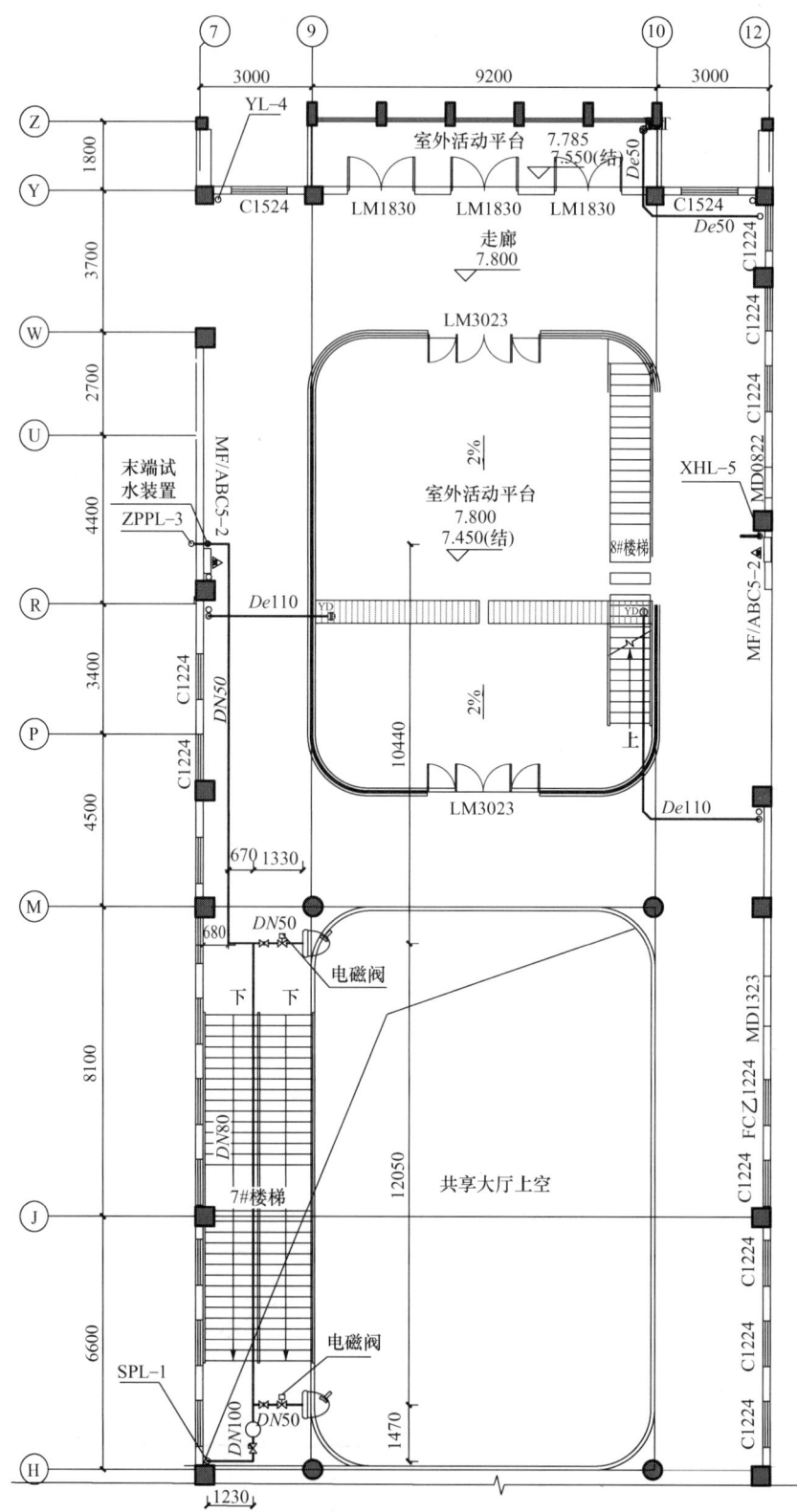

图 3.7 三层局部平面图

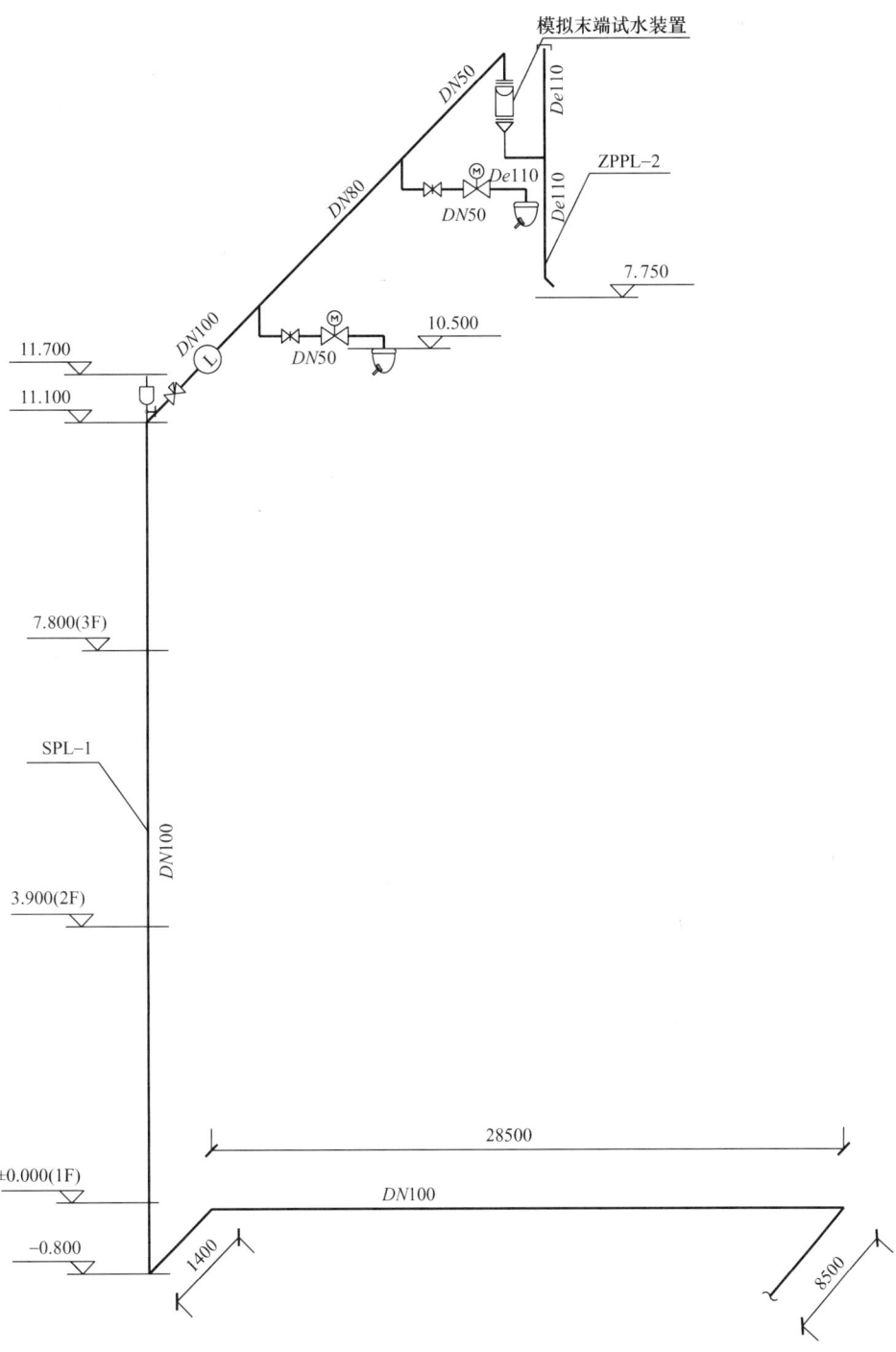

图 3.8 消防水炮系统图

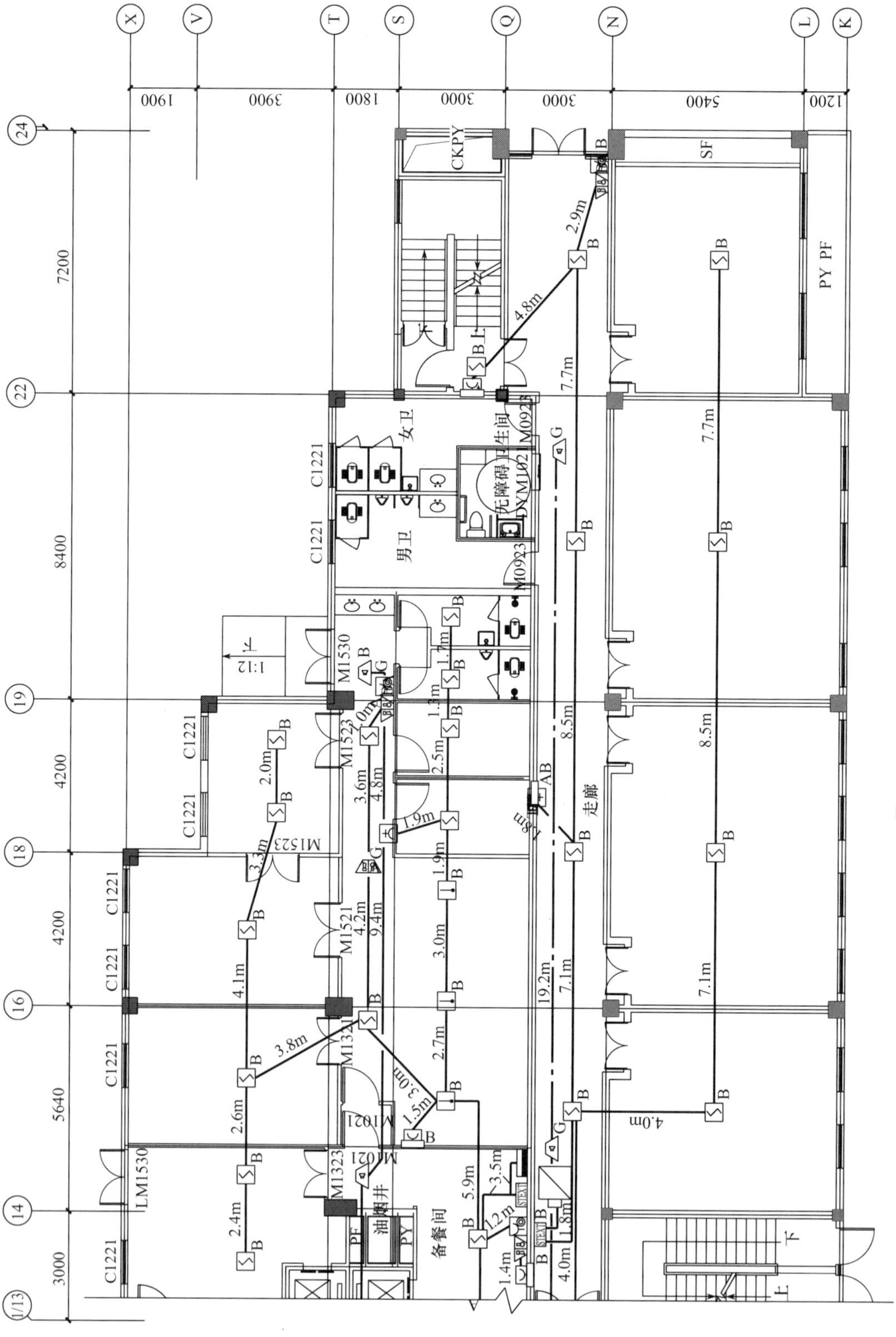

图3.9 一层火灾报警平面图

消防水炮系统设备材料表				
序号	图例	设备名称	单位	数量
		全自动消防水炮	台	2
		消防炮专用电磁阀	只	2
		模拟末端试水装置	套	
		信号蝶阀	只	
		水流指示器	只	
		手动闸阀	只	
		自动排气阀	只	

图 3.10　消防水炮系统设备材料表

序号	符号	名称	型号及规格	单位	数量	备注
1		编码光电感烟探测器	JTY-GM-GST9611	只	实定	吸顶
2		编码感温火灾探测器	JTW-ZOM-GST9612	只	实定	吸顶
3		手动报警按钮(带电话插孔)	J-SAM-GST9122	只	实定	距地1.3m
4		消火栓按钮	J-SAM-GST9124	只	实定	
5		消防广播扬声器	YXJ3-4A，3W	只	实定	吸顶
6		声光报警器	GST-HX-M8503	只	实定	距地2.3m
7	BO	广播模块	GST-LD-8305	只	实定	消防广播用
8	I/O	输入/输出模块	GST-LD-8301	只	实定	
9		输入模块	GST-LD-8300	只	实定	
10	M	模块箱		台		

图 3.11　火灾自动报警系统图例

任务 **3**　建筑消防工程计量与计价

任务 3.1　消火栓系统计量与计价

思维导图

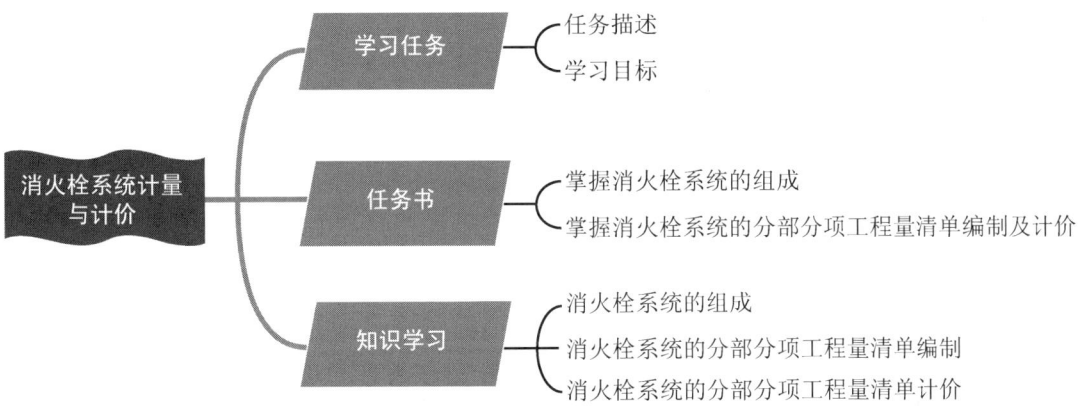

任务描述

本任务依据《通用安装工程工程量计算规范》（GB 50856—2013）和《浙江省通用安装工程预算定额》（2018 版）的相关规定，主要介绍了以下几方面内容：一是消火栓系统的组成；二是消火栓系统的分部分项工程量清单编制，包括工程量计算方法；三是消火栓系统的分部分项工程量清单计价，包括工程量清单计价的项目组合及综合单价的计算。本任务要求学生在掌握知识点的基础上完成任务书。

学习目标

1. 知识目标

（1）读懂工程图，了解消火栓系统的构成。
（2）掌握消火栓系统的分部分项工程量清单编制方法，并能计算其相应的工程量。
（3）熟悉消火栓系统的预算定额表格，掌握其工程量清单计价的项目组合。

2. 能力目标

（1）能够编制消火栓系统的分部分项工程量清单并计算工程量。
（2）能够理解清单计价说明，并在所编制的工程量清单基础上找到对应的定额子目。
（3）能够举一反三，从案例中吸取经验和教训，运用到其他工程实例中。

3. 素质目标

（1）通过讲解消防水灭火系统的循环情况，培养安全意识。
（2）通过学习本任务，培养执着专注、精益求精的工匠精神。

任务 3 建筑消防工程计量与计价

任务书				
班级：	学号：	姓名：	日期：	页数：2

工作准备

1. 复习前修课程，重温消火栓系统的识图和工艺等知识点。
2. 结合前修课程的知识，扫描右上角的二维码，下载并仔细阅读图纸。

任务图

工作实施

问题1：计算消火栓系统的管道工程量，完成计算书。

问题2：编制消火栓系统的管道、室内消火栓、管道支架、支架刷油、管道刷油的分部分项工程量清单。

3—19

问题3：在"问题2"的基础上，结合图纸和各分部分项工程的工作内容，找出各工程量清单项目对应的定额子目，并将定额编码填入相应表格中，如需换算，请在定额编号后加"换"字。

任务反馈

学生根据对消火栓系统的组成、消火栓系统的分部分项工程量清单编制及计价的掌握程度，进行自我评价，评价自己是否能完成知识点的学习、是否能按时完成任务书、有无任务遗漏。同时学生以小组为单位，共同学习，针对组内成员的学习过程和结果进行互评。教师对学生的评价包括任务书的书写是否工整，是否按时完成任务书，完成质量是否达标。将各自的评价总分填入下表，教师可根据学生的表现情况额外进行增值评价。

学生遇到问题时，可先进行组内讨论，针对争议性问题或组内讨论后仍无法解决的问题，可填写在下表的相应位置。

学生自评	组内互评	教师评价	增值评价
综合总评			
学生学习情况反馈（问题、难点等）			

拓展思考

1. 什么是沟槽件？如何计算各类沟槽件的数量？
2. 室内消火栓箱的类型有哪些？每一类消火栓箱内都有哪些构件？

知识学习

消火栓系统的分部分项工程量清单计价应先根据《通用安装工程工程量计算规范》（GB 50856—2013）（简称《计算规范》）列出清单子目，并计算工程量，而后根据《计算规范》所列的工作内容，结合《浙江省通用安装工程预算定额》（2018版）（简称《预算定额》）的相关规定进行计价。

消火栓系统的分部分项工程量清单编制步骤如下：确定消火栓系统的清单子目和工作内容→计算消火栓系统的工程量→编制消火栓系统的分部分项工程量清单→套取预算定额并计算各子目综合单价。

知识点1：消火栓系统的组成

1. 系统构成

消火栓系统由消火栓、消防管道、消防水泵接合器、消防水池、消防水箱、消防水泵等组成。消火栓系统组成示意图如图3.12所示。

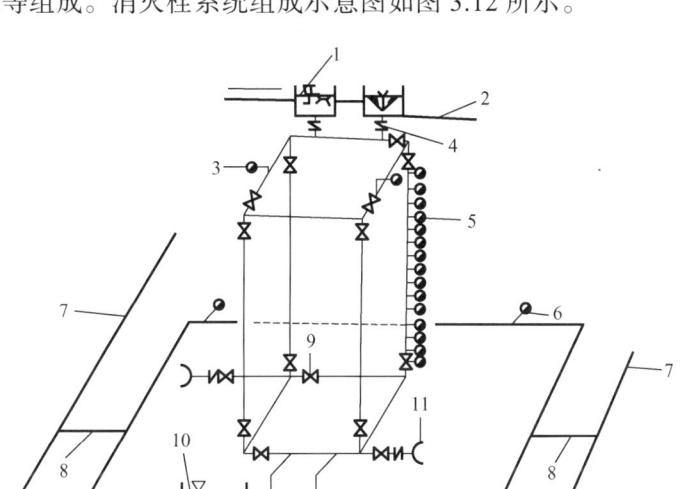

1—消防水箱；2—生活用水；3—屋顶消火栓；4—单向阀；5—室内消火栓；6—室外消火栓；7—市政管网；8—进户管；9—阀门；10—消防水池；11—消防水泵接合器；12—消防水泵。

图3.12 消火栓系统组成示意图

2. 主要设备及材料

（1）室内消火栓（图3.13）。室内消火栓应布置在建筑物内各层明显且易于取用和经常有人出入的地方，如楼梯间、走廊、大厅、车间的出入口和消防电梯的前室等处。室内消火栓由水枪、水带和消火栓组成，均安装于消火栓箱内。水枪一般采用直流式，喷嘴口径有13mm、16mm、19mm几种。水带有麻质、化纤之分，口径一般为直径50mm和65mm，长度有15m、20m、25m和30m四种。消火栓有单出口和双出口之分，且均为内扣式接口的球形阀式龙头。单出口消火栓直径有50mm和65mm两种，双出口消火栓直径为65mm。

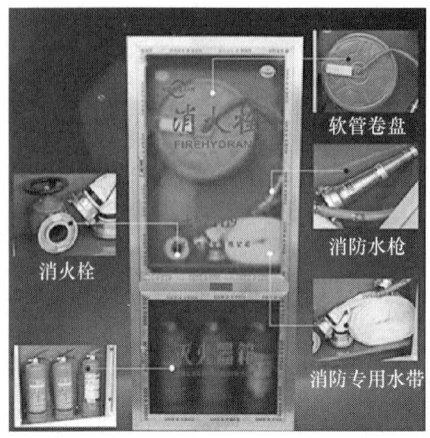

图 3.13 室内消火栓

（2）消防水喉。为扑灭初期火灾并减少灭火过程造成水渍损失可使用消防水喉。按设置条件，消防水喉有自救式小口径消火栓和消防软管卷盘两类，前者适用于有空调系统的旅馆和办公楼，后者适用于住宅建筑，并可接自来水。

（3）屋顶消火栓。为了检查消火栓系统是否能正常运行及使本建筑物免受邻近建筑火灾的波及，在室内设有消火栓系统的建筑屋顶应设一个消火栓，即屋顶消火栓。可能结冻的地区，屋顶消火栓应设在水箱间内或采取防冻措施。

（4）消防水泵接合器。消防水泵接合器一端由室内消火栓给水管网最底层引至室外，另一端可供消防车或移动水泵加压向室内管网供水。当室内消防水泵发生故障或室内消防用水量不足时，消防车从室外消火栓、消防水池或天然水源取水，通过消防水泵接合器将水送至室内管网，供室内火场灭火。这种设备适用于消火栓系统和自动喷淋系统。消防水泵接合器有墙壁式、地上式和地下式三种（图 3.14）。消防水泵接合器的接口为双接口，每个接口直径分别为 65mm 及 80mm，它与室内管网的连接管直径不应小于 100mm，并应设有阀门、止回阀和安全阀。

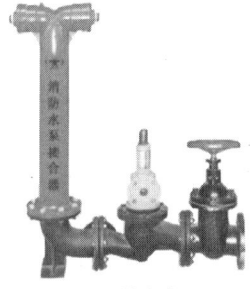

(a) 墙壁式　　　(b) 地上式　　　(c) 地下式

图 3.14 消防水泵接合器

（5）消防管道。建筑物内消防管道是否与其他给水系统合用，或独立设置，应根据建筑物的性质和使用要求经技术经济比较后确定。消防管道的管材一般为镀锌钢管，布置方式以环状布置为佳。

知识点 2：消火栓系统的分部分项工程量清单编制

1. 清单编制说明

消火栓系统的工程量清单项目设置、项目特征描述的内容、计量单位及工程量计算规则，应按《计算规范》附录 J.1 和附录 J.5 的规定执行。消防管道如需进行探伤，应按《计算规范》附录 H 相关项目编码列项。消防管道上的阀门、管道及设备支架、套管制作安装，应按《计算规范》附录 K 相关项目编码列项。消防管道及设备除锈、刷油、保温除注明外，应按《计算规范》附录 M 相关项目编码列项。

2. 常用项目的清单规范

表 3.1 摘自《计算规范》附录 J.1、附录 J.5 和附录 M.1。附录 J.1 和附录 J.5 各有 14 项和 4 项，表 3.1 分别摘取其中 5 项和 1 项，同时增加附录 M.1 的清单项目，管道支架及套管参照任务 2.2 中表 2.11 的清单项目列项。

表 3.1　消火栓系统工程量清单项目设置

项目编码	项目名称	项目特征	计量单位	工程计算规则	工作内容
030901002	消火栓钢管	1. 安装部位 2. 材质、规格 3. 连接形式 4. 钢管镀锌设计要求 5. 压力试验及冲洗设计要求 6. 管道标识设计要求	m	按设计图示管道中心线以长度计算	1. 管道及管件安装 2. 钢管镀锌 3. 压力试验 4. 冲洗 5. 管道标识
030901010	室内消火栓	1. 安装方式 2. 型号、规格 3. 附件材质、规格	套	按设计图示数量计算	1. 箱体及消火栓安装 2. 配件安装
030901011	室外消火栓				1. 安装 2. 配件安装
030901012	消防水泵接合器	1. 安装部位 2. 型号、规格 3. 附件材质、规格	套		1. 安装 2. 附件安装
030901013	灭火器	1. 形式 2. 规格、型号	具（组）		设置
030905002	水灭火控制装置调试	系统形式	点	按控制装置的点数计算	调试

续表

项目编码	项目名称	项目特征	计量单位	工程计算规则	工作内容
031201001	管道刷油	1. 除锈级别 2. 油漆品种 3. 涂刷遍数、漆膜厚度 4. 标志色方式、品种	1. m² 2. m	1. 以平方米计量，按设计图示表面积尺寸以面积计算 2. 以米计量，按设计图示尺寸以长度计算	1. 除锈 2. 调配、涂刷
031201003	金属结构刷油	1. 除锈级别 2. 油漆品种 3. 结构类型 4. 涂刷遍数、漆膜厚度	1. m² 2. kg	1. 以平方米计量，按设计图示表面积尺寸以面积计算 2. 以千克计量，按金属结构的理论质量计算	

3. 工程量清单项目特征描述

（1）水灭火管道工程量计算，不扣除阀门、管件及各种组件所占长度以延长米计算。

（2）室内消火栓，包括消火栓箱、消火栓、水枪、水龙头、水龙带接扣、自救卷盘、挂架、消防按钮；落地消火栓箱包括箱内手提灭火器。

（3）室外消火栓，安装方式分地上式、地下式；地上式消火栓安装包括地上式消火栓、法兰接管、弯管底座；地下式消火栓安装包括地下式消火栓、法兰接管、弯管底座或消火栓三通。

（4）消防水泵接合器，包括法兰接管及弯头安装，接合器井内阀门、弯管底座、标牌等附件安装。

（5）水灭火控制装置，消火栓系统按消火栓启泵按钮数量以点计算。

举例说明：

任务3的"引入案例"中，消火栓系统的分部分项工程量清单编制见表3.2，套管和阀门的分部分项工程量清单编制在任务2.3和任务2.4中已有介绍，此处不再列举。

表3.2 消火栓系统的分部分项工程量清单

序号	项目编码	项目名称	项目特征	计量单位	工程量
1	030901002001	消火栓钢管	1. 安装部位：室内 2. 材质、规格：内外热镀锌钢管 DN65 3. 连接形式：螺纹连接 4. 压力试验及冲洗设计要求：管道水压试验、水冲洗	m	29.913

续表

序号	项目编码	项目名称	项目特征	计量单位	工程量
2	030901002002	消火栓钢管	1. 安装部位：室内 2. 材质、规格：内外热镀锌钢管 DN100 3. 连接形式：沟槽连接 4. 压力试验及冲洗设计要求：管道水压试验、水冲洗 5. 其他：包含沟槽管件安装	m	28.641
3	030901002003	消火栓钢管	1. 安装部位：室内 2. 材质、规格：内外热镀锌钢管 DN150 3. 连接形式：沟槽连接 4. 压力试验及冲洗设计要求：管道水压试验、水冲洗 5. 其他：包含沟槽管件安装	m	28.433
4	030901010001	室内消火栓	1. 安装方式：室内明装 2. 型号、规格：薄型单栓带灭火器组合式消防柜，参见图集 15S202-21 3. 附件材质、规格：配置 25m 长 DN65 麻质衬胶水带一条，DN65×19 直流水枪一支，30m 长消防软管卷盘及 MF/ABC5 型干粉灭火器两具	套	2
5	030901010002	室内消火栓	1. 安装方式：室内暗装 2. 型号、规格：薄型单栓带灭火器组合式消防柜，参见图集 15S202-21 3. 附件材质、规格：配置 25m 长 DN65 麻质衬胶水带一条，DN65×19 直流水枪一支，30m 长消防软管卷盘及 MF/ABC5 型干粉灭火器两具	套	4
6	030901012001	消防水泵接合器	1. 安装方式：地上式 2. 型号、规格：SQS100-C 型 3. 其他：安装参见 99（03）S302	套	1
7	030905002001	水灭火控制装置调试	消火栓系统控制装置调试	点	6
8	031002001001	管道支架	1. 材质：40×40×4 的角钢 2. 管架形式：一般管架制作安装	kg	71.207
9	031201001001	管道刷油	1. 除锈级别：除轻锈 2. 油漆品种、遍数：先刷红丹防锈漆二道，再刷醇酸磁漆二道	m²	28.487
10	031201003001	金属结构刷油	1. 除锈级别：除轻锈 2. 油漆品种、遍数：刷樟丹二道、灰色调和漆二道	kg	71.207

4. 工程量计算

1）计算起点

室内外界线的划分：入口处设阀门者以阀门为界，无阀门者以建筑物外墙皮 1.5m 为界；消防泵房管道以泵房外墙皮为界。

与市政给水管道的界限：以与市政给水管道碰头点或以计量表、阀门（井）为界。

厂区范围内的装置、站、罐区的架空消防管道执行《预算定额》第九册定额相应子目。

2）清单规则

消火栓系统的清单工程量计算规则见表 3.1。

3）定额规则

（1）管道安装按设计图示管道中心线长度以"m"为计量单位，不扣除阀门、管件及各种组件所占长度。

（2）消火栓、消防水泵接合器均按设计图示数量计算，分形式按成套产品以"组""套"为计量单位。

消火栓系统成套产品包括内容见表 3.3。

表 3.3 消火栓系统成套产品包括内容

序号	项目名称	包括内容
1	室内消火栓	消火栓箱、消火栓、水枪、水龙带、水龙带接扣、挂架
2	室外消火栓	消火栓、法兰接管、弯管底座或消火栓三通
3	室内消火栓（带自动卷盘）	消火栓箱、消火栓、水枪、水龙带、水龙带接扣、挂架、消防软管卷盘、球阀
4	消防水泵接合器	消防接口本体、止回阀、安全阀、闸（蝶）阀、弯管底座、标牌

（3）灭火器按设计图示数量计算，分形式以"组""套"为计量单位。

举例说明：

任务 3 的"引入案例"中，消火栓系统的分部分项工程量计算书见表 3.4。

表 3.4 消火栓系统的分部分项工程量计算书

序号	项目编码	项目名称	计算过程	单位	工程量
1	030901002001	消火栓钢管 $DN65$	[（2.451+2.49）+（1.1+0.8+0.35）×2］+［（0.638+1.16）+（0.8+5.4−0.78−0.35+0.32）×2］+［（1.794+0.24）+（3.9−0.78−0.35+0.32）]+（0.35+0.32）	m	29.913
2	030901002002	消火栓钢管 $DN100$	（0.63+3.9+0.8）+（9.58+0.3+3.9+0.8+0.913）+8.618	m	28.641
3	030901002003	消火栓钢管 $DN150$	0.385+11.275+1.428+4.025+3.88+0.2+0.2+4.12+2.62+0.3	m	28.433
4	031002001001	管道支架	2.422×0.6×9+2.422×2×12	kg	71.207
5	031201001001	管道刷油	3.14×0.065×29.913+3.14×0.1×28.628+3.14×0.15×28.433	m²	28.487

任务 3 建筑消防工程计量与计价

知识点 3：消火栓系统的分部分项工程量清单计价

本部分的计价基本依据是《预算定额》第九册第一章"水灭火系统"、第五章"消防系统调试"，第十二册第一章"防锈工程"、第二章"刷油工程"。室外消防管道执行《预算定额》第十册《给排水、采暖、燃气工程》中室外给水管道安装相应定额。

1. 工程量清单计价说明

（1）消火栓管道采用钢管（沟槽连接或法兰连接）时，执行水喷淋钢管的相关定额项目。钢管（法兰连接）定额中包括管件及法兰安装，但管件、法兰数量应按设计图纸用量另行计算，螺栓按设计用量加 3% 的损耗计算。

（2）管道安装定额均包括一次水压试验、一次水冲洗，如发生多次试压及冲洗，执行《预算定额》第十册《给排水、采暖、燃气工程》相关定额。若设计或规范要求钢管需热镀锌，其热镀锌及场外运输费用另行计算。

（3）设置于管道间、管廊内的管道、法兰、阀门、支架安装，其定额人工乘以系数 1.2。弧形管道安装执行相应管道安装定额，其定额人工、机械乘以系数 1.4。

（4）管道预安装（即二次安装，指确实需要且实际发生管子吊装上去进行点焊预安装，然后拆下来，经镀锌后再二次安装的部分），其人工费乘以系数 2.0。

（5）室内消火栓箱箱体暗装时，钢丝网及砂浆抹面执行《浙江省房屋建筑与装饰工程预算定额》（2018 版）的有关定额。

（6）组合式消防柜安装，执行室内消火栓安装的相应定额项目，基价乘以系数 1.1。

（7）单个试火栓安装参照《预算定额》第十册《给排水、采暖、燃气工程》阀门安装相应定额项目，试火栓带箱安装执行室内消火栓安装定额项目。

（8）室外消火栓、消防水泵接合器安装，定额中包括法兰接管及弯管底座（消火栓三通）的安装，本身价值另行计算。

2. 工程量清单计价的项目组合

消火栓管道的工作内容包括管道及管件安装、钢管镀锌、压力试验、冲洗和管道标识，消火栓、消防水泵接合器、灭火器的工作内容包括本体及配件的安装，消火栓系统调试只涉及调试费用，管道刷油及金属结构刷油涉及除锈和刷油，计价时要根据刷油类型及遍数组价。消火栓系统的组价内容见表 3.5。

表 3.5 消火栓系统的组价内容

序号	项目编码	项目名称	可组合的主要内容	对应的定额子目	定额编码
1	030901002	消火栓钢管	管道及管件安装（镀锌管道按成品考虑）	消火栓钢管 镀锌钢管（螺纹连接）	9-1-24～9-1-27
				消火栓钢管 钢管（焊接）	9-1-28～9-1-33
				水喷淋钢管 钢管（法兰连接）	9-1-8～9-1-15
				水喷淋钢管 钢管（沟槽连接）	9-1-16～9-1-23

续表

序号	项目编码	项目名称	可组合的主要内容	对应的定额子目	定额编码
2	030901010	室内消火栓	箱体、消火栓、配件安装	室内消火栓（明装）	9-1-73～9-1-76
				室内消火栓（暗装）	9-1-77～9-1-80
3	030901011	室外消火栓	安装及配件安装	室外地下式消火栓	9-1-81、9-1-82
				室外地上式消火栓	9-1-83、9-1-84
4	030901012	消防水泵接合器		消防水泵接合器 地下式	9-1-85、9-1-86
				消防水泵接合器 墙壁式	9-1-87、9-1-88
				消防水泵接合器 地上式	9-1-89、9-1-90
5	030901013	灭火器	设置	室内灭火器安装箱体暗装	9-1-91
				室内灭火器安装支架安装	9-1-92
				推车式	9-1-93
6	030905002	消火栓控制装置调试	调试	消火栓灭火系统调试	9-5-12
7	031201001	管道刷油	除锈（仅考虑手工除锈）	手工除锈	12-1-1、12-1-2
			调配、刷油	管道刷油	12-2-1～12-1-25
8	031201003	金属结构刷油（仅介绍支架）	除锈	手工除锈	12-1-5、12-1-6
			调配、刷油	一般钢结构刷油	12-2-53～12-1-75

举例说明：

以表 3.2 的清单为基础，找出任务 3 的"引入案例"中消火栓系统的定额子目进行组价（表 3.6）。

表 3.6 消火栓系统的分部分项工程量清单组价

序号	项目编码	项目名称	定额编码
1	030901002001	消火栓钢管 DN65	9-1-16
2	030901002002	消火栓钢管 DN100	9-1-18
3	030901002003	消火栓钢管 DN150	9-1-20
4	030901010001	室内消火栓 明装 单栓	9-1-75 换
5	030901010002	室内消火栓 暗装 单栓	9-1-79 换
6	030901012001	消防水泵接合器 地上式 DN100	9-1-89
7	030905002001	消火栓控制装置调试	9-5-12

续表

序号	项目编码	项目名称	定额编码
8	031002001001	管道支架	13-1-31、13-1-32
9	031201001001	管道刷油	12-1-1、12-2-1、12-2-2、12-2-16、12-2-17
10	031201003001	金属结构刷油	12-1-5、12-2-53、12-2-54、12-2-62、12-2-63

3. 综合单价的计算

根据表3.2的清单和表3.6的清单组价，计算室内消火栓（明装）的综合单价。消火栓采用薄型单栓带灭火器箱组合式消防柜，查找《预算定额》中关于组合式消防柜的相关规定，可知"组合式消防柜安装，执行室内消火栓安装的相应定额项目，基价乘以系数1.1"，套用定额9-1-75换，计量单位为套，主材为室内消火栓，其定额含量为1.000，应另行计算主材费。

综合单价的计算

费用取值按一般计税法，取中值，参照《浙江省建设工程计价规则》（2018版）取费，综合单价的计算可扫描二维码查看（综合单价计算方法与前面任务相同，此处不再列举各人工、材料、机械信息价，学生可自行到相关网站查询最新价格进行计算）。

任务 3.2　自动喷淋系统计量与计价

思维导图

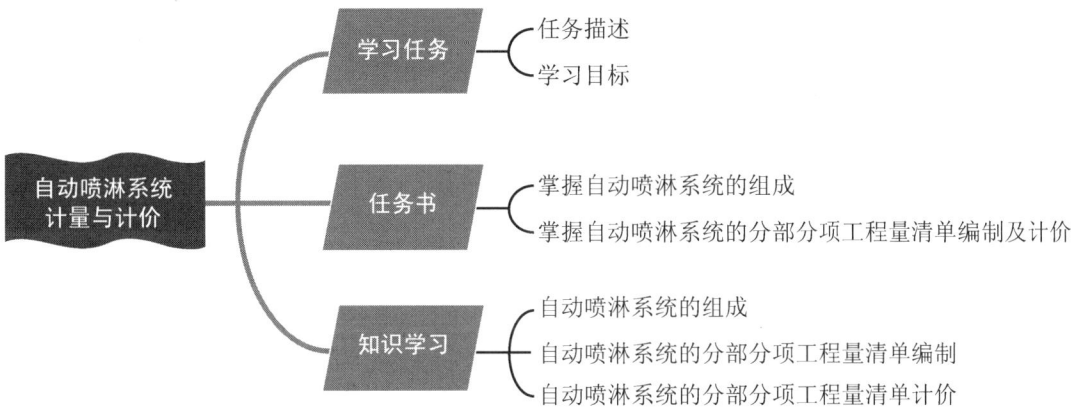

任务描述

本任务依据《通用安装工程工程量计算规范》（GB 50856—2013）和《浙江省通用安装工程预算定额》（2018 版）的相关规定，主要介绍了以下几方面内容：一是自动喷淋系统的组成；二是自动喷淋系统的分部分项工程量清单编制，包括工程量计算方法；三是自动喷淋系统的分部分项工程量清单计价，包括工程量清单计价的项目组合及综合单价的计算。本任务要求学生在掌握知识点的基础上完成任务书。

学习目标

1. 知识目标

（1）读懂工程图，了解自动喷淋系统的组成。
（2）掌握自动喷淋系统的分部分项工程量清单编制方法，并能计算其相应的工程量。
（3）熟悉自动喷淋系统的预算定额表格，掌握其工程量清单计价的项目组合。

2. 能力目标

（1）能够编制自动喷淋系统的分部分项工程量清单并计算工程量。
（2）能够理解清单计价说明，并在所编制的工程量清单基础上找到对应的定额子目。
（3）能够举一反三，从案例中吸取经验和教训，运用到其他工程实例中。

3. 素质目标

（1）通过讲解自动喷淋系统的循环情况，培养安全意识。
（2）通过学习本任务，培养执着专注、精益求精的工匠精神。

任务 3 建筑消防工程计量与计价

任务书					
班级：	学号：	姓名：		日期：	页数：2

工作准备

1. 复习前修课程，重温自动喷淋系统的识图和工艺等知识点。
2. 结合前修课程的知识，扫描右上角二维码，下载并仔细阅读图纸。

任务图

工作实施

问题1：计算自动喷淋系统管道的工程量，完成计算书。

问题2：编制自动喷淋系统中 $DN65$、$DN80$、$DN100$ 管道、喷头、试水阀的分部分项工程量清单。

问题 3：在"问题 2"的基础上，结合图纸和各分部分项工程的工作内容，找出各工程量清单项目对应的定额子目，并将定额编码填入相应表格中，如需换算，请在定额编号后加"换"字。

任务反馈

学生根据对自动喷淋系统的组成、自动喷淋系统的分项分部工程量清单编制和计价的掌握程度，进行自我评价，评价自己是否能完成知识点的学习、是否能按时完成任务书、有无任务遗漏。同时学生以小组为单位，共同学习，针对组内成员的学习过程和结果进行互评。教师对学生的评价包括任务书的书写是否工整，是否按时完成任务书，完成质量是否达标。将各自的评价总分填入下表，教师可根据学生的表现情况额外进行增值评价。

学生遇到问题时，可先进行组内讨论，针对争议性问题或组内讨论后仍无法解决的问题，可填写在下表的相应位置。

学生自评	组内互评	教师评价	增值评价
综合总评			
学生学习情况反馈（问题、难点等）			

拓展思考

报警装置的类型有哪些？各包含哪些构件？如何进行计价？

知识学习

自动喷淋系统的分部分项工程量清单计价应先根据《通用安装工程工程量计算规范》（GB 50856—2013）（简称《计算规范》）列出清单子目，并计算工程量，而后根据《计算规范》所列的工作内容，结合《浙江省通用安装工程预算定额》（2018版）（简称《预算定额》）的相关规定进行计价。

自动喷淋系统的分部分项工程量清单编制步骤如下：确定自动喷淋系统的清单子目和工作内容→计算自动喷淋系统的工程量→编制自动喷淋系统的分部分项工程量清单→套取预算定额并计算各子目综合单价。

知识点1：自动喷淋系统的组成

1. 系统分类和构成

湿式自动喷淋系统

自动喷淋系统由洒水喷头、报警阀组、水流报警装置（水流指示器和压力开关）、管道系统、供水设施等组成。

自动喷淋系统按喷头开闭形式，分闭式喷水灭火系统和开式喷水灭火系统。闭式喷水灭火系统可分为湿式自动喷淋系统、干式自动喷淋系统、预作用自动喷淋系统、自动喷水–泡沫联用系统等；开式喷水灭火系统可分为雨淋灭火系统、水幕系统、水喷雾灭火系统等。下面主要介绍湿式自动喷淋系统。

（1）系统组成。湿式自动喷淋系统由闭式喷头、管道系统、湿式报警阀、报警装置和供水设施等组成，如图3.15所示。由于该系统在报警阀的前后管道内始终充满着压力水，故其又称湿式喷水灭火系统。

（2）应用范围。由于始终充满水的系统管网会受到环境温度的限制，故该系统适用于室内温度为4～70℃的建（构）筑物。

2. 主要材料设备

1）闭式喷头

闭式喷头在自动喷淋系统中，既是感温释放组件，又是洒水组件。闭式喷头按其感温释放组件的材质不同，分为玻璃球闭式喷头和易熔合金闭式喷头；按照布水方式和安装方式，闭式喷头还可分为普通型、下垂型、直立型、边墙型、吊顶型（隐藏）等多种，如图3.16所示。为适应灭火需要，人们还设计制造了许多不同特色的闭式喷头，如快速反应喷头、扩大覆盖面积喷头、大水滴喷头、快速响应早期抑制喷头（ESFR）、自动启闭喷头等。

闭式喷头在正常情况下处于封闭状态（内有压力水），发生火灾时开启喷水，由感温组件（如玻璃球、易熔合金、双金属片等）所控制。当玻璃球感温组件达到动作温度时，球内液体体积膨胀会使球内压力增大，导致玻璃球爆裂，密封垫脱开，喷头喷出压力水，从而实现扑灭火灾的作用。

湿式自动喷淋系统的洒水喷头选型应符合下列规定：

（1）不做吊顶的场所，当配水支管布置在梁下时，应采用直立型洒水喷头。

（2）吊顶下布置的洒水喷头，应采用下垂型洒水喷头或吊顶型洒水喷头。

（3）顶板为水平面的轻危险级和中危险级Ⅰ级住宅建筑、宿舍、旅馆建筑客房、医疗建筑病房、办公室，可采用边墙型洒水喷头。

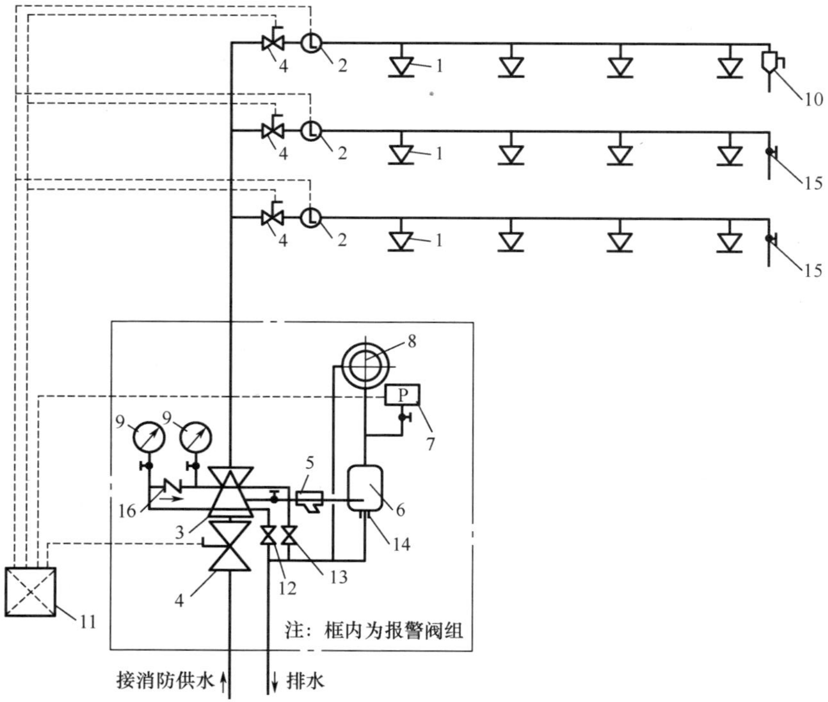

主要部件表

编号	名称	用途
1	闭式喷头	火灾发生时,开启出水灭火
2	水流指示器	水流动作时,输出电信号,指示火灾区域
3	湿式报警阀	系统控制阀,开启时可输出报警水流信号
4	信号阀	供水控制阀,阀门关闭时输出电信号
5	过滤器	过滤水中的杂质
6	延迟器	延迟报警时间,克服水压变化引起的误报警
7	压力开关	报警阀开启时,发出电信号
8	水力警铃	报警阀开启时,发出音响信号
9	压力表	分别显示报警阀上、下部的水压
10	末端试水装置	试验末端水压及系统联动功能
11	火灾报警控制器	接收报警信号并发出控制指令
12	泄水阀	系统检修时排空放水
13	试验阀	试验报警阀功能及警铃报警功能
14	节流器	节流排水,与延迟器系统联动工作
15	试水阀	分区防火及试验系统联动功能
16	止回阀	单向补水,防止压力变化引起报警阀误动作

图 3.15 湿式自动喷淋系统组成

 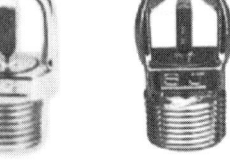   

(a) 普通型　　(b) 下垂型　　(c) 直立型　　(d) 边墙型　　(e) 吊顶型(隐藏)

图 3.16　闭式喷头

（4）易受碰撞的部位，应采用带保护罩的洒水喷头或吊顶型洒水喷头。

（5）板为水平面，且无梁、通风管道等障碍物影响喷头洒水的场所，可采用扩大覆盖面积喷头。

2）报警阀组

自动喷淋系统应设置报警阀组，具体分为湿式报警阀组、干式报警阀组和预作用报警阀组。下面主要介绍湿式报警阀组（图 3.17）。

湿式报警阀组（充水式报警阀组）安装在湿式自动喷淋系统立管上，主要由报警阀、水力警铃、压力开关、延迟器、控制阀等组成。湿式报警阀组在火灾发生时能迅速启动消防设备进行灭火，并发出报警信号。

（1）报警阀的主要结构原理为单向阀，其结构形式有导孔阀型和隔板座圈型两种。ZSZ 系列湿式报警阀的最大工作压力不超过 1.2MPa，ZSS 系列湿式报警阀的最大工作压力不超过 1.6MPa。

（2）水力警铃是靠水力驱动的机械警铃，安装于湿式报警阀组的报警管路上，系统动作后，水流会使水力警铃发出声响报警。水力警铃的工作压力不应小于 0.05MPa，应设置在有人值班的地点附近。与报警阀连接的管道，其管径应为 20mm，总长不宜大于 20m。

（3）压力开关是一种压力型水流探测开关，安装在延迟器和水力警铃之间的报警管路上。报警阀开启后，压力开关在水压的作用下接通电触点，发出电信号。

（4）延迟器安装于报警阀和压力开关之间，用以消除因水源压力波动而引起的误报警。

（5）控制阀是具有明显开闭标志的阀门或专用于消防的信号阀，安装于报警阀的入口处，控制阀应保持常开状态。

3）水流指示器

水流指示器（图 3.18）是一种用于自动喷淋系

图 3.17　湿式报警阀组

统中将水流转换成电信号的报警装置。其作用原理主要是在消防状态时，闭式喷头破裂喷水，管道中的水流动，冲击叶片向水流方向偏移倾斜，动作杆挤压超小型开关，延时电路接通，延时器开始计时，当到达设定时间时，叶片仍向水流方向偏转无法回位，电触点闭合，给出电接点信号；当水流停止时，叶片和动作杆复位，超小型开关触点断开，电接点信号消除。

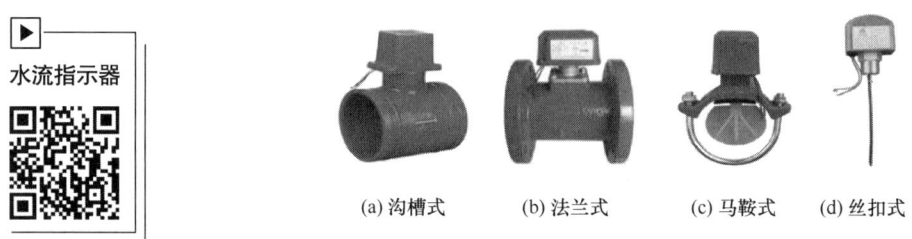

(a) 沟槽式　　(b) 法兰式　　(c) 马鞍式　　(d) 丝扣式

图 3.18　水流指示器

4）末端试水装置

每个报警阀组控制的最不利点处，应设末端试水装置（图 3.19）。其作用主要是检测系统的可靠性，测试系统能否在开放一只喷头的最不利条件下可靠报警并正常启动。对于干式和预作用系统，末端试水装置还可用来测试系统的充水时间。

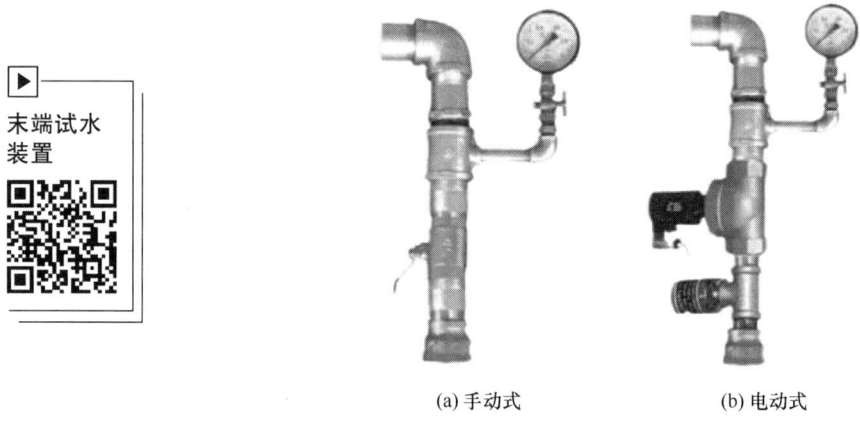

(a) 手动式　　(b) 电动式

图 3.19　末端试水装置

知识点 2：自动喷淋系统的分部分项工程量清单编制

1. 清单编制说明

自动喷淋系统的工程量清单项目设置、项目特征描述的内容、计量单位及工程量计算规则，应按《计算规范》附录 J.1 和附录 J.5 的规定执行。消防管道如需进行探伤，应按《计算规范》附录 H 相关项目编码列项。消防管道上的阀门、管道及设备支架、套管制作安装，应按《计算规范》附录 K 相关项目编码列项。消防管道及设备除锈、刷油、保温除注明外，应按《计算规范》附录 M 相关项目编码列项。

2. 常用项目的清单规范

表 3.7 摘自《计算规范》附录 J.1。附录 J.1 有 14 项,表 3.7 摘取其中 5 项。消防水泵接合器、水灭火控制装置调试、管道刷油和金属结构刷油参照任务 3.1 中表 3.1 的清单项目列项,管道支架及套管参照任务 2.2 中表 2.11 的清单项目列项。

表 3.7 自动喷淋系统工程量清单项目设置

项目编码	项目名称	项目特征	计量单位	工程计算规则	工作内容
030901001	水喷淋钢管	1. 安装部位 2. 材质、规格 3. 连接形式 4. 钢管镀锌设计要求 5. 压力试验及冲洗设计要求 6. 管道标识设计要求	m	按设计图示管道中心线以长度计算	1. 管道及管件安装 2. 钢管镀锌 3. 压力试验 4. 冲洗 5. 管道标识
030901003	水喷淋(雾)喷头	1. 安装部位 2. 材质、型号、规格 3. 连接形式 4. 装饰盘设计要求	个	按设计图示数量计算	1. 安装 2. 装饰盘安装 3. 严密性试验
030901004	报警装置	1. 名称 2. 型号、规格	组		
030901006	水流指示器	1. 规格、型号 2. 连接形式	个		1. 安装 2. 电气接线 3. 调试
030901008	末端试水装置	1. 规格 2. 组装形式	组		
030901012	消防水泵接合器	1. 安装部位 2. 型号、规格 3. 附件材质、规格	套		1. 安装 2. 附件安装

3. 工程量清单项目特征描述

(1)水灭火管道工程量计算,不扣除阀门、管件及各种组件所占长度以延长米计算。

(2)水喷淋(雾)喷头安装部位应区分有吊顶、无吊顶。

(3)报警装置安装包括装配管(除水力警铃进水管)的安装,水力警铃进水管并入消防管道工程量。

(4)水灭火控制装置,自动喷洒系统按水流指示器数量以点(支路)计算。

举例说明:

任务 3 的"引入案例"中,自动喷淋系统的分部分项工程量清单编制见表 3.8。

表 3.8　自动喷淋系统的分部分项工程量清单（部分）

序号	项目编码	项目名称	项目特征	计量单位	工程量
1	030901001001	水喷淋钢管	1. 安装部位：室内 2. 材质、规格：内外热镀锌钢管 $DN25$ 3. 连接形式：螺纹连接 4. 压力试验及冲洗设计要求：管道水压试验、水冲洗	m	90.125
2	030901001002	水喷淋钢管	1. 安装部位：室内 2. 材质、规格：内外热镀锌钢管 $DN40$ 3. 连接形式：螺纹连接 4. 压力试验及冲洗设计要求：管道水压试验、水冲洗	m	70.864
3	030901001003	水喷淋钢管	1. 安装部位：室内 2. 材质、规格：内外热镀锌钢管 $DN50$ 3. 连接形式：螺纹连接 4. 压力试验及冲洗设计要求：管道水压试验、水冲洗	m	21.306
4	030901001004	水喷淋钢管	1. 安装部位：室内 2. 材质、规格：内外热镀锌钢管 $DN65$ 3. 连接形式：螺纹连接 4. 压力试验及冲洗设计要求：管道水压试验、水冲洗	m	2.497
5	030901001005	水喷淋钢管	1. 安装部位：室内 2. 材质、规格：内外热镀锌钢管 $DN80$ 3. 连接形式：沟槽连接 4. 压力试验及冲洗设计要求：管道水压试验、水冲洗 5. 其他：包含沟槽管件安装	m	22.627
6	030901001006	水喷淋钢管	1. 安装部位：室内 2. 材质、规格：内外热镀锌钢管 $DN100$ 3. 连接形式：沟槽连接 4. 压力试验及冲洗设计要求：试压 1.4MPa，试压后进行水冲洗 5. 其他：包含沟槽管件安装	m	43.696
7	030901001007	水喷淋钢管	1. 安装部位：室内 2. 材质、规格：内外热镀锌钢管 $DN150$ 3. 连接形式：沟槽连接 4. 压力试验及冲洗设计要求：试压 1.4MPa，试压后进行水冲洗 5. 其他：包含沟槽管件安装	m	29.736

续表

序号	项目编码	项目名称	项目特征	计量单位	工程量
8	030901003001	水喷淋（雾）喷头	1. 安装部位：有吊顶 2. 型号、规格：68℃直立型喷头，喷头$K=80$，$DN25$ 3. 连接形式：螺纹连接	个	70
9	030901006001	水流指示器	1. 规格、型号：水流指示器$DN100$，沟槽法兰连接 2. 其他：检查接线	个	1
10	030901008001	末端试水装置	1. 规格：末端试水装置安装$DN25$ 2. 组装形式：螺纹连接	组	1
11	030905002002	水灭火控制装置调试	自动喷淋系统控制装置高度	点	1
12	031003003001	焊接法兰阀门	1. 类型：信号蝶阀 2. 材质：碳钢 3. 规格、压力等级：$DN150$ 4. 连接形式：焊接法兰连接	个	1

4. 工程量计算

1）计算起点

同任务3.1。

2）清单规则

自动喷淋系统的清单工程量计算规则见表3.7。

3）定额规则

（1）管道安装按设计图示管道中心线长度以"m"为计量单位，不扣除阀门、管件及各种组件所占长度，管件含量见水喷淋镀锌钢管接头管件（丝接）含量表（表3.9）。

表3.9 水喷淋镀锌钢管接头管件（丝接）含量表　　　　计量单位：10m

材料名称	公称直径（mm以内）						
	25	32	40	50	70	80	100
	含量/个						
四通	0.02	1.20	1.20	1.20	1.20	1.60	2.00
三通	2.29	3.24	3.03	2.50	2.00	2.00	0.50
弯头	4.92	0.98	0.10	0.10	0.08	0.06	0.20
管箍	—	2.65	1.25	1.25	1.25	1.25	1.00
异径管箍	—	—	3.03	3.03	3.03	2.50	1.50
小计	7.23	8.07	8.61	8.08	7.56	7.41	5.20

（2）喷头、水流指示器按设计图示数量计算。按安装部位、方式分规格以"个"为计量单位。

（3）报警装置、消防水泵接合器均按设计图示数量计算，分形式按成套产品以"组""套"为计量单位。自动喷淋系统成套产品构成见表3.10。

表3.10 自动喷淋系统成套产品构成

序号	项目名称	包括内容
1	湿式报警装置	湿式阀、供水压力表、装置压力表、试验阀、泄放试验阀、试验管流量计、过滤器、延时器、水力警铃、报警截止阀、漏斗、压力开关
2	干湿两用报警装置	两用阀、装置截止阀、加速器、加速器压力表、供水压力表、试验阀、泄放阀、泄放试验阀（湿式）、泄放试验阀（干式）、挠性接头、试验管流量计、排气阀、截止阀、漏斗、过滤器、延时器、水力警铃、压力开关
3	电动雨淋报警装置	雨淋阀、压力表、泄放试验阀、流量表、截止阀、注水阀、止回阀、电磁阀、排水阀、应急手动球阀、报警试验阀、漏斗、压力开关、过滤器、水力警铃
4	预作用报警装置	干式报警阀、压力表（2块）、流量表、截止阀、排放阀、注水阀、止回阀、泄放阀、报警试验阀、液压切断阀、气压开关（2个）、试压电磁阀、应急手动试压器、漏斗、过滤器、水力警铃

（4）末端试水装置按设计图示数量计算，分规格以"组"为计量单位。

举例说明：

任务3的"引入案例"中，自动喷淋系统的分部分项工程量计算书见表3.11。

表3.11 自动喷淋系统的分部分项工程量计算书

序号	项目编码	项目名称	计算过程	单位	工程量
1	030901001001	水喷淋钢管 DN25	（0.5+2.2+2.4×2+0.424×2+0.23+1.476+2.4×2+2.6×2+1.19+0.79+1.45×2+2.5+0.85+0.95+2.845+2.35+0.352）+（3.6×2+1.4×4+2.3×2+2.8×2+2.444×2+2.8×2+3.6+1.5+0.556+0.5+1.3+1.5+2.2+2.5+1.8+3.2×2）	m	90.125
2	030901001002	水喷淋钢管 DN40	（1.75+2.85+1.5×2+1.55+1.476+1.57+5.35+3.2+1.45+5.5+3.15+3.05）+（3.6+2+3.3×3+0.5×2+3.3+0.356×2+3.6+2.2+1.3+0.556+2.7+2.8+2.6+0.7）	m	70.864
3	030901001003	水喷淋钢管 DN50	（1.05+3.9）+（0.356+2.8+3+2.1+0.7×2+2×2+2.7）	m	21.306
4	030901001004	水喷淋钢管 DN65	（1.857+0.64）	m	2.497
5	030901001005	水喷淋钢管 DN80	（5.743+3.2）+（2.84+2.3+0.5+2.8×2+2.444）	m	22.627
6	030901001006	水喷淋钢管 DN100	（0.2+0.825+4.025+3.88+0.63+6.309+0.3+2.62+3.8）+（3.9+0.8+3.9）+（6.707+1.2+3.2+1.4）	m	43.696
7	030901001007	水喷淋钢管 DN150	11.542+4.025+0.82+4.12+2.62+0.3+6.309	m	29.736

知识点3：自动喷淋系统的分部分项工程量清单计价

本部分的计价基本依据是《预算定额》第九册第一章"水灭火系统"、第五章"消防系统调试"。消防水泵接合器清单计价及管道清单计价说明的部分规定同消火栓系统，此处不再介绍。

1. 工程量清单计价说明

（1）喷头追位增加的弯头主材按实计算，其安装费不另计取。

（2）报警装置安装项目，定额中已包括装配管、泄放试验管及水力警铃出水管安装，水力警铃进水管按图示尺寸执行管道安装的相应项目，其他报警装置适用于雨淋、干湿两用及预作用报警装置。

（3）水流指示器（马鞍形连接）项目，主材中包括胶圈、U形卡。

（4）喷头、报警装置及水流指示器安装定额均是按管网系统试压、冲洗合格后安装考虑的，定额中已包括丝堵、临时短管的安装、拆除及摊销。

（5）末端试水装置安装定额中已包括2个阀门、1套压力表（含表弯及旋塞）的安装费。

2. 工程量清单计价的项目组合

水喷淋管道的工作内容涉及管道及管件安装、钢管镀锌、压力试验、冲洗和管道标识，喷头、消防水泵接合器、末端试水装置的工作内容包括本体及附件的安装，报警装置和水流指示器除涉及本体的安装外，还要考虑电气接线调试，水喷淋系统调试只涉及调试费用。自动喷淋系统的组价内容见表3.12。

表3.12 自动喷淋系统的组价内容

序号	项目编码	项目名称	可组合的主要内容	对应的定额子目	定额编码
1	030901001	水喷淋钢管	管道及管件安装	水喷淋钢管 镀锌钢管（螺纹连接）	9-1-1～9-1-7
				水喷淋钢管 钢管（法兰连接）	9-1-8～9-1-15
				水喷淋钢管 钢管（沟槽连接）	9-1-16～9-1-23
2	030901003	水喷淋（雾）喷头	安装	水喷淋（雾）喷头 无吊顶	9-1-34～9-1-36
				水喷淋（雾）喷头 有吊顶	9-1-37～9-1-39
3	030901004	报警装置	安装	湿式报警装置	9-1-40～9-1-42
				其他报警装置	9-1-43～9-1-45
			电气接线	继电线路报警系统	6-5-81 换
4	030901006	水流指示器	安装	水流指示器 沟槽法兰连接	9-1-46～9-1-50
				水流指示器 马鞍型连接	9-1-51～9-1-55
				水流指示器 螺纹连接	9-1-56～9-1-59
			电气接线	继电线路报警系统	6-5-81
5	030901008	末端试水装置	安装	末端试水装置	9-1-70、9-1-71
6	030905002	水灭火控制装置调试	调试	自动喷水灭火系统调试	9-5-13

举例说明：

以表3.8的清单为基础，找出任务3的"引入案例"中自动喷淋系统的定额子目进行组价（表3.13）。

表3.13　自动喷淋系统的分部分项工程量清单组价

序号	项目编码	项目名称	定额编码	序号	项目编码	项目名称	定额编码
1	030901001001	水喷淋钢管 DN25	9-1-1	7	030901001007	水喷淋钢管 DN150	9-1-20
2	030901001002	水喷淋钢管 DN40	9-1-3	8	030901003001	水喷淋（雾）喷头	9-1-39
3	030901001003	水喷淋钢管 DN50	9-1-4	9	030901006001	水流指示器	9-1-48
4	030901001004	水喷淋钢管 DN65	9-1-5	10	030901008001	末端试水装置	9-1-70
5	030901001005	水喷淋钢管 DN80	9-1-17	11	030905002002	水灭火控制装置调试	9-5-13
6	030901001006	水喷淋钢管 DN100	9-1-18	12	031003003001	信号蝶阀	10-2-41、4-4-142

注：套管及支架制作安装、支架刷油和管道刷油在前面的任务中已介绍，此处不再列举。

综合单价的计算

3. 综合单价的计算

根据表3.8的清单和表3.13的清单组价，计算水流指示器和信号蝶阀的综合单价（此处不再列举各人工、材料、机械信息价）。费用取值按一般计税法，取中值，参照《计价规则》取费，综合单价的计算可扫描二维码查看。

任务 3　建筑消防工程计量与计价

任务 3.3　火灾自动报警系统计量与计价

思维导图

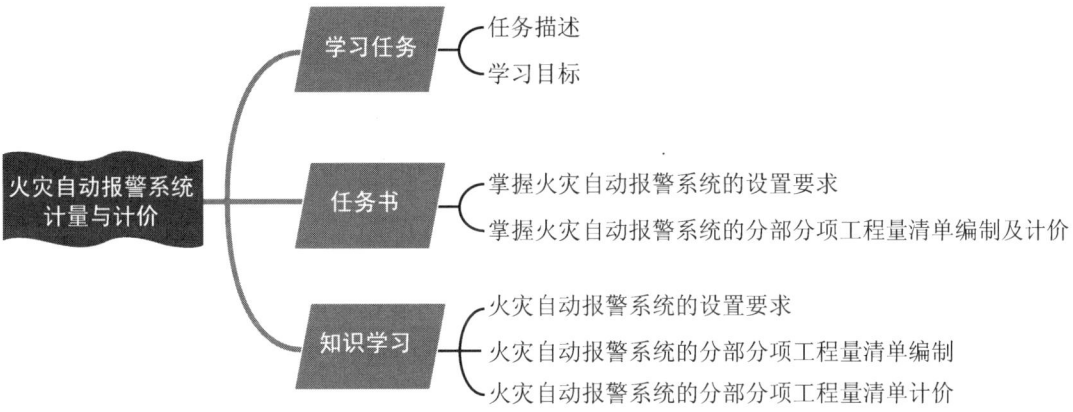

任务描述

本任务依据《通用安装工程工程量计算规范》（GB 50856—2013）和《浙江省通用安装工程预算定额》（2018 版）的相关规定，主要介绍了以下几方面内容：一是火灾自动报警系统的设置要求；二是火灾自动报警系统的分部分项工程量清单编制，包括工程量计算方法；三是火灾自动报警系统的分部分项工程量清单计价，包括工程量清单计价的项目组合和综合单价的计算。本任务要求学生在掌握知识点的基础上完成任务书。

学习目标

1. 知识目标

（1）掌握火灾自动报警系统的工程量计算规则及计量方法。
（2）掌握火灾自动报警系统的分部分项工程量清单的构成及编制方法。
（3）熟悉火灾自动报警系统的预算定额表格，掌握其工程量清单计价的项目组合。

2. 能力目标

（1）能够计算火灾自动报警系统的分部分项工程量。
（2）能够编制火灾自动报警系统的分部分项工程量清单。
（3）能够在所编制的工程量清单基础上找到对应的定额子目。
（4）能够举一反三，从案例中吸取经验和教训，运用到其他工程实例中。

3. 素质目标

（1）通过对火灾自动报警系统规范的了解，树立"执行行业标准和法规"的职业意识。

（2）通过学习火灾自动报警系统的工程量清单编制及计价，培养理论联系实际、认真观察生活的意识。

（3）通过学习火灾自动报警系统的分部分项工程量清单计价，培养诚实守信的品质和科学严谨的学习态度。

任务 3 建筑消防工程计量与计价

任务书					
班级：	学号：	姓名：	日期：		页数：2

工作准备

1. 熟悉火灾自动报警系统的施工工艺。
2. 自行阅读《通用安装工程工程量计算规范》（GB 50856—2013）和《浙江省通用安装工程预算定额》（2018版）关于火灾自动报警系统的相关规定。

任务图

工作实施

问题1：扫描右上角的二维码，阅读图纸并计算火灾自动报警系统管线的工程量。

问题2：编制火灾自动报警系统的报警器、探测器、扬声器、按钮、模块箱、接线箱的分部分项工程量清单。

问题3：在"问题2"的基础上，结合图纸和各分部分项工程的工作内容，找出各工程量清单项目对应的定额子目，并将定额编码填入相应表格中，如需换算，请在定额编号后加"换"字。

任务反馈

学生根据对火灾自动报警系统的设置要求、火灾自动报警系统的分部分项工程量清单编制及计价的掌握程度，进行自我评价，评价自己是否能完成知识点的学习、是否能按时完成任务书、有无任务遗漏。同时学生以小组为单位，共同学习，针对组内成员的学习过程和结果进行互评。教师对学生的评价包括任务书的书写是否工整，是否按时完成任务书，完成质量是否达标。将各自的评价总分填入下表，教师可根据学生的表现情况额外进行增值评价。

学生遇到问题时，可先进行组内讨论，针对争议性问题或组内讨论后仍无法解决的问题，可填写在下表的相应位置。

学生自评	组内互评	教师评价	增值评价
综合总评			
学生学习情况反馈（问题、难点等）			

拓展思考

火灾自动报警系统中一般还有哪些设备或构件？它们如何计价？

知识学习

火灾自动报警系统的分部分项工程量清单计价应先根据《通用安装工程工程量计算规范》(GB 50856—2013)(简称《计算规范》)列出清单子目,并计算工程量,而后根据《计算规范》所列的工作内容,结合《浙江省通用安装工程预算定额》(2018版)(简称《预算定额》)的相关规定进行计价。

火灾自动报警系统的分部分项工程量清单编制步骤如下:确定火灾自动报警系统的清单子目和工作内容→计算火灾自动报警系统的工程量→编制火灾自动报警系统的分部分项工程量清单→套取预算定额并计算各子目综合单价。

知识点1:火灾自动报警系统的设置要求

1. 火灾自动报警系统的分类

火灾自动报警系统是探测火灾早期特征,发出火灾报警信号,为人员疏散、防止火灾蔓延和启动自动灭火设备提供控制与指示的消防系统。火灾自动报警系统根据保护对象及设定消防安全目标不同,分为区域报警系统、集中报警系统、控制中心报警系统三种形式。

火灾自动报警系统

(1)区域报警系统。仅需要报警,不需要联动自动消防设备的保护对象采用区域报警系统。

(2)集中报警系统。不仅需要报警,同时需要联动自动消防设备,且只设置一台具有集中控制功能的火灾报警控制器和消防联动控制器的保护对象,应采用集中报警系统,并应设置一个消防控制室,如图3.20所示。

(3)控制中心报警系统。设置两个及以上消防控制室的保护对象,或已设置两个及以上集中报警系统的保护对象,应采用控制中心报警系统。

2. 火灾自动报警系统的组成

图3.21是一个火灾自动报警系统构成示意图,图中火灾自动报警系统主要由四大部分组成,即火灾探测报警系统、消防联动控制系统、火灾预警系统和消防电源监控系统。

(1)火灾探测报警系统。火灾探测报警系统是实现火灾早期探测并发出火灾报警信号的系统,一般由火灾报警控制器和触发器件(火灾探测器、手动火灾报警按钮等)组成。

(2)消防联动控制系统。消防联动控制系统是接收火灾报警控制器发出的火灾报警信号,按预设逻辑完成各项消防功能的控制系统。消防联动控制系统由消防联动控制器、消防控制室图形显示装置、消防电气控制装置(防火卷帘控制器、气体灭火控制器等)、消防电动装置、消防联动模块、消火栓按钮、消防应急广播设备、消防电话等设备和组件组成。

(3)火灾预警系统。火灾预警系统包括可燃气体探测报警系统和电气火灾监控系统,它们是火灾自动报警系统的独立子系统。可燃气体探测报警系统能够在保护区内泄漏可燃气体浓度低于爆炸下限的条件下提前报警;电气火灾监控系统能够在发生电气故障并产生一定电气火灾隐患的条件下发出报警。

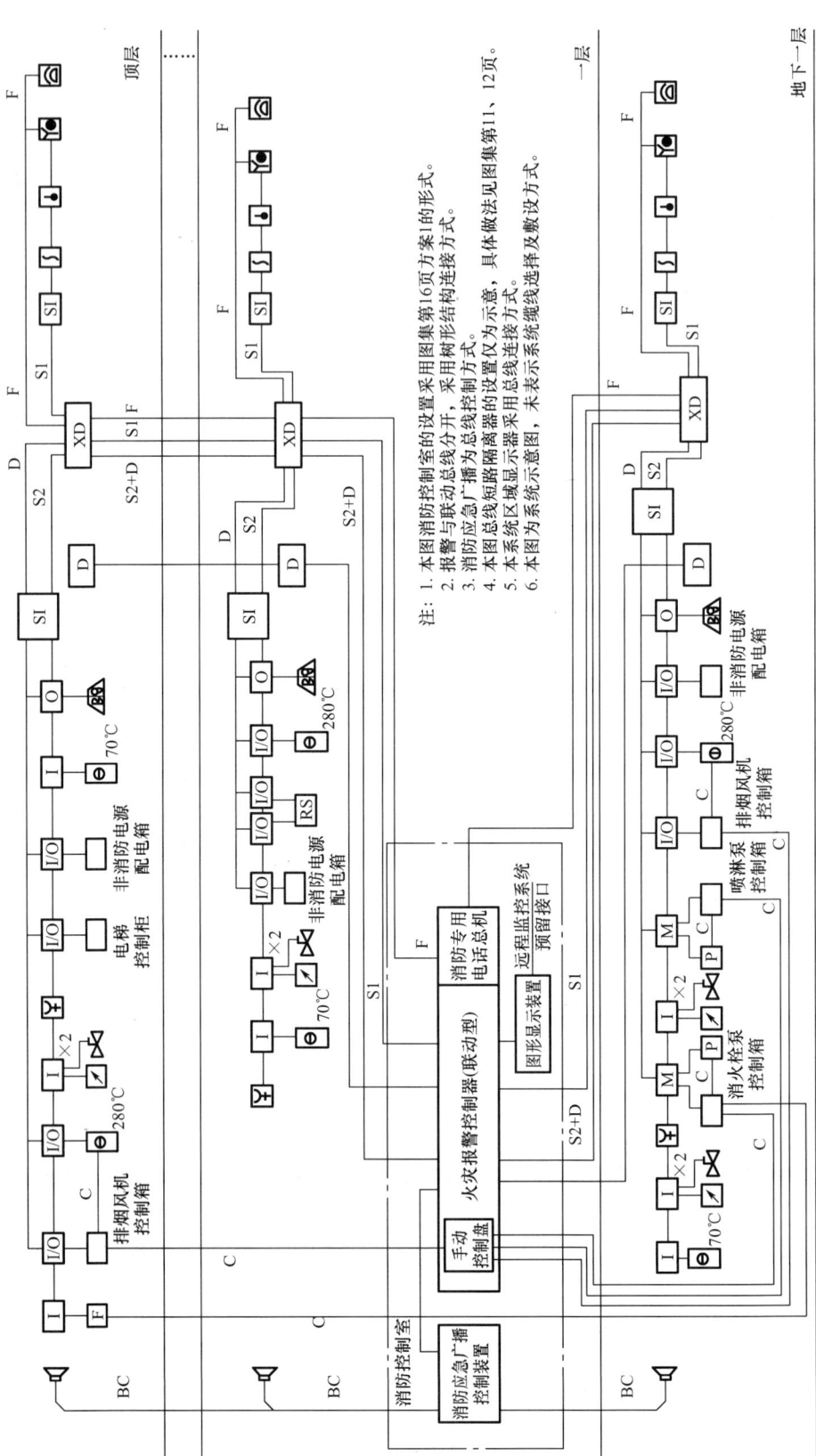

图 3.20 集中报警系统示例

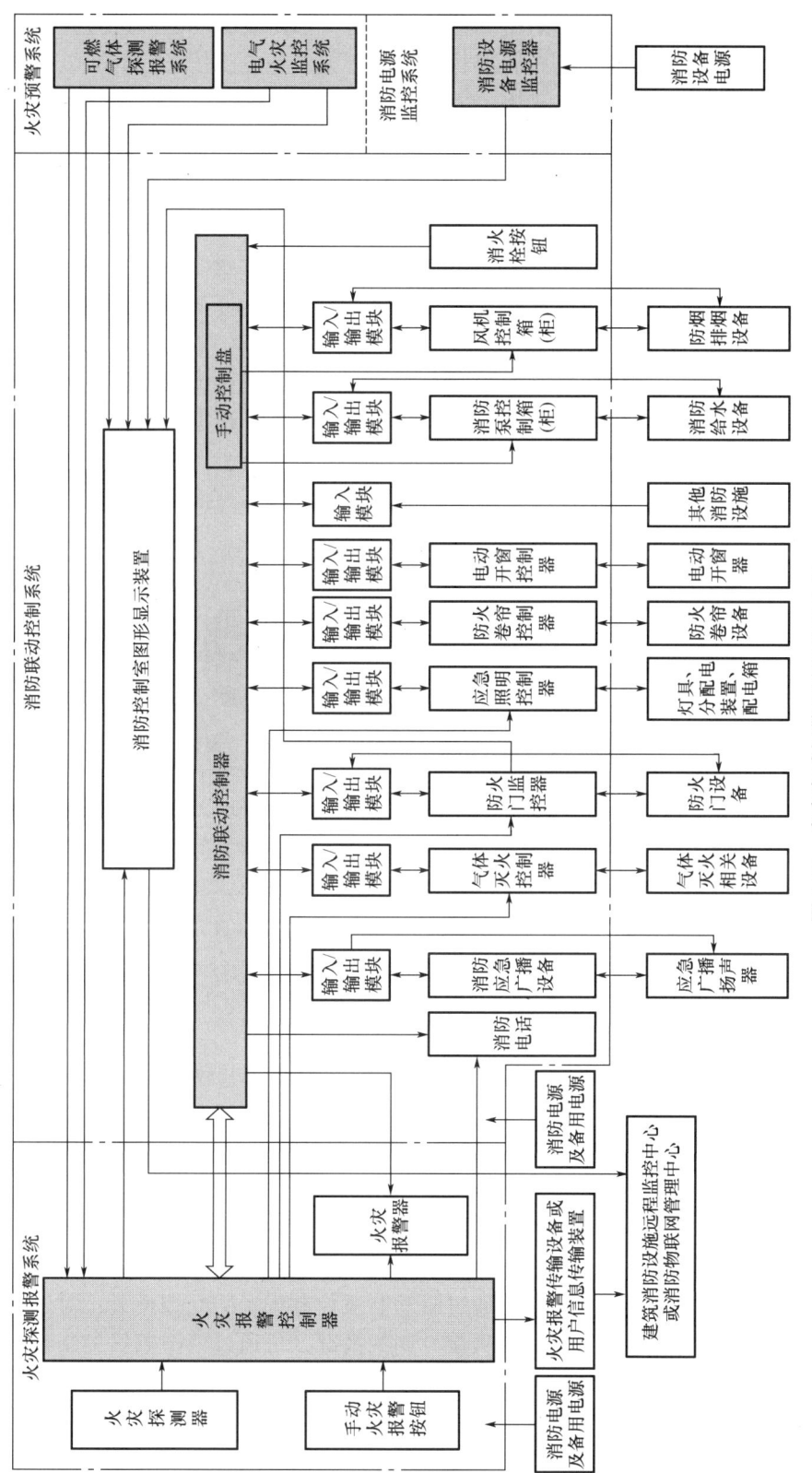

图 3.21 火灾自动报警系统构成示意图

（4）消防电源监控系统。消防电源监控系统是对消防设备的电源进行实时监控的系统，它通过检测电源的电流、电压、形状状态等有关设备电源信息，判断电源设备是否存在断路、短路、过压、欠压、缺相、错相及过载等故障信息并报警、记录。

3. 火灾自动报警系统的常用设备及材料

1）火灾探测器

火灾探测器是火灾自动报警系统的基本组成部分之一，至少含有一个能够连续或以一定频率周期监视与火灾相关的适宜的物理、化学现象的传感器，且至少能够向控制和指示设备提供一个合适的信号，是否报火警或操纵自动消防设备，可由探测器或控制和指示设备做出判断。

火灾探测器根据探测火灾特征参数的不同，可分为感烟火灾探测器、感温火灾探测器、感光火灾探测器、可燃气体探测器、复合火灾探测器；根据火灾探测器监视范围的不同，可分为点型火灾探测器（点型火灾探测器是响应一个小型传感器附近火灾特征参数的探测器）和线型火灾探测器（线型火灾探测器是响应某一连续路线附近火灾特征参数的探测器）。图 3.22 所示为各种火灾探测器。

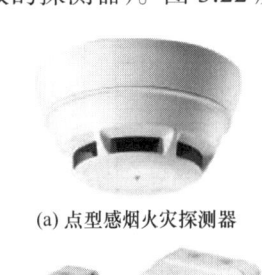
(a) 点型感烟火灾探测器

(b) 点型感温火灾探测器

(c) 红外光束感烟火灾探测器

(d) 点型红外火焰探测器

(e) 线型光束感烟火灾探测器

(f) 可燃气体探测器

(g) 图像型火灾探测器
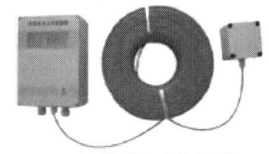
(h) 线型火灾探测器

图 3.22　各种火灾探测器

2）火灾报警控制器

火灾报警控制器担负着为火灾探测器提供稳定的工作电源，监视探测器及系统自身的工作状态，接收、转换、处理火灾探测器输出的报警信号，进行声光报警，指示报警的具体部位及时间，同时执行相应辅助控制等诸多任务，是火灾报警系统的核心组成部分。

消防联动控制器是火灾自动报警系统的核心组件。它通过接收火灾报警控制器发出的火灾报警信息，按预设逻辑对建筑中设置的自动消防系统（设施）进行联动控制。消防联动控制器可直接发出控制信号，通过驱动装置控制现场的受控设备；对于控制逻辑复杂且在消防联动控制器上不便实现直接控制的情况，可通过消防电气控制装置（如防火卷帘控制器、气体灭火控制器等）间接控制受控设备，同时接收自动消防系统（设施）动作的反馈信号。

3）手动火灾报警按钮和消火栓按钮

手动火灾报警按钮是人工报警装置，消火栓按钮是启动消防泵的触发装置；手动火灾报警按钮按防火分区设置，一般设在出入口附近，消火栓按钮是按消火栓的布点设置的；手动火灾报警按钮的启动信号通常接到火灾报警控制器上，消火栓按钮的启动信号通常接收到消防联动控制器上。

4）区域显示器

区域显示器具有火灾报警显示功能、故障显示功能、监管报警显示功能、自检功能、信息显示与查询功能、电源功能。当前的区域显示器一般为用单片机设计开发的汉字式火灾显示盘，用来显示火灾探测器部位编号及其汉字信息并同时发出声光报警信号，显示内容清晰直观，便于人员确认。

5）消防应急广播设备

消防应急广播设备是指完整的消防应急广播系统，通常包括控制和指示装置、声频功率放大器、传声器、扬声器、广播分配装置、电源装置等部分。消防应急广播设备是火灾或意外事故发生时通过控制声频功率放大器和扬声器进行应急广播的设备，主要功能是向现场人员通报火灾发生，指挥并引导现场人员疏散。

6）火灾报警器

在火灾自动报警系统中，火灾报警器用以发出区别于环境声、光的火灾警报信号。它以声、光和音响等方式向报警区域发出火灾警报信号，以警示人们迅速采取安全疏散及灭火救灾措施。火灾报警器按用途分为火灾声报警器、火灾光报警器、火灾声光报警器；按使用场所分为室内型和室外型。

7）消防电话

消防电话是用于消防控制室与建筑物中各部位之间通话的电话系统。它由消防电话总机、消防电话分机、消防电话插孔构成。消防电话是与普通电话分开的专用独立系统，一般采用集中式对讲电话。

8）消防联动模块

消防联动模块是用于消防联动控制器与其所连接的受控设备或部件之间信号传输、转换的一种器件，包括输入模块、输出模块和输入/输出模块。输入模块的功能是接收受控设备或部件的信号反馈并将信号输入到消防联动控制器中进行显示；输出模块的功能是接收消防联动控制器的输出信号并将信号发送到受控设备或部件；输入/输出模块则同时具备输入模块和输出模块的功能，它又可分为单输入/单输出模块和双输入/双输出模块。

（1）输入模块也称监视模块，其作用是接收现场装置的报警信号，实现信号向消防联动控制器的传输。输入模块适用于无地址编码的消火栓按钮、水流指示器、压力开关、70℃或280℃防火阀等。

（2）输出模块具有直流24V电压输出，用于与继电器触点接成有源输出，满足现场的不同需求，实现现场各种设备（如排烟口、送风口、防火阀等）的一次动作。

（3）单输入/单输出模块用于将现场各种一次动作并有动作信号输出的被动型设备（如排烟口、送风口、防火阀等）接入到控制总线上。

（4）双输入/双输出模块可用于完成对二步降防火卷帘门、水泵、排烟风机等双动作设备的控制。

9）消防控制室图形显示装置

消防控制室图形显示装置用于接收并显示保护区域内的火灾探测报警及联动控制系统、消火栓系统、自动灭火系统、防烟排烟系统、防火门及卷帘系统、电梯、消防电源、消防应急照明和疏散指示系统、消防信号等各类消防系统及系统中的各类消防设备（设施）运行的动态信息和消防管理信息，同时还具有信息传输和记录功能。

图 3.23 所示为火灾自动报警系统常用装置。

(a) 手动火灾报警按钮

(b) 消防警铃

(c) 声光报警器

(d) 模块箱

(e) 输出模块

(f) 输入模块

(g) 火灾报警控制器
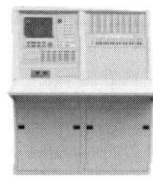
(h) 消防联动控制器

(i) 远程控制器

(j) 火灾显示盘

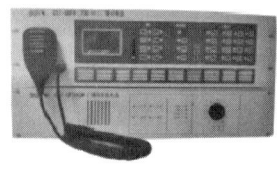
(k) 消防广播分配盘
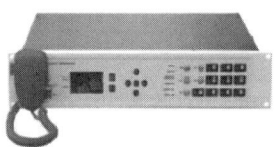
(l) 消防电话主机

(m) 消防备用电源

(n) 报警联动一体机

图 3.23　火灾自动报警系统常用装置

知识点 2：火灾自动报警系统的分部分项工程量清单编制

1. 清单编制说明

火灾自动报警系统的工程量清单项目设置、项目特征描述的内容、计量单位及工程量计算规则，应按《计算规范》附录 J.4 和附录 J.5 的规定执行。

2. 常用项目的清单规范

表 3.14 摘自《计算规范》附录 J.4 和附录 J.5，附录 J.4 共有 17 个分项，附录 J.5 共有 4 个分项，表 3.14 摘取了其中自动报警系统调试的项目。消防报警系统配管、配线、接线盒均应按《计算规范》附录 D"电气设备安装工程"相关项目编码列项。

3. 工程量清单项目特征描述

（1）消防广播及对讲电话主机包括功放、录音机、分配器、控制柜等设备。

（2）点型探测器包括火焰、烟感、温感、红外光束、可燃气体探测器等。

（3）模块箱、区域报警控制器（箱）、远程控制箱（柜）、备用电源及电池主机（柜）的清单项目仅指设备的安装，其箱体安装单列清单项目。

表 3.14 火灾自动报警系统的工程量清单项目设置

项目编码	项目名称	项目特征	计量单位	工程量计算规则	工作内容
030904001	点型探测器	1. 名称 2. 规格 3. 线制 4. 类型	个	按设计图示数量计算	1. 底座安装 2. 探头安装 3. 校接线 4. 编码 5. 探测器调试
030904002	线型探测器	1. 名称 2. 规格 3. 安装方式	m	按设计图示长度计算	1. 探测器安装 2. 接口模块安装 3. 报警终端安装 4. 校接线
030904003	按钮	1. 名称 2. 规格	个	按设计图示数量计算	1. 安装 2. 校接线 3. 编码 4. 调试
030904004	消防警铃				
030904005	声光报警器				
030904006	消防报警电话插孔（电话）	1. 名称 2. 规格 3. 安装方式	个（部）		
030904007	消防广播（扬声器）	1. 名称 2. 功率 3. 安装方式	个		
030904008	模块（模块箱）	1. 名称 2. 规格 3. 类型 4. 输出形式	个（台）		
030904009	区域报警控制箱	1. 多线制 2. 总线制 3. 安装方式 4. 控制点数量 5. 显示器类型	台	按设计图示数量计算	1. 本体安装 2. 校接线、摇测绝缘电阻 3. 排线、绑扎、导线标识 4. 显示器安装 5. 调试
030904010	联动控制箱				
030904011	远程控制箱（柜）	1. 规格 2. 控制回路			
030904012	火灾报警系统控制主机	1. 规格、线制 2. 控制回路 3. 安装方式			1. 安装 2. 校接线 3. 调试
030904013	联动控制主机				
030904014	消防广播及对讲电话主机（柜）				
030904015	火灾报警控制微机（CRT）	1. 规格 2. 安装方式			1. 安装 2. 调试
030904016	备用电源及电池主机（柜）	1. 名称 2. 容量 3. 安装方式	套		1. 安装 2. 调试
030904017	报警联动一体机	1. 规格、线制 2. 控制回路 3. 安装方式	台		1. 安装 2. 校接线 3. 调试
030905001	自动报警系统调试	1. 点数 2. 线制	系统	按系统计算	系统调试

（4）自动报警系统，包括各种探测器、报警器、报警按钮、报警控制器、消防广播、消防电话等组成的报警系统；按不同点数以系统计算。

举例说明：

任务3的"引入案例"中，火灾自动报警系统的分部分项工程量清单编制见表3.15。

表3.15 火灾自动报警系统的分部分项工程量清单

序号	项目编码	项目名称	项目特征	计量单位	工程量
1	030411001001	配管	1.名称：焊接钢管 2.规格：SC20 3.配置形式：砖、混凝土结构暗配 4.接地要求：钢管接地	m	172
2	030411004001	配线	1.名称：钢管配线 2.型号、规格：ZN-RVS-2×1.5	m	138.6
3	030411004002	配线	1.名称：钢管配线 2.型号、规格：ZN-RVS-2×2.5	m	33.4
4	030904001001	点型探测器	1.名称：编码光电感烟探测器 2.规格：JTY-GM-GST9611 3.线制：总线制 4.类型：点型感烟探测器	个	22
5	030904001002	点型探测器	1.名称：编码感温火灾探测器 2.规格：JTW-ZOM-GST9612 3.线制：总线制 4.类型：点型感温探测器	个	3
6	030904003001	按钮	1.名称：手动报警按钮（带电话插孔） 2.规格：J-SAM-GST9122	个	3
7	030904003002	按钮	1.名称：消火栓按钮 2.规格：J-SAM-GST9124	个	5
8	030904005001	声光报警器	1.名称：声光报警器 2.规格：GST-HX-M8503	个	4
9	030904007001	消防广播（扬声器）	1.名称：消防广播扬声器 2.规格、功率：YXJ3-4A，3W 3.安装方式：吸顶安装	个	4
10	030904008001	模块（模块箱）	1.名称：模块箱 2.规格：半周长700mm内 3.类型：MK模块箱 4.输出形式：输入/输出模块	台	1
11	030905001001	自动报警系统调试	1.点数：64点以下 2.线制：总线制	系统	1

4.工程量计算

1）清单规则

火灾自动报警系统的清单工程量计算规则见表3.14。

2）定额规则

（1）点型探测器按设计图示数量计算，不分规格、型号、安装方式与位置，以"个""对"为计量单位。探测器安装包括了探头及底座的安装和本体调试。红外光束探测器是成对使用的，在计算时一对为两只。

（2）线型探测器依据探测器长度按设计图示数量计算，分别以"m"为计量单位。

（3）按钮按设计图示数量计算，以"个"为计量单位。

（4）报警器包括消防警铃、声光报警器，以"个"为计量单位。

（5）空气采样管依据图示设计长度计算，以"m"为计量单位；空气采样报警器依据探测回路数按设计图示计算，以"台"为计量单位。

（6）消防报警电话包括电话主机、电话分机、电话插孔，不分安装方式，以"台""个"为计量单位。

（7）广播功率放大器及广播录放盘安装，按设计图示数量计算，分别以"台"为计量单位。

（8）消防广播（扬声器）区分吸顶式、壁挂式两种安装方式，以"个"为计量单位。

（9）消防专用模块不分安装方式，以"个"为计量单位；模块箱、端子箱的安装，以"台"为计量单位。

（10）远程控制器按其控制回路数以"台"为计量单位；重复显示器（楼层显示器）不分线制，不分规格、型号、安装方式，以"台"为计量单位。

（11）消防报警备用电源以"组"为计量单位。

（12）报警联动一体机按设计图示数量计算，区分不同点数，以"台"为计量单位。

（13）自动报警系统调试区分不同点数根据报警控制器台数按系统计算。自动报警系统点数按实际连接的具有地址编码的器件数量计算。火灾事故广播、消防通信系统调试按消防广播喇叭及音箱、电话插孔和消防通信的电话分机的数量分别以"只"或"部"为计量单位。

举例说明：

任务3的"引入案例"中，火灾自动报警系统的分部分项工程量计算书见表3.16。

表3.16 火灾自动报警系统的分部分项工程量计算书

序号	项目编码	项目名称	计算过程	单位	工程量
1	030411001001	配管（SC20）	［4+（7.1+8.5+7.7）×2+2.9+4.8+1.8+4+1.8+1.4+1.2+3.5+5.9+2.7+3+1.9+1.9+2.5+1.3+1.7+1.5+3+4.2+3.6+1+3.8+2.4+2.6+4.1+3.3+2.0+（3.9-2.3）×4+（3.9-1.3）×3］+（9.4+4.8+19.2）=138.6+33.4=172	m	172
2	030411004001	配线（ZN-RVS-2×1.5）	138.6	m	138.6
3	030411004002	配线（ZN-RVS-2×2.5）	33.4	m	33.4

续表

序号	项目编码	项目名称	计算过程	单位	工程量
4	030904001001	点型探测器（感烟）	—	个	22
5	030904001002	点型探测器（感温）	—	个	3
6	030904003001	按钮（手动报警按钮）	—	个	3
7	030904003002	按钮（消火栓按钮）	—	个	5
8	030904005001	声光报警器	—	个	4
9	030904007001	消防广播（扬声器）	—	个	4
10	030904008001	模块（模块箱）	—	台	1
11	030905001001	自动报警系统调试	—	系统	1

知识点 3：火灾自动报警系统的分部分项工程量清单计价

本部分的计价基本依据是《预算定额》第九册《消防工程》第四章"火灾自动报警系统"和第五章"消防系统调试"。

第四章"火灾自动报警系统"定额内容包括点型探测器，线型探测器，按钮，消防警铃、声光报警器，空气采样型探测器，消防报警电话，广播功率放大器及广播录放盘，消防广播，消防专用模块（模块箱），远程控制盘，消防报警备用电源，报警联动一体机的安装。第五章"消防系统调试"定额内容包括自动报警系统调试、水灭火控制装置调试、防火控制装置调试、气体灭火系统装置调试。

第四章"火灾自动报警系统"的工作内容包括：①设备和箱、机及元件的搬运，开箱检查，清点，杂物回收，安装就位，接地，密封，箱、机内的校线、接线、压接端头（挂锡）、编码、测试、清洗、记录整理等；②本体调试。

1. 工程量清单计价说明

（1）感烟探测器（有吊顶）、感温探测器（有吊顶）安装执行相应探测器（无吊顶）安装定额，基价乘以系数 1.1。

（2）闪灯执行声光报警器安装定额子目。

（3）电气火灾监控系统。

① 探测器模块执行消防专用模块安装定额项目。

② 剩余电流互感器执行相关电气安装定额项目。

③ 温度传感器执行线性探测器安装定额项目。

（4）第四章不包括事故照明及疏散指示控制装置安装内容，执行《预算定额》第四册《电气设备安装工程》相关定额。

（5）按钮安装定额适用于火灾报警按钮和消火栓报警按钮，带电话插孔的手动报警按钮执行按钮定额，基价乘以系数 1.3。

（6）短路隔离器安装执行第四章消防专用模块安装定额项目。

（7）火灾报警控制微机（包括计算机、显示器、打印机安装、软件安装及调试等）执行《预算定额》第五册《建筑智能化工程》相应定额。

（8）自动报警系统装置包括各种探测器、手动报警按钮和报警控制器，灭火系统控制装置包括消火栓、自动喷水、七氟丙烷、二氧化碳等固定灭火系统的控制装置。

2. 工程量清单计价的项目组合

根据《计算规范》的有关规定，具体工程发生的内容及施工组织设计内容应进行选项组合，火灾自动报警系统的组价内容见表3.17。

表3.17 火灾自动报警系统的组价内容

序号	项目编码	项目名称	可组合的主要内容	对应的定额子目	定额编码
1	030904001	点型探测器	底座安装	点型探测器	9-4-1～9-4-5
2	030904002	线型探测器	探测器安装	线型探测器	9-4-6
3	030904003	按钮	安装	按钮	9-4-7
4	030904004	消防警铃	安装	消防警铃/声光报警器	9-4-8
5	030904005	声光报警器	安装		
6	030904006	消防报警电话插孔（电话）	安装	电话分机	9-4-15
				电话插孔	9-4-16
7	030904007	消防广播（扬声器）	安装	扬声器	9-4-19、9-4-20
8	030904008	模块（模块箱）	安装	消防专用模块	9-4-21
				模块箱/端子箱	9-4-22
9	030904009	区域报警控制箱	本体安装	重复显示器	9-4-25
10	030904011	远程控制箱（柜）	本体安装	远程控制器	9-4-23、9-4-24
11	030904014	消防广播及对讲电话主机（柜）	安装	广播功率放大器	9-4-17
				广播录放盘	9-4-18
				电话主机	9-4-14
12	030904015	火灾报警控制微机（CRT）	安装	CRT显示器	5-5-17、5-5-18
13	030904016	备用电源及电池主机（柜）	安装	消防报警备用电源	9-4-26
14	030904017	报警联动一体机	安装	报警联动一体机安装	9-4-27～9-4-35
15	030905001	自动报警系统调试	系统调试	自动报警系统调试	9-5-1～9-5-9
				广播喇叭及音箱、电话插孔调试	9-5-10
				通信分机调试	9-5-11

举例说明：

以表 3.15 的清单为基础，找出任务 3 的"引入案例"中火灾自动报警系统的定额子目进行组价（表 3.18）。

表 3.18　火灾自动报警系统的分部分项工程量清单组价

序号	项目编码	项目名称	定额编码
1	030411001001	配管（SC20）	4-11-78
2	030411004001	配线（ZN-RVS-2×1.5）	4-12-40
3	030411004002	配线（ZN-RVS-2×2.5）	4-12-41
4	030904001001	点型探测器（感烟）	9-4-1
5	030904001002	点型探测器（感温）	9-4-2
6	030904003001	按钮（手动报警按钮）	9-4-16 换
7	030904003002	按钮（消火栓按钮）	9-4-7
8	030904005001	声光报警器	9-4-8
9	030904007001	消防广播（扬声器）	9-4-19
10	030904008001	模块（模块箱）	9-4-22
11	030905001001	自动报警系统调试	9-5-1

3. 综合单价的计算

综合单价的计算

本工程为市区项目，费用取值采用一般计税法，取中值，风险费不计，综合单价的计算可扫描二维码查看（此处不再列举各人工、材料、机械信息价）。

拓展知识：消防水炮系统计量与计价

1. 工程量计算规则

消防水炮按设计图示数量计算，分规格以"台"为计量单位。系统涉及的管道、套管、阀门、水流指示器等计量规则参照前面所列知识。

举例说明：

任务 3 的"引入案例"中，消防水炮系统的分部分项工程量计算书见表 3.19。

2. 消防水炮项目清单规范

（1）项目编码：030901014。
（2）项目名称：消防水炮。

表 3.19　消防水炮系统的分部分项工程量计算书

序号	项目编码	项目名称	计算过程	单位	工程量
1	030901001001	镀锌钢管 法兰连接 $DN100$	8.5+28.5+1.4+（11.1+0.8）+1.23+1.47	m	53

续表

序号	项目编码	项目名称	计算过程	单位	工程量
2	030901001002	镀锌钢管 螺纹连接 $DN80$	12.05	m	12.05
3	030901001003	镀锌钢管 螺纹连接 $DN50$	0.67+10.44+（0.68−0.05）+（1.33+11.1−10.5）×2	m	15.6
4	030901006001	水流指示器 $DN100$	1	个	1
5	030901008001	末端试水装置 $DN50$	1	组	1
6	030901014001	ZDMS0.6/5S-ES IP30型水炮	2	台	2
7	030503008001	消防水炮专用电磁阀 $DN50$	2	个	2
8	031003001001	手动闸阀 $DN50$	2	个	2
9	031003001002	自动排气阀	1	个	1
10	031003003001	信号蝶阀 $DN100$	1	个	1

（3）项目特征：应明确水炮类型（分普通手动水炮和智能控制水炮）、压力等级、保护半径。

（4）计量单位：台。

（5）工程量计算规则：按设计图示数量计算。

（6）工作内容：包含本体安装和调试。

举例说明：

任务3的"引入案例"中，消防水炮的分部分项工程量清单编制见表3.20。

表3.20 消防水炮的分部分项工程量清单

序号	项目编码	项目名称	计算过程	单位	工程量
1	030901014001	消防水炮	1. 水炮类型：ZDMS0.6/5S-ES IP30型智能控制水炮 2. 压力等级：0.6MPa 3. 保护半径：30m	台	2

3. 工程量清单计价

消火水炮安装定额中仅包括本体安装，不包括型钢底座制作、安装和混凝土基础砌筑。型钢底座制作、安装执行《预算定额》第十三册《通用项目和措施项目工程》设备支架制作、安装相应定额项目，混凝土基础执行《浙江省房屋建筑与装饰工程预算定额》（2018版）的有关定额。

根据《计算规范》的有关规定，具体工程发生的内容及施工组织设计内容应进行选项组合，消防水炮组价内容有进口直径50mm以内的消防水炮（定额编码9-1-94）、进口直径 80mm 以内的消防水炮（定额编码 9-1-95）、进口直径 100mm 以内的消防水炮（定额编码 9-1-96）。

举例说明：

以表 3.19 的清单为基础，找出任务 3 的"引入案例"中消防水炮系统的定额子目进行组价（表 3.21）。

表 3.21 消防水炮系统的分部分项工程量清单组价

序号	项目编码	项目名称	定额编码
1	030901001001	镀锌钢管 法兰连接 DN100	9-1-8
2	030901001002	镀锌钢管 螺纹连接 DN80	9-1-6
3	030901001003	镀锌钢管 螺纹连接 DN50	9-1-4
4	030901006001	水流指示器 沟槽法兰连接 DN100	9-1-48
5	030901008001	末端试水装置 DN50	9-1-71 换
6	030901014001	ZDMS0.6/5S-ES IP30 型水炮	9-1-94
7	030503008001	消防水炮专用电磁阀 DN50	10-2-6、4-4-142
8	031003001001	手动闸阀 DN50	10-2-6
9	031003001002	自动排气阀	10-2-21
10	031003003001	信号蝶阀 DN100	10-2-39、4-4-142

任务小结

本任务是依据《通用安装工程工程量计算规范》（GB 50856—2013）、《浙江省通用安装工程预算定额》（2018 版）等文件，结合现场实际案例进行编制的。学习本任务内容时，要求学生在前修课程基础上，结合教材内知识点、规范文件和案例等进行线上线下混合学习，完成每个子任务的任务书。

本任务介绍了建筑消防工程相关内容的计量与计价，依据《通用安装工程工程量计算规范》（GB 50856—2013）划分为 3 个子任务，即消火栓系统计量与计价、自动喷淋系统计量与计价、火灾自动报警系统计量与计价。学生通过学习本任务内容，可以培养独立编制建筑消防工程计量与计价文件的能力。

同步测试

算量软件操作 2

任务 3.1 在线答题

任务 3.2 在线答题

任务 3.3 在线答题

任务 4 建筑电气工程计量与计价

任务 4 建筑电气工程计量与计价

知识引入

一、电力系统概述

电力系统是由发电厂、输电线路、变电所、配电线路及用电设备等环节组成的电能生产与消费系统，其电能输送示意图如图 4.1 所示。一般习惯将 1kV 以上电压称为高压，1kV 以下电压称为低压，低于 36V 为安全电压。民用建筑内部动力设备供电或工业生产设备供电的电压为 380V，220V 电压多用于生活设备、小型生产设备及照明设备供电。

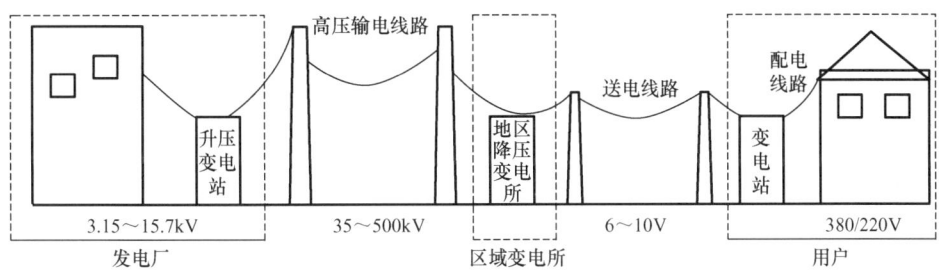

图 4.1 电能输送示意图

拓展讨论

党的二十大报告提出，统筹水电开发和生态保护，积极安全有序发展核电，加强能源产供储销体系建设，确保能源安全。电是由发电厂输送而来的，发电的方式除核电外，还有哪些？电是如何输入到用电器具的？

二、建筑电气系统的分类

建筑电气系统根据功能划分，可分为变配电系统、建筑动力系统、建筑电气照明系统、防雷及接地系统等。

（1）变配电系统是指接受电网输入的电能，并进行检测、计量、变压等，然后向用户和用电设备分配电能的系统。变配电系统主要包括变压器、高（低）压线路、高压开关柜、低压配电屏、配电箱等。常见的低压配电系统的配电方式有放射式、树干式、混合式三种。低压配电方式示意图如图 4.2 所示。

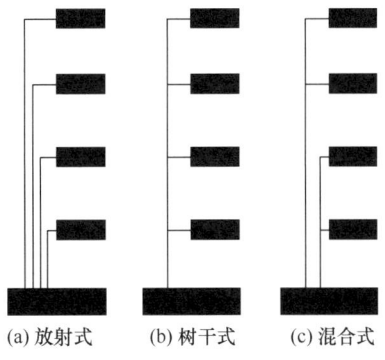

图 4.2 低压配电方式示意图

（2）建筑动力系统是指以电动机为动力的设备、装置及其启动器、控制柜（箱）和配电线路安装的系统。

（3）建筑电气照明系统是指可以将电能转换为光能，以保证人们在建筑物内正常从事生产和生活活动，以及满足其他特殊需要的照明设施，由灯具、开关、插座及配电线路等组成。

（4）防雷及接地系统一般由接闪器、引下线、接地装置、浪涌保护器（SPD）及其他连接导体（其他连接导体系指规范要求的防雷电感应措施的连、跨接）等组成。

三、建筑电气照明系统的组成

建筑电气照明系统的组成

按照电能的传递方向，建筑电气照明系统通常由低压柜出线，通过电缆连接到动力柜，动力柜出线连接一个或多个配电箱，经过多级回路，最终由各配电箱通过导线连接到各个用电器具，从而形成有规律的配线图。按电流走向，电能传递方向一般为：进户线→总箱→干线→分箱→支线→照明器具。根据《通用安装工程工程量计算规范》（GB 50856—2013）对项目的归类，我们通常将这一系统分为电缆、配电箱、配线、照明器具等部分。

1. 电缆

进户线是电源接入户内的线缆，一般是电缆进户，根据建筑变配电房所在位置及要求的不同，电缆进户的方式一般有埋地敷设、电缆沟敷设、穿保护管敷设、电缆桥架敷设几种方式。不同的进户方式其施工工艺有所差别，在计量与计价时需要根据具体情况分别考虑。

2. 配电箱

配电箱内含各类元器件，主要用于通断进户线、分配电能和保护线路。配电箱根据用途不同可分为动力配电箱和照明配电箱；根据安装方式不同可分为悬挂式（明装）配电箱、嵌入式（暗装）配电箱和落地安装配电箱等；按产品不同可分为定型配电箱（标准配电箱）和非定型配电箱（非标准配电箱）。

3. 配线

建筑电气照明系统的配线可以分为干线和支线，干线主要指总配电箱至各用电区域或各楼层的配线，主要在配电间或电井内沿墙、沿楼板敷设，依次送至各楼层。支线是由分配电箱引出的电源线，电能通过电源线送往各用电器具，电线一般在墙、板、梁、柱内穿管暗敷设。

4. 照明器具

照明器具是建筑电气照明系统配置的末端，主要有各类照明灯具，用于控制灯的开关、插座及各种小型电器（如风扇、电铃等）。照明器具种类繁多，一般功率为15～2000W，电压为220V和36V。

四、建筑电气工程施工基本程序、安装（工艺）流程

1. 建筑电气工程施工基本程序

建筑电气工程施工前首先要熟悉施工图纸，进行图纸自审、报料、参与图纸会审及设计交底，暗敷的导管和固定线槽、桥架等支架用的预埋螺栓、预埋板等配合土建施工进行埋设，在相关作业面形成后再分别进行桥架施工、电箱安装、电缆敷设、灯具安装、开关插座安装、防雷及接地施工、电气系统调试。

建筑电气工程施工基本程序为：熟悉图纸→配管敷设→桥架施工→电箱安装→电缆敷设→电线敷设→灯具安装→开关插座安装→防雷及接地施工→电气系统调试。

2. 安装（工艺）流程

（1）成套配电柜、控制柜（屏、台）安装流程。

开箱检查→基础制作、安装→配电柜搬运→配电柜安装→柜内一、二次接线→柜内清扫→调整试验→试运行验收。

（2）电缆桥架安装流程。

弹线定位→预埋铁件或金属膨胀螺栓安装→支架安装→桥架安装→接地线安装→检查验收。

（3）电缆支架安装流程。

材料检查→电缆支架加工→电缆支架安装→接地线安装→检查验收。

（4）电缆敷设工艺流程。

室内电缆敷设：准备工作→电缆沿支架、桥架敷设→挂标牌。

室外直埋电缆敷设：准备工作→铺砂盖板（砖）→回填土→埋标桩→管口防水处理→挂标牌。

（5）暗管敷设工艺流程。

测量定位→预制加工→盒、箱固定→管路敷设→穿带线。

（6）明管、吊顶内管路敷设工艺流程。

测量定位→预制加工→支、吊架安装→盒、箱固定→管路敷设→穿带线。

（7）管内绝缘导线敷设及连接工艺流程。

选配导线→扫管→穿带线（管口带护口）→放线与断线→管内穿线→导线连接→导线接头包扎→线路检查及绝缘检测。

（8）开关、插座安装流程。

校对盒的位置和标高→清理预埋盒→接线→面板安装。

（9）灯具安装流程。

灯具检查→灯具组装→灯具通电试亮→定位、放线→导线绝缘测试→灯具安装→通电试运行。

任务 4　建筑电气工程计量与计价

引入案例

依据《通用安装工程工程量计算规范》（GB 50856—2013）和《浙江省通用安装工程预算定额》（2018 版）中有关建筑电气工程计量与计价的要求，计算下面某幼儿园局部建筑电气工程的工程量，并编制其分部分项工程量清单，进行清单计价。本工程为钢筋混凝土框架结构，地下局部一层，地上三层，层高 3.9m，室外地坪标高 -0.250m，室内地坪标高 ±0.000。工程基本概况如下。

1. 配电系统

（1）本工程供电电压等级 10kV，自市政变电站引入电源至室外箱式变电站，从室外箱式变电站引入电源至室内，其中一路电源供电，室外箱式变电站的设计由业主委托当地电力部门进行设计。

（2）本工程低压配电系统采用放射式与树干式相结合为主的配电方式，对于单台容量较大的负荷或重要负荷采用放射式配电方式，对于照明及一般负荷采用树干式与放射式相结合的配电方式。

2. 建筑电气照明系统

（1）有装修要求的场所，灯具选型由装修设计单位确定，其他主要场所灯具选型详见相关图纸。

照明、插座分别由不同的支路供电，且均为单相三线，所有插座回路（2.2m 以上空调插座除外）均设剩余电流断路器保护。所有灯具除特别注明外，均采用Ⅰ类灯具，需专设一根 PN 线。

3. 设备选型及安装

（1）各配电箱选型参见各系统图，由生产厂家根据设计要求及平面位置，参照国标完成原理图、设备材料表等，且待设备订货后方可订货、加工（其中落地式配电箱底部垫有 10# 槽钢）。照明开关、插座均为 86 系列，暗装，除注明外，均为 250V/10A，插座除注明外均为单相两极＋三极安全型插座，开关底边距地 1.3m。

（2）室内槽盒采用热镀锌槽盒，屋顶等室外槽盒采用不锈钢槽盒。电缆槽盒水平安装时，除注明外，底距地原则上不低于 2.5m，支架间距不大于 1.5m，槽盒垂直敷设时，除电气竖井、配电室、技术层等处外，其余地方在距地面 1.8m 以下部分应加金属盖板保护，支架间距不大于 2m。

4. 导线选型及敷设

（1）电缆明敷在槽盒内，常用电缆与备用电缆原则上应分设槽盒，若沿同一槽盒敷设，应分别设于槽盒两侧并在中间用防火隔板分开。

（2）线路穿金属管敷设时，室内线路采用 JDG 管（套接紧定式镀锌钢导管）保护，各种金属管壁厚满足产品相关的技术规定，且最小不得小于 1.5mm。导线穿 JDG 管管径除图中注明外，按表 4.1 选择管径。管道在穿梁、柱、楼板、剪力墙时，均应预埋套管，施工时应与土建密切配合。

（3）由吊顶内敷设的配电干线上分支引至灯具时，应采用可挠金属管保护；引至消防设备的分支线路，必须采用防火型可挠金属管保护。

（4）在平面图中，所有回路均按回路单独穿管，不同支路不应共管敷设。

表 4.1　JDG 管管径选择表

导线截面 /mm²	2 根	3 根	4 根	5 根	6 根	7～8 根
1.0	15	15	15	20	20	20
1.5	15	15	20	20	20	25
2.5	15	15	20	20	25	25
4.0	15	20	20	25	25	25

（5）各类电气管线穿越防火分隔墙、防烟分区、防火分区、楼层时，应在安装完毕后用防火材料封堵，防火封堵的耐火极限不应低于该处建筑构件的耐火极限。

5. 防雷、接地

（1）本项目低压配电系统接地形式采用 TN-S 系统。外部防雷装置防直击雷，由接闪器、引下线及接地装置等组成；内部防雷装置与建筑物金属体、金属装置、建筑物内系统、进出建筑物的金属管线等防雷装置做等电位联结。

（2）接闪器：本项目正脊、斜脊、屋檐和屋顶女儿墙等部位明敷 φ12 热镀锌圆钢接闪带，采用 25×4 高 206mm 热镀锌扁钢做支持卡。屋顶接闪网格（暗敷采用 φ12 热镀锌圆钢）不大于 10m×10m 或 12m×8m。

（3）引下线：本项目利用垂直支柱（钢筋混凝土柱子内钢筋）作为防雷引下线。为了满足检测需求，要求引下线钢筋之间的连接采用通长焊接，且上端与接闪带、下端与基础接地网焊接，地坪 1m 以下用 -40×4 不锈钢导体引出至散水坡外大于 1m 处（基础接地体）连接。

（4）本项目利用建筑构件内 2 根钢筋作为接地装置，利用建筑物外墙较为隐蔽处均匀选择几处（按平面标注）设接地电阻测试点，其高度在距室外地坪上 0.5m 处。具体做法参见图集 15D503 中的要求。

（5）为防止闪电电涌侵入，穿过各防雷区界面的金属物和建筑物内系统，以及在一个防雷区内部的金属物和建筑物内系统，均在界面处附近做等电位联结。如进入建筑物内的各种线路（包括电缆金属外皮、弱电线路的金属屏蔽层、光缆的加强筋等）及金属管道采用全线埋地引入，并在入户端就近与接地装置相连或接至电位联结端子板，实现等电位联结。

任务书与引入案例采用同一套图纸，适用以上说明，未尽事宜执行现行施工及验收规范的有关要求。该工程相关图纸如图 4.3～图 4.12 所示。

建筑电气照明系统识图

防雷及接地装置识图

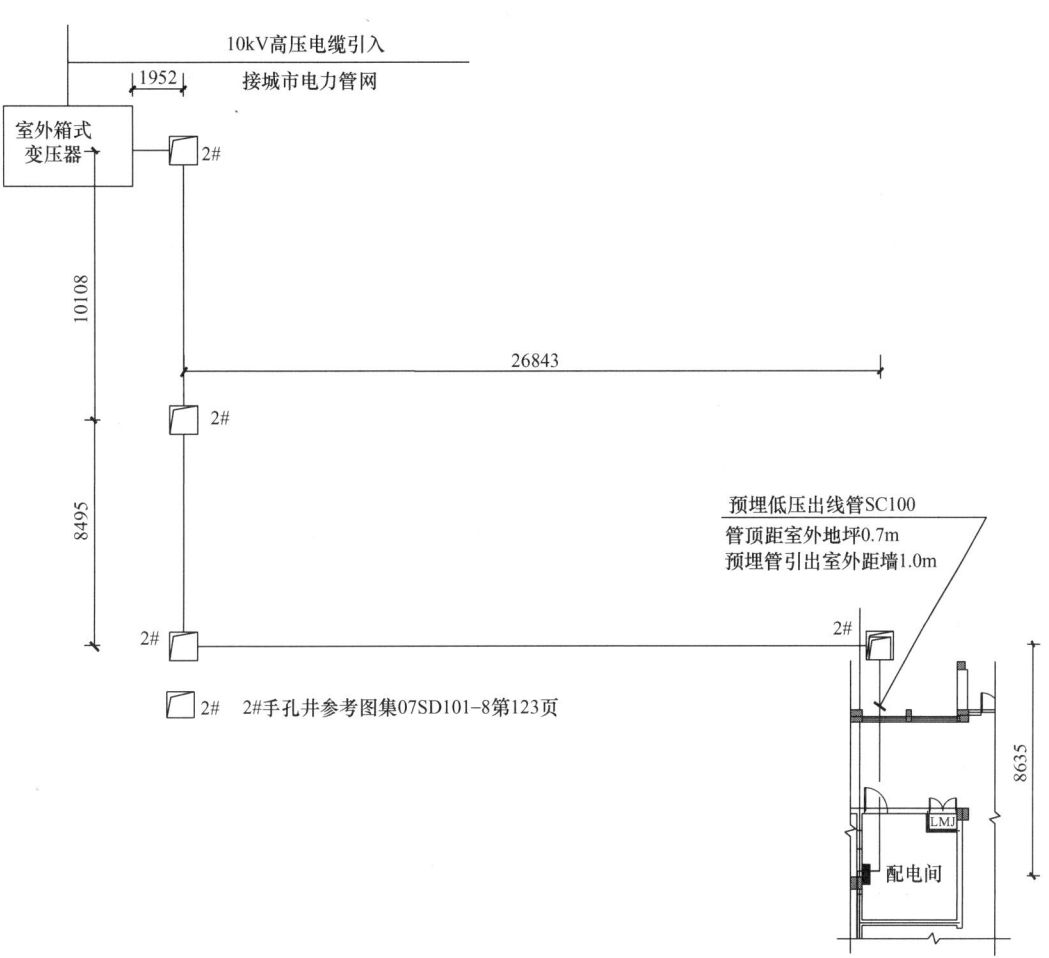

图 4.3 电缆平面布置图

图例	名称	规格	安装	备注
⊕	隐藏式LED筒灯	7W LED筒灯	嵌入安装	
⌒	吸顶灯	LED 15W	吸顶安装	
 ⊢─┤	双管荧光灯	LED T8管 2×18W 1800lm	嵌入安装	
⊠	卫生间排气扇	功率≤50W	嵌入安装	
⊗	隐藏式防潮LED筒灯	7W LED筒灯	嵌入安装	
⌒	单联单控开关	10A 250V	底边距地1.3m	
⌒	双联单控开关	10A 250V	底边距地1.3m	
⌒	三联单控开关	10A 250V	底边距地1.3m	
FJ	单相二、三孔安全型防溅插座	10A 250V	距地0.3m	
G	单相二、三孔安全型高位插座	10A 250V	距地1.8m	
TM	单相二、三孔安全型台面防溅插座	10A 250V	距地1.5m	
TV	单相二、三孔安全型电视机插座	10A 250V	距地1.8m	

附注：1. 本设计中所有灯具型号和规格应以装饰图纸中的实际规格为准。
2. 以上安装高度均为面板底边到完成地饰面距离，水平尺寸位置以底盒中心为准，灯位开关每个面板及底盒的最大开关位按三联开关设置。

图4.4 图例

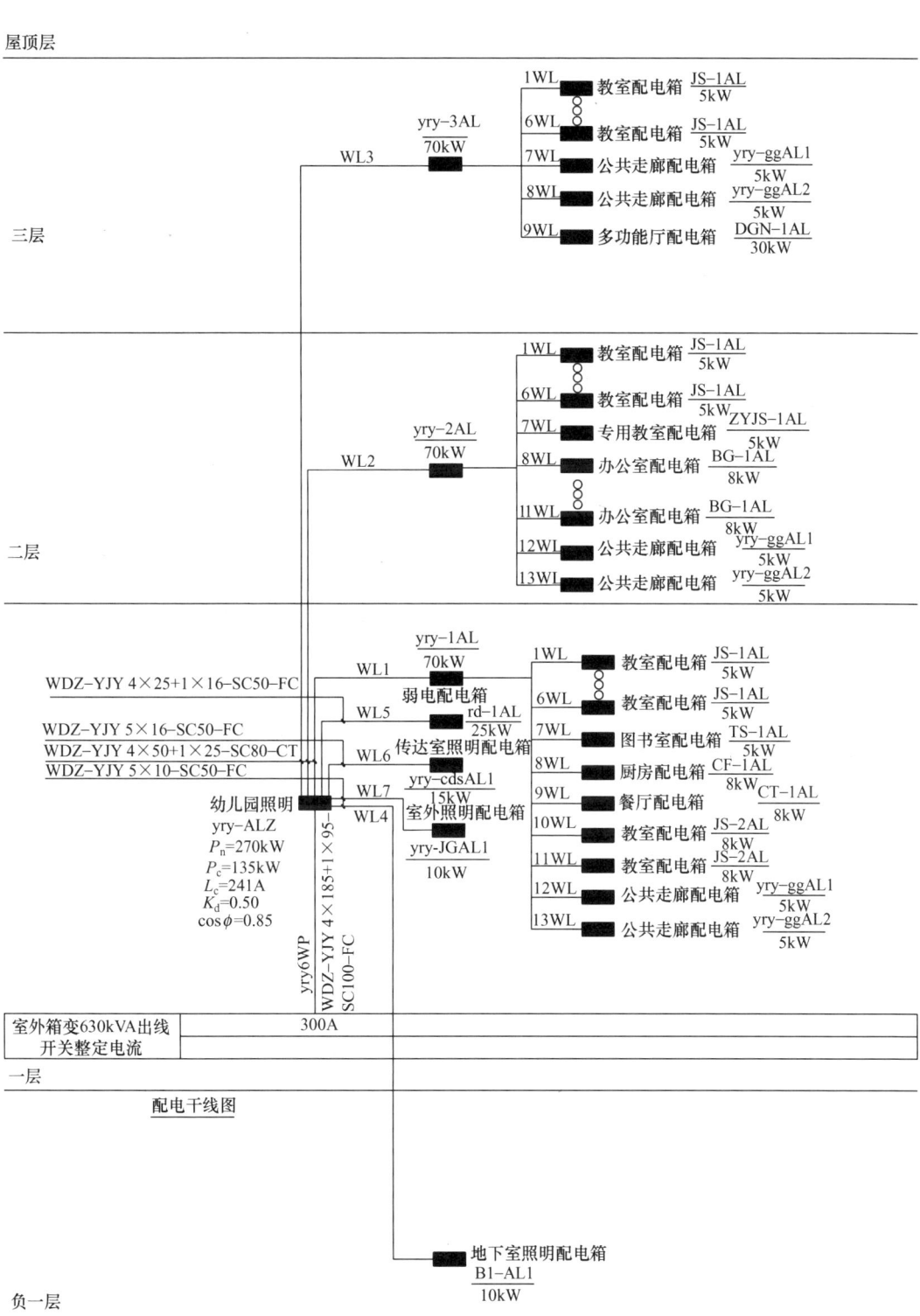

图 4.5 配电干线图

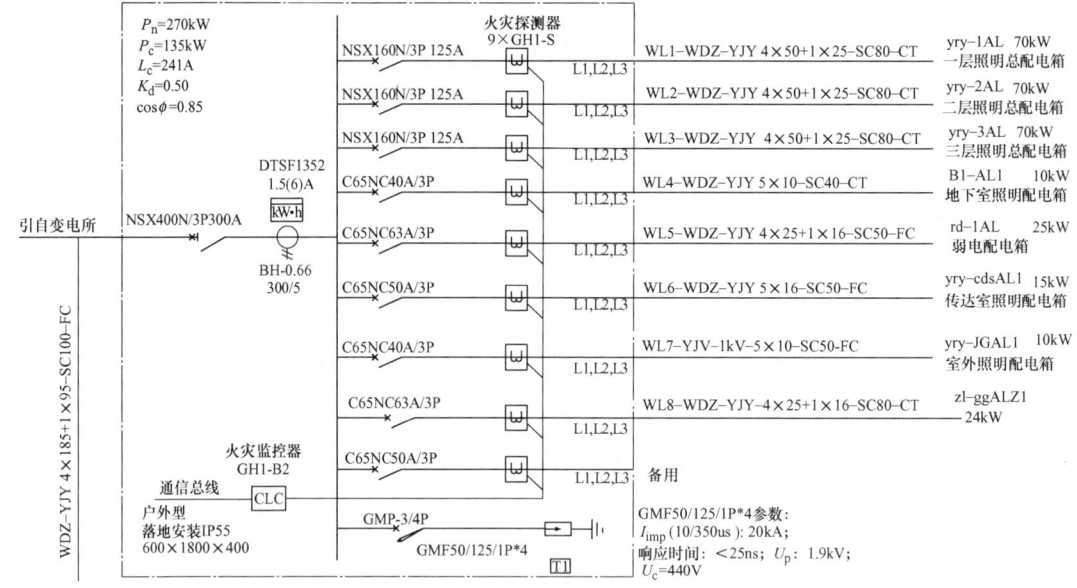

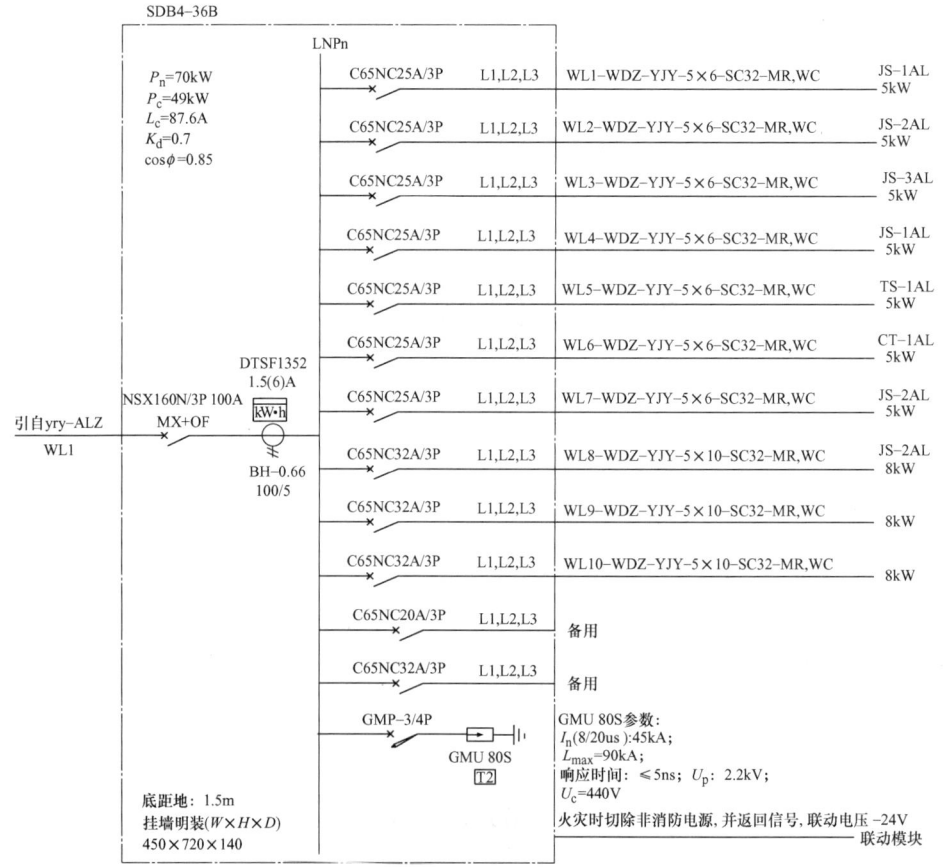

图 4.6 配电系统图 1

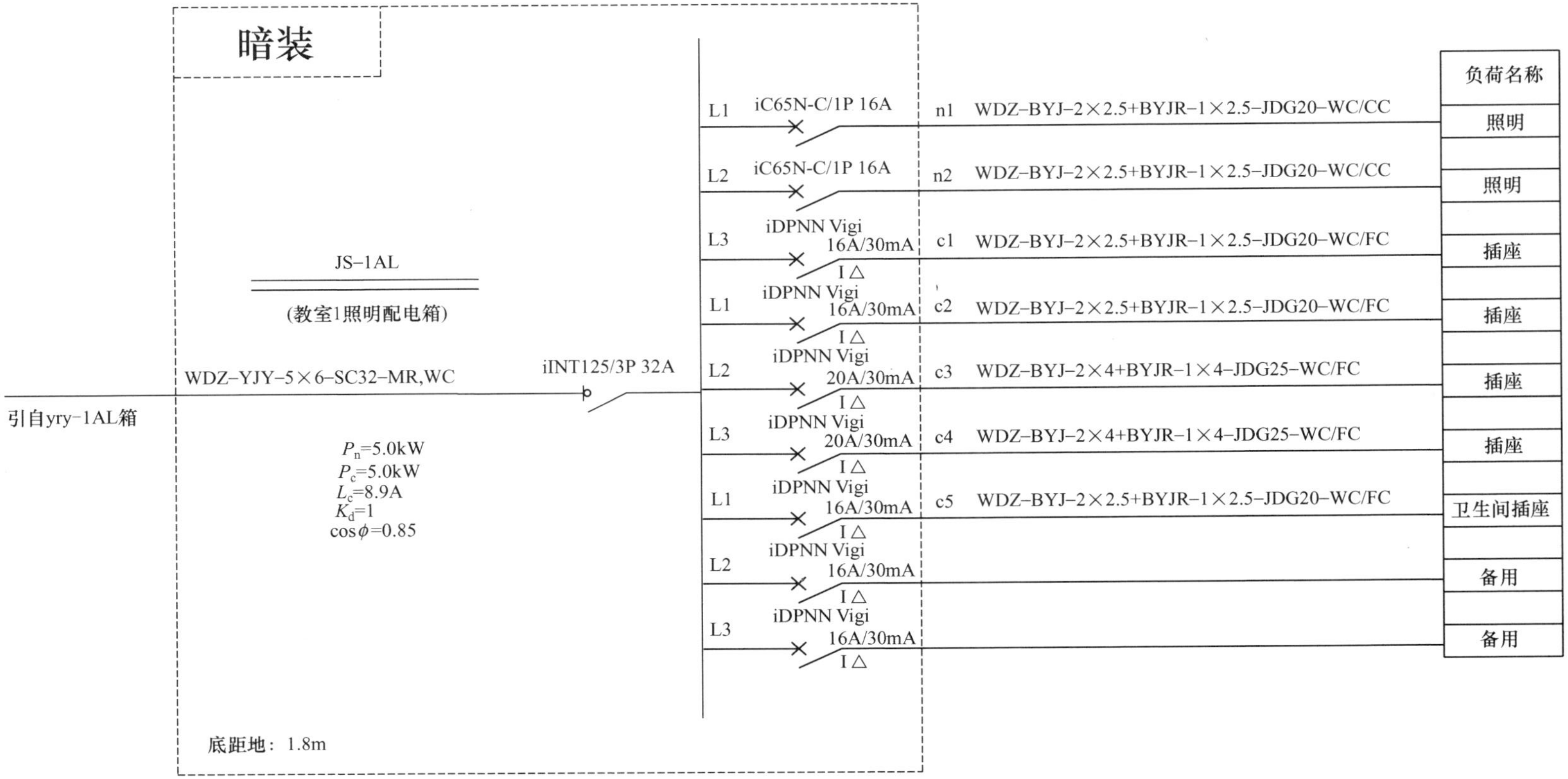

回路编号	电缆/导线规格	负荷名称
n1	WDZ-BYJ-2×2.5+BYJR-1×2.5-JDG20-WC/CC	照明
n2	WDZ-BYJ-2×2.5+BYJR-1×2.5-JDG20-WC/CC	照明
c1	WDZ-BYJ-2×2.5+BYJR-1×2.5-JDG20-WC/FC	插座
c2	WDZ-BYJ-2×2.5+BYJR-1×2.5-JDG20-WC/FC	插座
c3	WDZ-BYJ-2×4+BYJR-1×4-JDG25-WC/FC	插座
c4	WDZ-BYJ-2×4+BYJR-1×4-JDG25-WC/FC	卫生间插座
c5	WDZ-BYJ-2×2.5+BYJR-1×2.5-JDG20-WC/FC	备用
		备用

JS-1AL（教室1照明配电箱）

进线：WDZ-YJY-5×6-SC32-MR, WC
引自YJY-1AL箱

总开关：iNT125/3P 32A

$P_n = 5.0\text{kW}$
$P_c = 5.0\text{kW}$
$I_c = 8.9\text{A}$
$K_d = 1$
$\cos\phi = 0.85$

暗装　底距地：1.8m

图4.7　配电系统图2

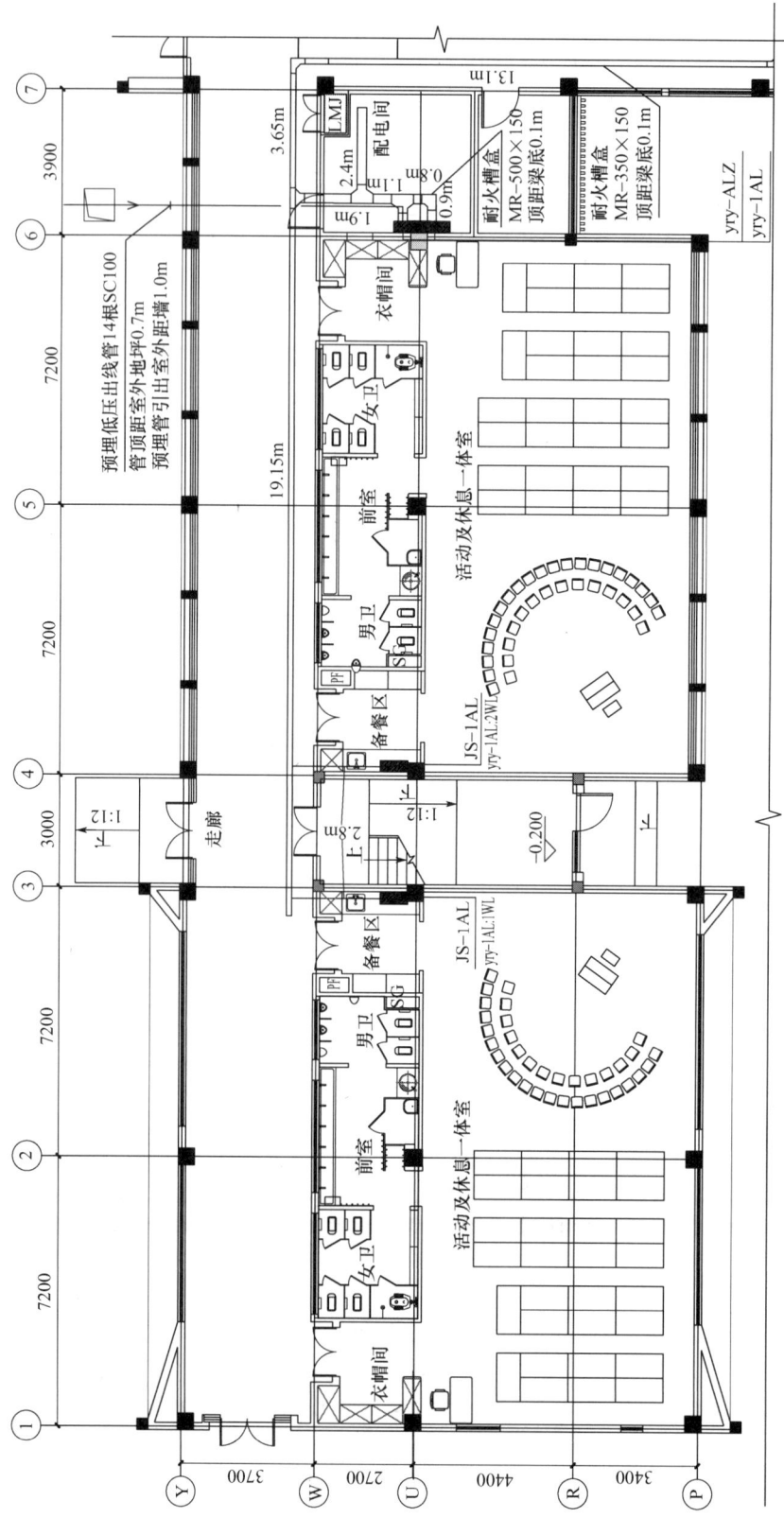

图4.8 一层局部配电平面图

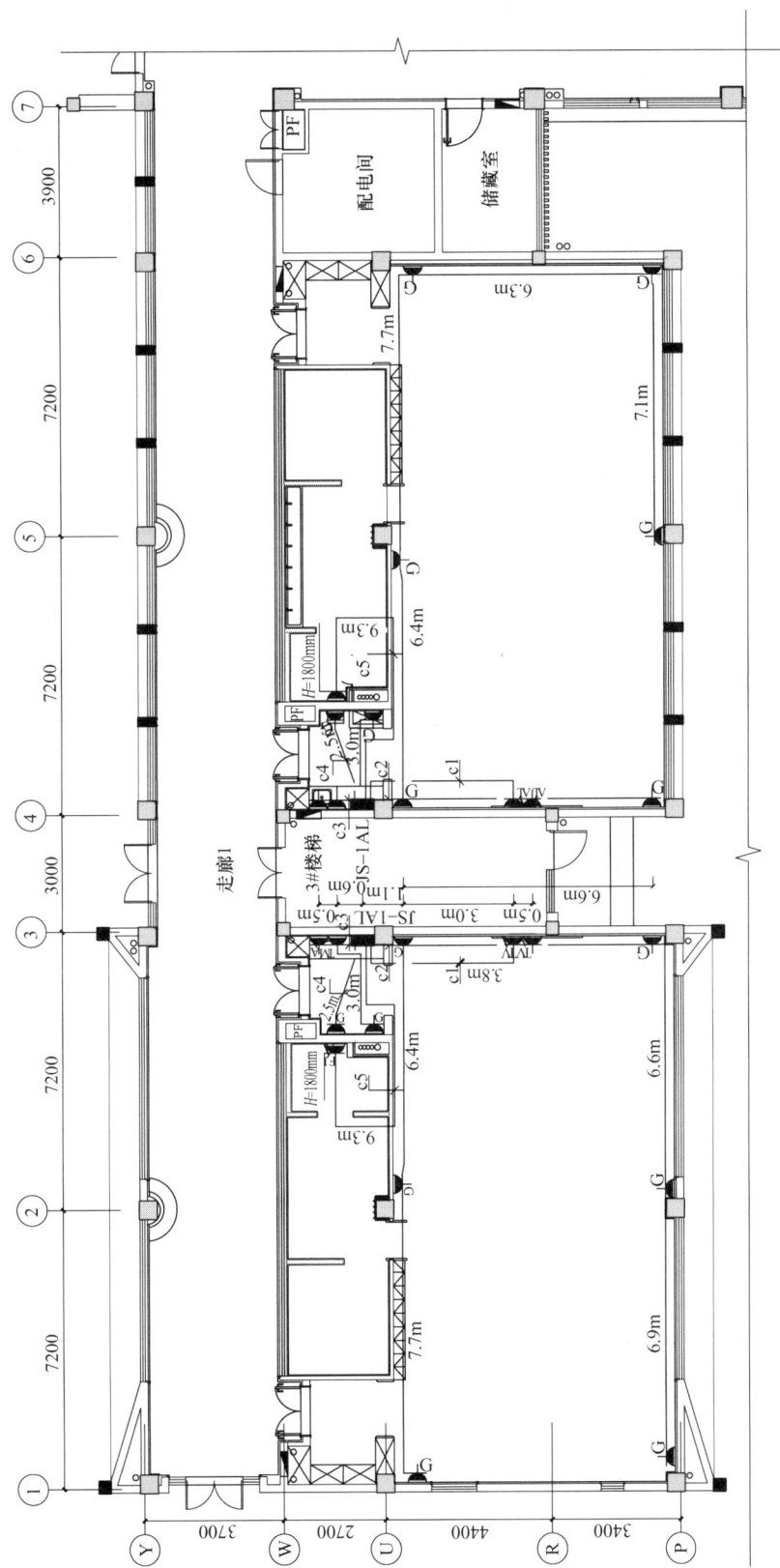

图 4.9 一层局部插座平面图

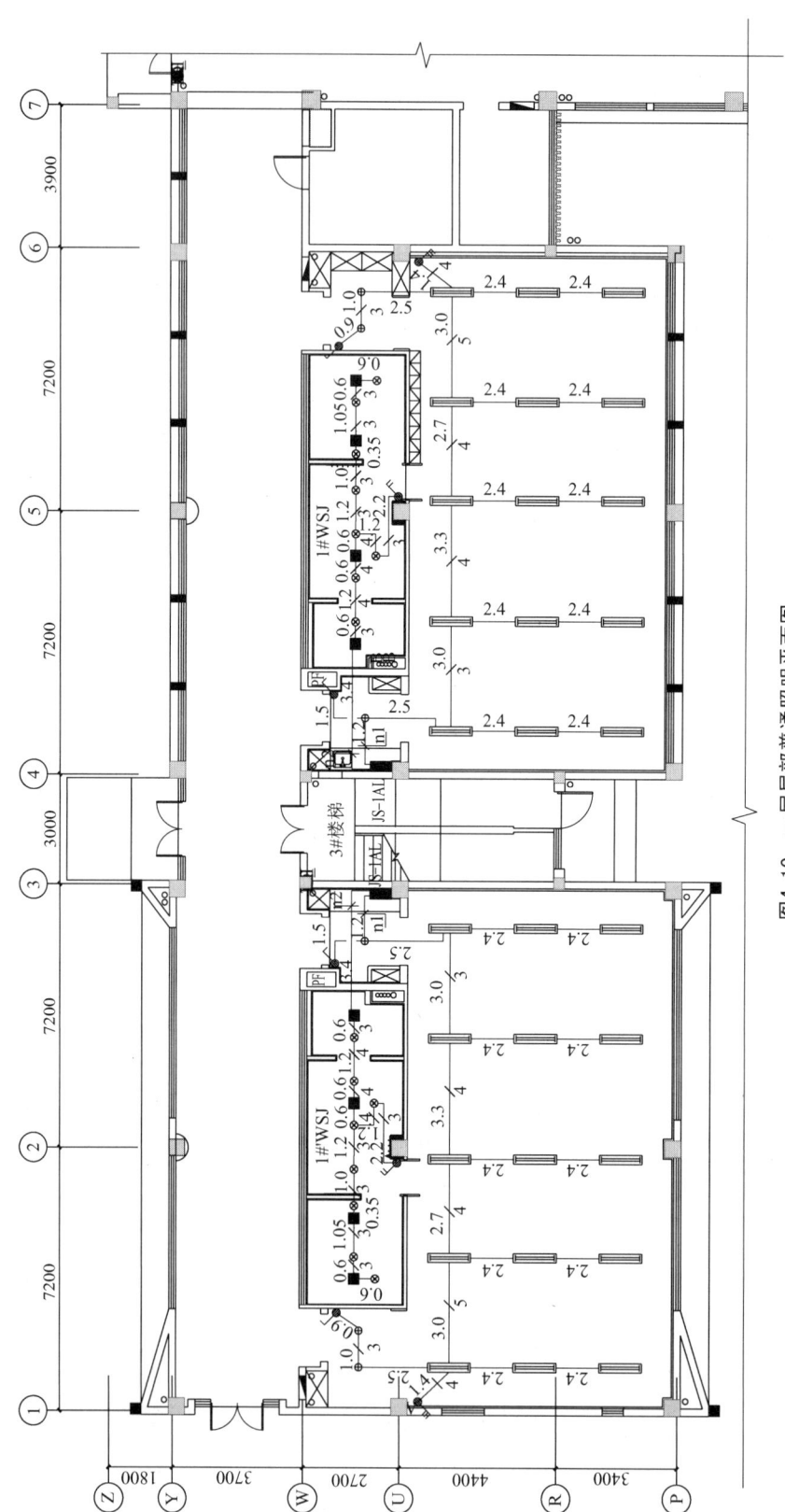

图4.10 一层局部普通照明平面图

任务 4 建筑电气工程计量与计价

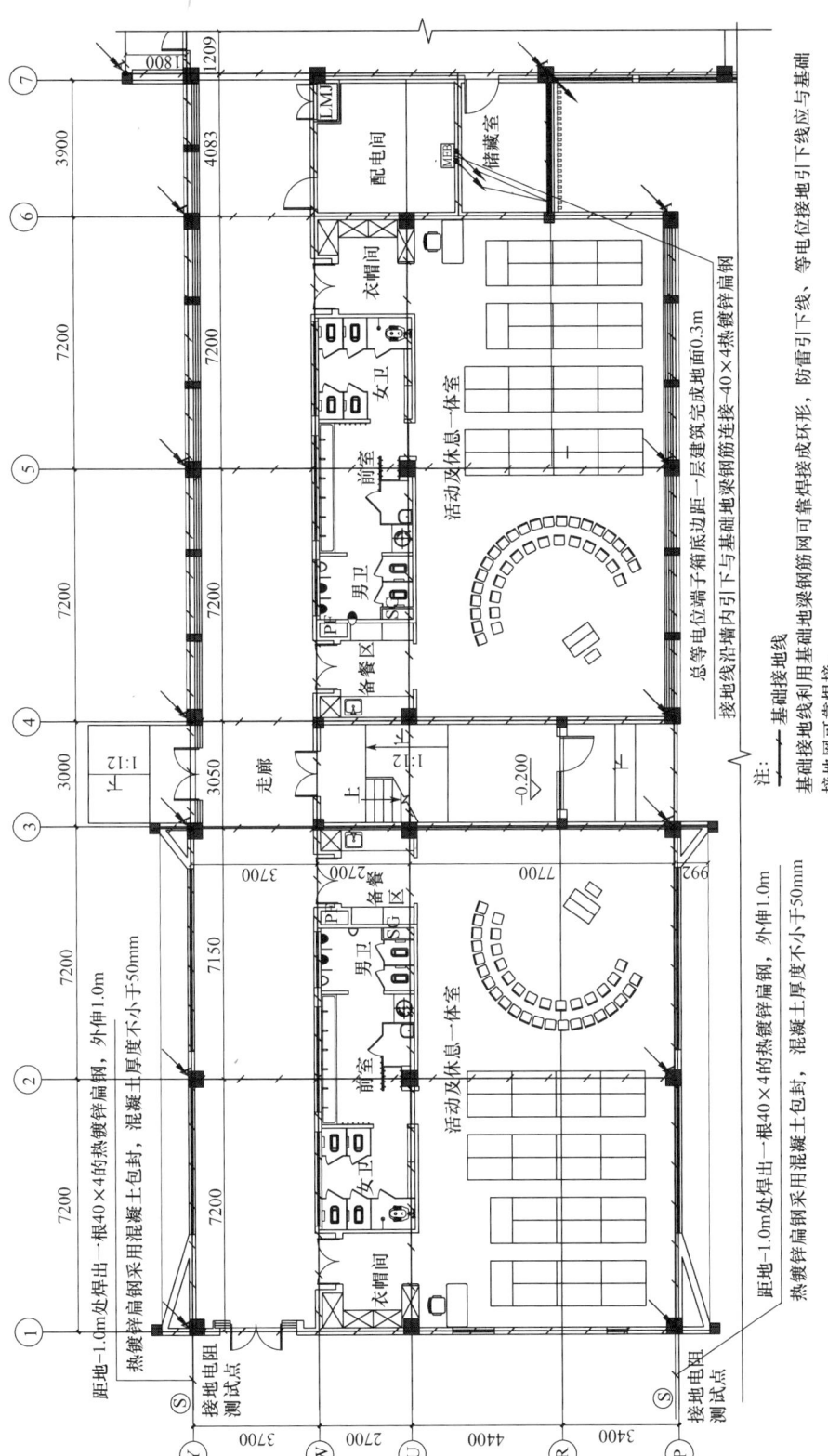

图4.11　一层局部基础接地平面图

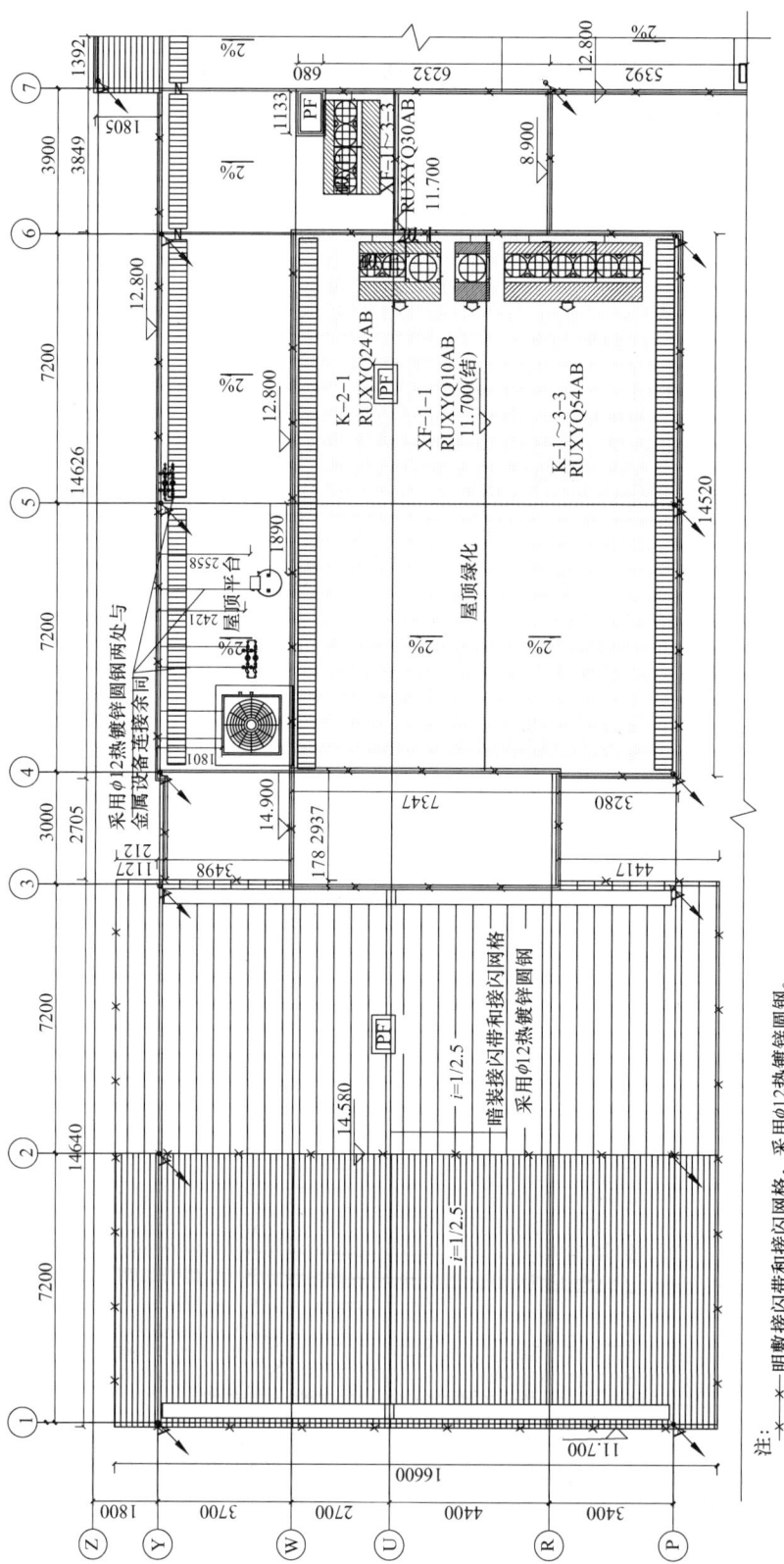

图4.12 屋顶局部防雷平面图

任务 4　建筑电气工程计量与计价

任务 4.1　电缆计量与计价

思维导图

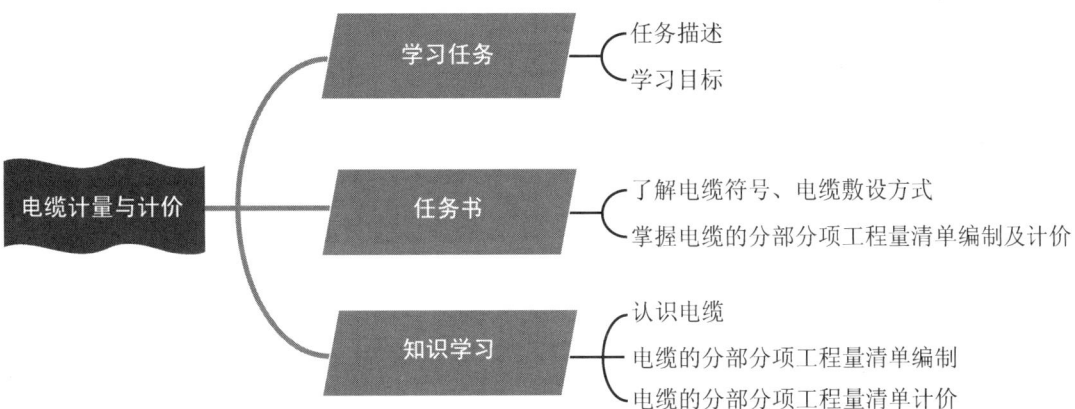

📚 任务描述

本任务依据《通用安装工程工程量计算规范》（GB 50856—2013）和《浙江省通用安装工程预算定额》（2018 版）的相关规定，主要介绍了以下几方面内容：一是认识电缆及电缆符号，掌握电缆的敷设方式；二是电缆的分部分项工程量清单编制，包括工程量计算方法；三是电缆的分部分项工程量清单计价，包括工程量清单计价的项目组合及综合单价的计算。本任务要求学生在掌握知识点的基础上完成任务书。

📚 学习目标

1. 知识目标

（1）读懂电缆符号和图纸中的电缆部分，并能掌握图纸中电缆的敷设方式。
（2）掌握电缆的分部分项工程量清单编制方法，并能计算其相应的工程量。
（3）熟悉电缆的预算定额表格，掌握其工程量清单计价的项目组合。

2. 能力目标

（1）能够准确地计算电缆的分部分项工程量，并能编制其工程量清单。
（2）能够理解清单计价说明，并在所编制的工程量清单基础上找到对应的定额子目。
（3）能够举一反三，从案例中吸取经验和教训，运用到其他工程实例中。

3. 素质目标

（1）通过对建筑电气规范规则的了解，树立"执行行业标准和法规"的职业意识。
（2）通过学习本任务，培养执着专注、精益求精的工匠精神。

任务书				
班级：	学号：	姓名：	日期：	页数：2

工作准备
1. 根据前修课程，重温电缆的施工方法和要求。
2. 结合前修课程的知识，扫描右上角二维码，下载并仔细阅读图纸。

任务图

工作实施

问题1：结合任务4的"引入案例"，分析本工程连接的yry-ALZ和yry-2AL电缆的敷设方式是什么？其有怎样的施工工艺流程？需要计算的工程量有哪些？

问题2：计算电缆的工程量，完成计算书。

问题3：编制电缆及电缆头的分部分项工程量清单。

问题4：在"问题3"的基础上，结合图纸和各分部分项工程的工作内容，找出各工程量清单项目对应的定额子目，并将定额编码填入相应表格中，如需换算，请在定额编号后加"换"字。

任务反馈

学生根据对电缆符号、电缆敷设方式、电缆的分部分项工程量清单编制及计价的掌握程度，进行自我评价，评价自己是否能完成知识点的学习、是否能按时完成任务书、有无任务遗漏。同时学生以小组为单位，共同学习，针对组内成员的学习过程和结果进行互评。教师对学生的评价包括任务书的书写是否工整，是否按时完成任务书，完成质量是否达标。将各自的评价总分填入下表，教师可根据学生的表现情况额外进行增值评价。

学生遇到问题时，可先进行组内讨论，针对争议性问题或组内讨论后仍无法解决的问题，可填写在下表的相应位置。

学生自评	组内互评	教师评价	增值评价
综合总评			
学生学习情况反馈（问题、难点等）			

拓展思考

1. 本工程是从哪里开始算起的？不同类型的项目计算起点是否一致？请谈谈你的想法。
2. 哪些位置需要做防火封堵？怎么做？

知识学习

电缆的分部分项工程量清单计价应先根据《通用安装工程工程量计算规范》（GB 50856—2013）（简称《计算规范》）列出清单子目，并计算工程量，而后根据《计算规范》所列的工作内容，结合《浙江省通用安装工程预算定额》（2018版）（简称《预算定额》）的相关规定进行计价。

电缆的分部分项工程量清单编制步骤如下：确定电缆的清单子目和工作内容→计算电缆的工程量→编制电缆的分部分项工程量清单→套取预算定额并计算各子目综合单价。

知识点 1：认识电缆

1. 电缆的组成与分类

电缆是由一根或多根相互绝缘的导体和外包绝缘保护层制成，将电力或信息从一处传输到另一处的导线。电缆根据其构造及作用可分为电力电缆、控制电缆、补偿电缆、屏蔽电缆、高温电缆、计算机电缆、信号电缆、同轴电缆、耐火电缆、船用电缆、矿用电缆、铝合金电缆等。它们都是由单股或多股导线和绝缘层组成的，用来连接电路、电器等。电缆根据电压等级可分为低压电缆（小于1kV）、高压电缆，工作电压等级有500V、1kV、6kV及10kV等。电缆按芯数分有三芯、四芯、五芯等。电缆及其结构如图4.13所示。

电缆

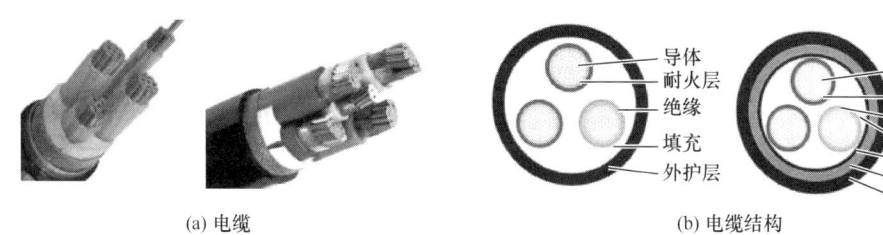

图 4.13　电缆及其结构

拓展讨论

党的二十大报告提出，推动战略性新兴产业融合集群发展，构建新一代信息技术、人工智能、生物技术、新能源、新材料、高端装备、绿色环保等一批新的增长引擎。随着绿色建筑的发展，在建筑项目中绿色材料的使用愈加频繁。请举例说明你身边的环保型电缆。

2. 电缆符号识读

我国电缆产品的型号均由汉语拼音和阿拉伯数字组成。

电缆的型号组成与顺序一般为：[1.类别、用途]+[2.导体]+[3.绝缘]+[4.内护层]+[5.结构特征]+[6.外护层或派生]+[7.使用特征]。

1~5项和第7项用拼音字母表示，高分子材料用英文名的第一位字母表示，每项可以是1~2个字母；第6项是1~2个数字，无数字表示无铠装层、无外护层，第一位数字表示铠装类型,第二位数字表示外护层类型。电缆型号中字母的含义见表4.2。

第7项是各种特殊使用场合或附加特殊使用要求的标记,在"-"后以拼音字母标记,有时为了突出该项,把此项写到最前面,如ZR-阻燃、NH-耐火、WDZ-低烟无卤、TH-湿热地区用、FY-防白蚁等。例如,"ZRC-YJV22-0.6/1kV-3×120+1×70"表示额定电压等级为0.6/1kV,C级阻燃铜芯交联聚乙烯绝缘钢带铠装聚氯乙烯护套四芯电力电缆,规格为3×120+1×70(三芯截面120mm²,一芯截面70mm²)。

表4.2 电缆型号中字母的含义

类别、用途	导体	绝缘种类	内护层	派生代码	外护层	
					铠装类型	外护层类型
电力电缆(省略) K—控制电缆 P—信号电缆 Y—移动式电缆 H—市内电话电缆	L—铝 T—铜 (省略)	Z—纸绝缘 V—聚氯乙烯 X—橡皮绝缘 Y—聚乙烯 YJ—交联聚乙烯	V—聚氯乙烯护套 Y—聚乙烯护套 L—铝护套 Q—铅护套 H—橡胶护套	D—不滴流 P—干绝缘	0—无铠装 2—双钢带 3—细圆钢丝 4—粗圆钢丝	0—无外护层 1—纤维绕包 2—聚氯乙烯护套 3—聚乙烯护套

举例说明:

任务4的"引入案例"中,"WL1-WDZ-YJY 4×50+1×25-SC80-CT"表示回路编号为WL1,低烟无卤型铜芯交联聚乙烯绝缘聚乙烯护套五芯电力电缆,规格为4×50+1×25(四芯截面50mm²,一芯截面25mm²),穿SC80管敷设或沿桥架敷设。

任务4的"引入案例"中,"WL1-WDZ-YJY 5×6-SC32-MR,WC"表示回路编号为WL1,低烟无卤型铜芯交联聚乙烯绝缘聚乙烯护套五芯电力电缆,规格为5×6(五芯截面6mm²),穿SC32管敷设或沿金属线槽敷设。

3.电缆主要的敷设方式及各自的施工工艺流程

1)埋地敷设(又称电缆直埋)

电缆敷设

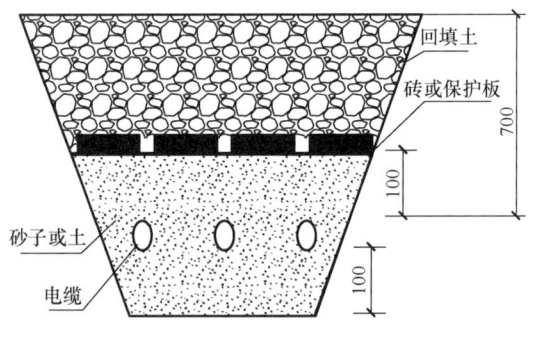
图4.14 埋地敷设

埋地敷设(代号DB)是指沿已确定的电缆线路挖掘沟道,将电缆埋在挖好的地下沟道内,如图4.14所示。

其优点是电缆直接埋设在地下不需要其他设施,施工简单,成本低,电缆的散热性能好。采用埋地敷设的电缆必须是铠装电缆,如VV22、YJV22等,且当埋地敷设电缆穿过道路、水沟、建筑物基础时,必须穿管保护。埋地敷设电缆的一般施工工艺流程为:测位划线→挖沟→沟底铺砂→电缆检查→布放电缆→电缆终端头制作安装→绝缘测试→电缆面上铺砂→盖砖或保护板→回填土(分层夯实)→清理现场→埋标志桩。

2)电缆沟敷设

电缆沟敷设代号为TC。当电缆根数大于6时,宜采用电缆沟或电缆隧道(电缆隧道是尺寸较大的电缆沟,是用砖砌或用混凝土浇灌而成的,沟顶部用钢筋混凝土盖板盖住)敷设。图 4.15 所示为电缆沟敷设。沟内装有电缆支架,电缆均挂在支架上。支架可以为单侧支架也可以为双侧支架。电缆沟敷设电缆的一般施工工艺流程为:测位划线→挖沟→砌沟→沟壁抹灰→敷设支架接地线→电缆检查→支架上搁置电缆→电缆终端头制作安装→绝缘测试→清理现场→盖电缆沟盖板。

3)穿保护管敷设

电缆穿保护管敷设时,应先将保护管敷设好,再将电缆穿入管内,管内径不应小于电缆外径的 1.5 倍,敷设时要有 0.1% 的坡度,如图 4.16 所示。保护管的管材有多种,一般有铸铁管、混凝土管、石棉水泥管、钢管、塑料管等。穿保护管敷设的一般施工工艺流程为:测位划线→挖沟→砌电缆井→沟底铺砂→埋管→管面铺砂→管沟覆土→清理现场→埋标志桩→管内穿引线→管内穿电缆→电缆头终端头制作安装→电缆井盖盖板。

图 4.15 电缆沟敷设

图 4.16 穿保护管敷设

4)电缆桥架敷设

电缆桥架也称电缆托架。电缆桥架敷设代号为 CT,其广泛应用于宾馆饭店、办公大楼、工矿企业的供配电线路中,特别是在高层建筑中,如图 4.17 所示。常用电缆桥架有槽式电缆桥架、梯级式电缆桥架、托盘式电缆桥架和组合桥架四大类,前三类电缆桥架如图 4.18 所示。电缆桥架敷设的一般施工工艺流程为:弹线定位→预埋铁件或金属膨胀螺栓→支吊架安装→桥架安装→接地线安装→电缆绝缘测试和耐压试验→电缆敷设→电缆终端头制作安装→挂标牌。

电缆桥架

4. 认识电缆头

电缆敷设好后,为使其成为一个连续的线路,各线段必须连接为一个整体,这些连接点称为电缆接头,简称电缆头,如图 4.19 所示。电缆线路两末端的接头称为终端头,中间的接头称为中间头。

电缆头按线芯材料可分为铝芯电力电缆头和铜芯电力电缆头;按安装场所可分为户内式电缆头和户外式电缆头;按电缆头制作材料可分为干包式电缆头、环氧树脂浇注式电缆头和热缩式电缆头三类。

图 4.17 电缆桥架敷设

(a) 槽式电缆桥架　　　　(b) 梯级式电缆桥架　　　　(c) 托盘式电缆桥架

图 4.18　电缆桥架

电缆头

图 4.19　电缆头

知识点 2：电缆的分部分项工程量清单编制

1. 清单编制说明

电缆安装的工程量清单项目设置、项目特征描述的内容、计量单位及工程量计算规则，应按《计算规范》附录 D.8 的规定执行，电缆安装项目适用于 10kV 以下的电缆线路安装；电缆安装工程涉及挖土、填土工程，应按现行国家标准《房屋建筑与装饰工程工程量计算规范》（GB 50854—2013）相关项目编码列项；若电缆安装涉及开挖路面，应按现行国家标准《市政工程工程量计算规范》（GB 50857—2013）相关项目编码列项；电缆涉及室内穿管或桥架等的工程量在后期任务 4.4 中介绍。

2. 常用项目的清单规范

表 4.3 摘自《计算规范》附录 D.8。附录 D.8 共有 11 项清单项目。

3. 工程量清单项目特征描述

（1）描述电缆型号、规格、材质时，不需要分开描述，可描述完整的电缆符号；需要描述清楚电缆的电压等级；在山地、丘陵等特殊地段敷设电缆时，需要描述电缆的地形，反之可以不描述。

（2）电缆头描述时，需写清楚电缆头的线芯情况、截面大小、安装场地、制作方式及电压等级。

（3）防火堵洞应描述清楚部位，如防火门、盘柜下、电缆隧道、保护管。

（4）电缆井、电缆排管、顶管，应按现行国家标准《市政工程工程量计算规范》（GB 50857—2013）的相关项目编码列项，本任务中不进行介绍，但在实际工程中需要计算。

表 4.3 电缆安装工程量清单项目设置

项目编码	项目名称	项目特征	计量单位	工程量计算规则	工作内容
030408001	电力电缆	1. 名称 2. 型号 3. 规格 4. 材质 5. 敷设方式、部位 6. 电压等级（kV） 7. 地形	m	按设计图示尺寸以长度计算（含预留长度及附加长度）	1. 电缆敷设 2. 揭（盖）盖板
030408002	控制电缆				
030408003	电缆保护管	1. 名称 2. 材质 3. 规格 4. 敷设方式		按设计图示尺寸以长度计算	保护管敷设
030408004	电缆槽盒	1. 名称 2. 材质 3. 规格 4. 型号			槽盒安装
030408005	铺砂、盖保护板（砖）	1. 种类 2. 规格	m	按设计图示尺寸以长度计算	1. 铺砂 2. 盖板（砖）
030408006	电力电缆头	1. 名称 2. 型号 3. 规格 4. 材质、类型 5. 安装部位 6. 电压等级（kV）	个	按设计图示数量计算	1. 电力电缆头制作 2. 电力电缆头安装 3. 接地
030408007	控制电缆头	1. 名称 2. 型号 3. 规格 4. 材质、类型 5. 安装方式			
030408008	防火堵洞	1. 名称 2. 材质 3. 方式 4. 部位	处		安装
030408009	防火隔板		m²	按设计图示尺寸以面积计算	
030408010	防火涂料		kg	按设计图示尺寸以质量计算	
030408011	电缆分支箱	1. 名称 2. 型号 3. 规格 4. 基础形式、材质、规格	台	按设计图示数量计算	1. 本体安装 2. 基础制作、安装

举例说明：

任务 4 的"引入案例"中，电缆的分部分项工程量清单（部分）编制见表 4.4。

表 4.4 电缆的分部分项工程量清单（部分）

序号	项目编码	项目名称	项目特征	计量单位	工程量
1	030408001001	电力电缆	1. 名称：绝缘电力电缆制作、安装 2. 型号、规格：WDZ-YJY-4×185+1×95 3. 敷设方式、部位：穿管埋地敷设 4. 电压等级（kV）：1kV 以下	m	68.811
2	030408001002	电力电缆	1. 名称：绝缘电力电缆制作、安装 2. 型号、规格：WDZ-YJY-4×50+1×25 3. 敷设方式、部位：桥架内 4. 电压等级（kV）：1kV 以下	m	9.584
3	030408001003	电力电缆	1. 名称：绝缘电力电缆制作、安装 2. 型号、规格：WDZ-YJY-5×6 3. 敷设方式、部位：穿管或金属线槽 4. 电压等级（kV）：1kV 以下	m	61.327
4	030408003001	电缆保护管	1. 名称：电缆保护管安装 2. 材质：焊接钢管 3. 规格：SC100 4. 敷设方式：埋地敷设	m	58.233
5	030408006001	电力电缆头	1. 名称：电力电缆终端头制作、安装 2. 型号、规格：三芯及以上，截面 $185mm^2$ 3. 敷设方式、部位：户内干包式 4. 电压等级（kV）：1kV 以下	个	2
6	030408006002	电力电缆头	1. 名称：电力电缆终端头制作、安装 2. 型号、规格：三芯及以上，截面 $50mm^2$ 3. 敷设方式、部位：户内干包式 4. 电压等级（kV）：1kV 以下	个	2
7	030408006003	电力电缆头	1. 名称：电力电缆终端头制作、安装 2. 型号、规格：三芯及以上，截面 $6mm^2$ 3. 敷设方式、部位：户内干包式 4. 电压等级（kV）：1kV 以下	个	4
8	030408008001	防火堵洞	1. 名称：桥架穿墙做防火封堵 2. 洞口大小：$0.25m^2$ 以内 3. 部位：配电间墙上	处	1

注：未考虑电缆井和电缆排管。

4. 工程量计算

1）清单规则

电缆的清单工程量计算规则见表 4.3。

2）定额规则

（1）电缆。

电缆敷设根据电缆材质与规格，按照设计图示单根敷设数量以"100m"为计量单位。不计算电缆敷设损耗量。竖井通道内敷设电缆长度按照穿过竖井通道的长度计算工程量。计算电缆敷设长度时，应考虑因波形敷设、弛度、电缆绕梁（柱）所增加的长度以及电缆与设备连接、电缆接头等必要的预留长度。预留长度按照设计规定计算，设计无规定时按照表4.5计算。

表4.5 电缆预留长度

序号	项目	附加及预留长度	说明
1	电缆敷设弛度、波形弯度、交叉	2.5%	按电缆全长计算
2	电缆进入建筑物	2.0m	规范规定最小值
3	电缆进入沟内或吊架时引上（下）预留	1.5m	规范规定最小值
4	变电所进线、出线	1.5m	规范规定最小值
5	电力电缆终端头	1.5m	检修余量最小值
6	电缆中间接头盒	两端各留2.0m	检修余量最小值
7	电缆进控制、保护屏及模拟盘、配电箱等	高+宽	按盘面尺寸
8	高压开关柜及低压配电盘、箱	2.0m	盘下进出线
9	电缆至电动机	0.5m	从电机接线盒算起
10	厂用变压器	3.0m	从地坪算起
11	电缆绕过梁（柱）等增加长度	按实计算	按被绕物的断面情况计算增加长度
12	电梯电缆与电缆架固定点	每处0.5m	规范规定最小值

注：电缆附加及预留的长度只有在实际发生，并已按预留量敷设的情况下，才能计入电缆长度工程量之内。

电缆采用电缆沟敷设时，需要揭（或盖）电缆沟水泥盖板，应区分每块盖板的长度，按每揭（或盖）一次为计算基础，按照实际揭（或盖）的次数乘以其长度，以"100m"为计量单位，如又揭又盖，则按两次计算。

电缆采用穿保护管敷设时，其土石方施工有设计图纸的，按照设计图纸计算；无设计图纸的，沟深按照0.9m计算，沟宽按照保护管边缘每边各增加0.3m工作面计算。未能达到上述标准时，则按实际开挖尺寸计算。

（2）电缆保护管。

电缆保护管敷设根据电缆敷设路径，应区别不同敷设方式、敷设位置、管材材质、规格，按照设计图示敷设数量以"100m"为计量单位。计算电缆保护管长度时，设计无规定者按照以下规定增加保护管长度。

① 横穿马路时，按照路基宽度两端各增加 2m。
② 保护管需要出地面时，弯头管口距地面增加 2m。
③ 穿过建（构）筑物外墙时，从基础外缘起增加 1m。
④ 穿过沟（隧）道时，从沟（隧）道壁外缘起增加 1m。

（3）铺砂、保护。

定额子目区分"铺砂盖砖"和"铺砂盖保护板"，按照电缆沟内敷设"1～2根"电缆作为基本定额子目，以"每增1根"电缆为辅助定额子目，以"100m"为单位计算。

（4）电缆头。

① 电力电缆头制作、安装，根据电压等级与电缆头形式及电缆截面，按照设计图示单根电缆接头数量以"个"为计量单位。电力电缆按照一根电缆有两个终端头计算；电力电缆中间头按照设计规定计算，设计没有规定时，按照实际情况计算。

② 矿物绝缘电力电缆头制作、安装，根据设计图纸区分电缆头不同的形式、芯数，以"个"为单位计算工程量。每一根电缆按有两个终端头计算；中间头按照设计规定或实际数量计算。

③ 控制电缆头制作、安装，根据设计图纸区分电缆头不同的形式、芯数，以"个"为单位计算工程量。

（5）防火阻燃装置安装。

电缆防火设施安装根据防火设施的类型及材料，按照设计用量分别以不同计量单位计算工程量。

① 防火堵洞分防火门、盘柜下、电缆隧道和保护管，以"处"为计量单位。
② 防火隔板以"m^2"为计量单位。
③ 防火涂料以"10kg"为计量单位。
④ 阻燃槽盒以"10m"为计量单位。

举例说明：

任务4的"引入案例"中，电缆的分部分项工程量计算书见表4.6。

表4.6 电缆的分部分项工程量计算书

序号	项目编码	项目名称	计算过程	单位	工程量
1	030408001001	电力电缆 WDZ-YJY-4×185+1×95	[（1.952+10.108+8.495+26.843+8.635）+（0.95+0.2+0.95+0.1）+（2+1.5+1.5+1.5+0.6+1.8）]×（1+2.5%）	m	68.811
2	030408001002	电力电缆 WDZ-YJY-4×50+1×25	{0.8+[（3.9-0.6-0.1-0.15）-（1.8+0.1)]+[（3.9-0.6-0.1-0.15）-（1.5+0.72)]+[（1.5+1.5）+（0.6+1.8）+（0.45+0.72)]}×（1+2.5%）	m	9.584

续表

序号	项目编码	项目名称	计算过程	单位	工程量
3	030408001003	电力电缆 WDZ-YJY-5×6	{(0.9+0.8+1.1+1.9+2.8)×2+15.161+19.15+[(3.9-0.6-0.1-0.15)-(1.5+0.72)+(3.9-0.6-0.1-0.15)-(1.8+0.39)]×2+[(0.6+1.8)+(0.45+0.72)]×2}×(1+2.5%)	m	61.327
4	030408003001	电缆保护管	(1.952+10.108+8.495+26.843+8.635)+(0.95+0.2+0.95+0.1)	m	58.233
5	030408006001	电力电缆头	2	个	2
6	030408006002	电力电缆头	2	个	2
7	030408006003	电力电缆头	4	个	4
8	030408008001	防火堵洞	1	处	1

知识点3：电缆的分部分项工程量清单计价

本部分的计价基本依据是《预算定额》第四册《电气设备安装工程》第八章"电缆敷设工程"，内容包括直埋电缆辅助设施、电缆保护管铺设、电缆桥架与槽盒安装、电力电缆敷设、矿物绝缘电缆敷设、控制电缆敷设、加热电缆敷设、电缆防火设施安装等内容。

1. 工程量清单计价说明

（1）电缆敷设定额综合了除排管内敷设以外的各种不同敷设方式，包括土沟内、穿管、支架、沿墙卡设、钢索、沿支架卡设等方式，定额将各种方式按一定的比例进行了综合，因此在实际工作中不论采取上述何种方式（排管内敷设除外），一律不做换算和调整。

（2）电力电缆敷设以及电力电缆头制作、安装定额均是按三芯及三芯以上电缆考虑的，单芯、双芯电力电缆敷设及电缆头制作、安装系数调整见表4.7，截面400～800mm² 的单芯电力电缆敷设按400mm² 电力电缆定额执行；截面800～1000mm² 的单芯电力电缆敷设按400mm² 电力电缆定额乘以系数1.25执行；400mm² 以上单芯电缆头制作安装，可按同材质240mm² 电力电缆头制作安装定额执行。240mm² 以上的电缆头的接线端子为异型端子，需要单独加工，可按实际加工价格计补差价（或调整定额价格）。

表4.7 单芯、双芯电力电缆敷设及电缆头制作、安装系数调整表

规格名称		35mm² 及以下			25mm² 及以下		10mm² 及以下	
		三芯及以上	双芯	单芯	三芯及以上	双芯、单芯	三芯及以上	双芯、单芯
电缆头制作安装	铜芯	1.00	0.40	0.30	0.40	0.20	0.30	0.15
	铝芯以铜芯为基数	0.80	0.32	0.24	0.32	0.16	0.24	0.12
电缆敷设	铜芯	1.00	0.50	0.30	0.50	0.30	0.40	0.25
	铝芯	1.00	0.50	0.30	0.50	0.30	0.40	0.25

(3) 除矿物绝缘电力电缆和矿物绝缘控制电缆外，电缆在竖井桥架中竖直敷设，按不同材质及规格套用相应电缆敷设定额，基价乘以系数1.2，在竖直通道内采用支架固定直接敷设，按不同材质及规格套用相应电缆敷设定额，基价乘以系数1.6。竖井内敷设是指单段高度大于3.6m的竖井，单段高度小于或等于3.6m的竖井内敷设时，定额不做调整。

(4) 预制分支电缆敷设分别以主干和分支电缆的截面执行"电缆敷设"的相应定额，分支器按主电缆截面套用干包式电缆头制作、安装定额，定额内除其他材料费保留外，其余计价材料全部扣除，分支器主材另计。

(5) 铝合金电缆敷设根据规格执行相应的铝芯电缆敷设定额。

(6) 电缆沟盖板采用金属盖板时，其金属盖板制作执行《预算定额》第十三册《通用项目和措施项目工程》"一般铁构件制作"的相应定额，基价乘以系数0.6，安装执行揭盖盖板定额子目。

(7) 电缆保护管铺设定额分为地下铺设、地上铺设两个部分：地下铺设不分人工或机械铺设、铺设深度，均执行本定额，不做调整；地下铺设电缆（线）保护管公称直径小于或等于25mm时，参照DN50的相应定额，基价乘以系数0.7；入室后需要敷设电缆保护管时，执行第四册定额第十一章"配管工程"的相应定额。

(8) 电缆桥架、线槽穿越楼板、墙做防火封堵时，堵洞面积在0.25mm²以内的套用防火封堵（盘柜下）定额，主材按实计算。

(9) 矿物绝缘电缆敷设定额适用于铜或铜合金护套、波纹铜护套的矿物绝缘电缆；截面70mm²以下（三芯及三芯以上）的铜或铜合金护套或波纹铜护套的矿物绝缘电缆敷设，执行35mm²以下（三芯及三芯以上）矿物质绝缘电缆敷设定额，基价乘以系数1.2，其电缆头制作安装执行35mm²以下的相应定额。其他护套的矿物绝缘电缆执行铜芯电力电缆敷设的相应定额，人工乘以系数1.1，其电缆头制作安装执行铜芯电力电缆头制作安装的相应定额。

2. 工程量清单计价的项目组合

根据《计算规范》表格中的工作内容可知，电缆安装的各分项工作内容涉及各分项本体的安装和附属项目的施工，应根据清单项目特征描述确定清单项目计价需要组合的主项和次项。在进行工程量清单计价项目的组合时，应同时根据工作内容及计价定额使用规则，确定适用的计价定额项目。电缆安装的组价内容见表4.8。

表4.8　电缆安装的组价内容

序号	项目编码	项目名称	可组合的主要内容	对应的定额子目	定额编码
1	030408001	电力电缆	电缆敷设	铝芯电力电缆敷设	4-8-84～4-8-87
				铜芯电力电缆敷设	4-8-88～4-8-93
				排管内铜芯电力电缆敷设	4-8-94～4-8-98
				矿物绝缘电力电缆敷设一～二芯	4-8-145～4-8-152
				矿物绝缘电力电缆敷设三芯及三芯以上	4-8-153～4-8-155
			揭（盖）盖板	揭（盖）盖板 盖板长度	4-8-5～4-8-7
2	030408002	控制电缆	电缆敷设	控制电缆敷设	4-8-178～4-8-182
				矿物绝缘控制电缆敷设	4-8-191～4-8-194
			揭（盖）盖板	揭（盖）盖板 盖板长度	4-8-5～4-8-7
3	030408003	电缆保护管	保护管敷设	地下敷设 钢管敷设	4-8-8～4-8-12
				地下敷设 塑料管敷设	4-8-13～4-8-17
				地下敷设 混凝土（水泥）管敷设	4-8-18、4-8-19
				地下敷设 玻璃钢电缆保护管	4-8-20～4-8-22
				地上敷设 沿电杆敷设 钢管	4-8-23、4-8-24
				地上敷设 沿电杆敷设 硬塑料管	4-8-25、4-8-26
4	030408004	电缆槽盒	槽盒安装	阻燃槽盒	4-8-210
5	030408005	铺砂、盖保护板（砖）	铺砂、盖板（砖）	铺砂、盖砖	4-8-1～4-8-2
				铺砂、盖保护板	4-8-3、4-8-4

续表

序号	项目编码	项目名称	可组合的主要内容	对应的定额子目	定额编码
6	030408006	电力电缆头	电力电缆头制作、安装	户内干包式电力电缆头制作、安装 干包终端头	4-8-99～4-8-101
				户内干包式电力电缆头制作、安装 干包中间头	4-8-102～4-8-104
				户内浇注式电力电缆终端头制作、安装	4-8-105～4-8-112
				户内热（冷）缩式电力电缆终端头制作、安装	4-8-113～4-8-120
				户外电力电缆终端头制作、安装	4-8-121～4-8-128
				浇注式电力电缆中间头制作、安装	4-8-129～4-8-136
				热（冷）缩式电力电缆中间头制作、安装	4-8-137～4-8-144
				矿物绝缘电力电缆终端头 单芯	4-8-156～4-8-163
				矿物绝缘电力电缆终端头 多芯	4-8-164～4-8-166
				矿物绝缘电力电缆中间头 单芯	4-8-167～4-8-174
				矿物绝缘电力电缆中间头 多芯	4-8-175～4-8-177
7	030408007	控制电缆头	控制电缆头制作、安装	控制电缆头制作、安装 终端头	4-8-183～4-8-187
				控制电缆头制作、安装 中间接头	4-8-188～4-8-190
				矿物绝缘控制电缆终端头	4-8-195～4-8-198
				矿物绝缘控制电缆中间头	4-8-199～4-8-202
8	030408008	防火堵洞	安装	防火堵洞 防火门	4-8-204
				防火堵洞 盘柜下	4-8-205
				防火堵洞 电缆隧道	4-8-206
				防火堵洞 保护管	4-8-207
9	030408009	防火隔板	安装	防火隔板	4-8-208
10	030408010	防火涂料	安装	防火涂料	4-8-209

续表

序号	项目编码	项目名称	可组合的主要内容	对应的定额子目	定额编码
11	030408011	电缆分支箱	本体安装	接线箱明装	4-8-203～4-8-206
			基础制作、安装	基础型钢制作	4-4-68
				基础槽钢安装	4-4-69
				基础角钢安装	4-4-70
				一般铁构件制作	13-1-27
				一般铁构件安装	13-1-28

举例说明：

以表4.4的清单为基础，找出任务4的"引入案例"中电缆安装的定额子目进行组价（表4.9）。

表4.9 电缆安装的分部分项工程量清单组价

序号	项目编码	项目名称	定额编码
1	030408001001	电力电缆 WDZ-YJY-4×185+1×95	4-8-91
2	030408001002	电力电缆 WDZ-YJY-4×50+1×25	4-8-89
3	030408001003	电力电缆 WDZ-YJY-5×6	4-8-88 换
4	030408003001	电缆保护管 SC100	4-8-9
5	030408006001	电力电缆头 户内干包式 185mm^2	4-8-101
6	030408006002	电力电缆头 户内干包式 50mm^2	4-8-100
7	030408006003	电力电缆头 户内干包式 6mm^2	4-8-99 换
8	030408008001	防火堵洞	4-8-205

3. 综合单价的计算

（1）某办公楼电缆在桥架中敷设，该回路电缆型号规格为 WDZC-YJY-1kV-4×25+1×16，其中地下室水平敷设长度为30m，穿过竖井通道的电缆长度为50m，总长度为80m，户内干包式电缆终端头制作安装2个。该电缆信息价为68.035元/m（除税价），管理费费率为21.72%，利润率为10.4%，风险费不计，除主材外其余费用按定额价计算。上述子目的定额套用、换算及定额综合单价计算见表4.10。

表 4.10 综合单价计算表

序号	定额编号	定额项目名称	计量单位	数量	综合单价/元					
					人工费	材料费	机械费	管理费	利润	小计
1	4-8-88 换	电力电缆敷设 WDZC-YJY-1kV-4×25+1×16	100m	0.3	212.90	6891.13	5.15	47.36	22.68	7179.22
2	4-8-88 换	电力电缆竖井通道内敷设 WDZC-YJY-1kV-4×25+1×16	100m	0.5	255.47	6895.05	6.19	56.83	27.21	7240.75
3	4-8-99 换	户内干包式电力电缆头制作安装 25mm²	个	2	11.56	19.89	0	2.51	1.2	35.16

例题解析：

根据题意，该电缆水平敷设部分应套用定额 4-8-88，根据清单计价说明，基价乘以系数 0.5；该电缆竖井通道敷设部分应套用定额 4-8-88，根据清单计价说明，基价乘以系数 0.5 再乘以系数 1.2。计量单位为"100m"。

查该子目的定额基价为 475.28 元 /100m，其中人工费为 425.79 元 /100m，材料费为 39.18 元 /100m，机械费为 10.31 元 /100m。水平敷设部分换算后的定额基价为 237.64 元 /100m，其中人工费为 212.90 元 /100m，材料费为 19.59 元 /100m，机械费为 5.15 元 /100m。垂直敷设部分换算后的定额基价为 285.17 元 /100m，其中人工费为 255.47 元 /100m，材料费为 23.51 元 /100m，机械费为 6.19 元 /100m。定额未计价主材为电力电缆 WDZC-YJY-1kV-4×25+1×16，未计价主材费 =30m×68.035 元 /m×1.01+50m×68.035 元 /m×1.01=5497.228（元）。

该电缆户内干包式终端头制作安装应套定额 4-8-99，根据清单计价说明，基价乘以系数 0.4。

查该子目的定额基价为 78.63 元 / 个，其中人工费为 28.89 元 / 个，材料费为 49.74 元 / 个，机械费为 0 元 / 个。换算后的定额基价为 31.45 元 / 个，其中人工费为 11.56 元 / 个，材料费为 19.89 元 / 个，机械费为 0 元 / 个。

综合单价的计算

（2）采用一般计税法，取中值，风险费暂时不计取，参照《计价规则》取费，根据表 4.4 的清单和表 4.9 的清单编制表格及清单组价表格，计算电缆和电缆头的综合单价和合价。已知 WDZ-YJY-4×185+1×95 电缆为 397.81 元 /m，WDZ-YJY-4×50+1×25 电缆为 111.55 元 /m，WDZ-YJY-5×6 电缆为 17.8 元 /m，SC100 电缆保护管为 42.12 元 /m，均为除税价格。综合单价的计算可扫描二维码查看。

任务 4.2　配电箱计量与计价

思维导图

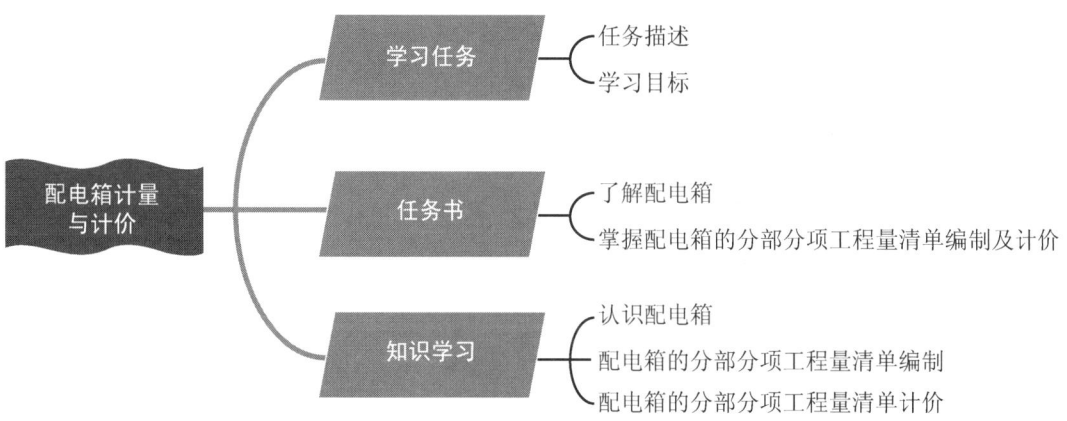

任务描述

本任务依据《通用安装工程工程量计算规范》（GB 50856—2013）和《浙江省通用安装工程预算定额》（2018 版）的相关规定，主要介绍了以下几方面内容：一是认识配电箱；二是配电箱的分部分项工程量清单编制，包括工程量计算方法；三是配电箱的分部分项工程量清单计价，包括工程量清单计价的项目组合及综合单价的计算。本任务要求学生在掌握知识点的基础上完成任务书。

学习目标

1. 知识目标

（1）读懂图纸中配电箱的安装方式、位置、尺寸和线路连接情况。
（2）掌握配电箱的分部分项工程量清单编制方法，并能计算其相应的工程量。
（3）熟悉配电箱的预算定额表格，掌握其工程量清单计价的项目组合。

2. 能力目标

（1）能够准确地计算配电箱的分部分项工程量，并能编制其工程量清单。
（2）能够理解清单计价说明，并在所编制的工程量清单基础上找到对应的定额子目。
（3）能够举一反三，从案例中吸取经验和教训，运用到其他工程实例中。

3. 素质目标

（1）通过对建筑电气规范规则的了解，树立"执行行业标准和法规"的职业意识。
（2）通过学习本任务，培养执着专注、精益求精的工匠精神。

任务书					
班级：	学号：	姓名：		日期：	页数：2

工作准备

1. 根据前修课程，重温配电箱的施工方法和要求。
2. 结合前修课程的知识，扫描右上角二维码，下载并仔细阅读图纸。

任务图

工作实施

问题1：结合任务4的"引入案例"分析可知，进户线接入_____配电箱，配电箱为户外型，防护等级为_____，安装方式为_____，安装在_____上，规格为_____。

问题2：照明配电总箱出线回路 WL2 接入二层照明总配电箱，配电箱编号为_____，配电箱型号为_____，配电箱安装方式为_____，底距地_____m，规格为_____。从该配电箱系统图中可以看出，该配电箱共有_____条出线回路，其中_____回路引入配电箱 ZYJS-1AL，ZYJS-1AL 配电箱安装方式为_____，底距地_____m，规格为_____，从该配电箱系统图中可以看出，该配电箱共有_____条照明回路，有_____条插座回路。

问题3：编制配电箱的分部分项工程量清单。

问题4：在"问题3"的基础上，结合图纸和各分部分项工程的工作内容，找出各工程量清单项目对应的定额子目，并将定额编码填入相应表格中，如需换算，请在定额编号后加"换"字。

任务反馈

学生根据对配电箱的认识、配电箱的分部分项工程量清单编制和计价的掌握程度,进行自我评价,评价自己是否能完成知识点的学习、是否能按时完成任务书、有无任务遗漏。同时学生以小组为单位,共同学习,针对组内成员的学习过程和结果进行互评。教师对学生的评价包括任务书的书写是否工整,是否按时完成任务书,完成质量是否达标。将各自的评价总分填入下表,教师可根据学生的表现情况额外进行增值评价。

学生遇到问题时,可先进行组内讨论,针对争议性问题或组内讨论后仍无法解决的问题,可填写在下表的相应位置。

学生自评	组内互评	教师评价	增值评价
综合总评			
学生学习情况反馈(问题、难点等)			

拓展思考

结合前修课程,选取一个配电箱分析其内部有哪些元器件?

任务 4 建筑电气工程计量与计价

知识学习

配电箱的分部分项工程量清单计价应先根据《通用安装工程工程量计算规范》（GB 50856—2013）（简称《计算规范》）列出清单子目，并计算工程量，而后根据《计算规范》所列的工作内容，结合《浙江省通用安装工程预算定额》（2018 版）（简称《预算定额》）的相关规定进行计价。

配电箱的分部分项工程量清单编制步骤如下：确定配电箱的清单子目和工作内容→计算配电箱的工程量→编制配电箱的分部分项工程量清单→套取预算定额并计算各子目综合单价。

知识点 1：认识配电箱

1. 配电箱的安装方式

配电箱主要用于合理地分配电能，方便对电路的开合操作。配电箱内主要装有控制各支路用的开关、熔断器，有的还装有电度表、漏电保护开关等。电气工程中常用的低压配电箱一般均为成套配电箱，由工厂加工制作完成。

配电箱是配电系统的末级设备，其安装方式可分为落地式安装、悬挂式安装及嵌入式安装等，如图 4.20 所示。

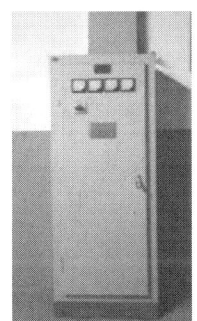
(a) 落地式安装

(b) 悬挂式安装

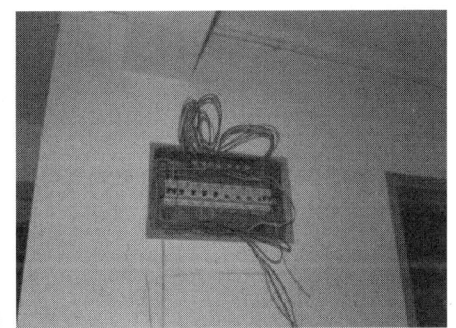
(c) 嵌入式安装

图 4.20 配电箱安装方式

2. 配电箱识读

（1）配电箱的名称和编号，AL 指代照明配电箱。

（2）配电箱的型号。

（3）配电箱的电气参数说明，P_n、P_c、L_c、K_d、$\cos\phi$ 分别指代配电箱的额定功率、计算功率、计算电流、需要系数、功率因数。

（4）配电箱的安装高度、安装方式和规格。

（5）与配电箱常配合使用的电器仪表型号识读如下。NSX160N/3P 100A 是配电箱的进线断路器：NSX 表示施耐德品牌 NSX 系列塑壳断路器；壳架电流 160A；N 表示极限分断能力为 50kA；3P 表示 3 极断路器，可供三相电流使用；100A 为断路器的额定电流；MX 表示分励脱扣器，OF 表示辅助触头。DTSF1352 1.5（6）A 是电能表：

DTSF1352 为三相电子式电能表，额定电流为 1.5A，最大电流为 6A。BH-0.66 100/5 是电流互感器：B 表示该电流互感器为封闭式，H 表示该器件为电流互感器，0.66 表示该电流互感器额定电压为 0.66kV，100/5 表示该电流互感器变比。

（6）配电箱出线断路器，识读方法与进线断路器相同，型号为 C65。

（7）T2 级浪涌保护器（防雷器），型号为 GMU 80S。

配电箱系统图如图 4.21 所示。

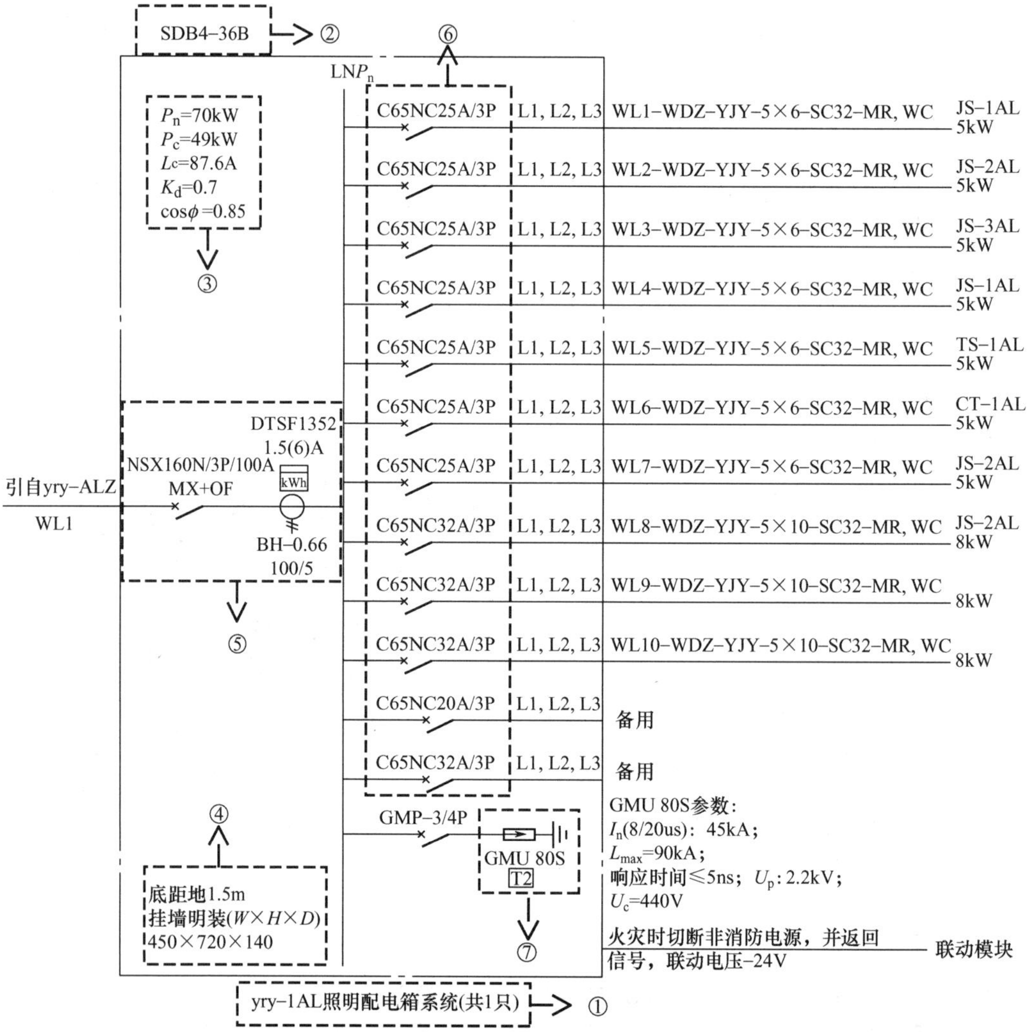

图 4.21 配电箱系统图

知识点 2：配电箱的分部分项工程量清单编制

1. 清单编制说明

配电箱工程量清单项目设置、项目特征描述的内容、计量单位及工程量计算规则，应按《计算规范》附录 D.4 的规定执行。

2. 常用项目的清单规范

表 4.11 摘自《计算规范》附录 D.4。附录 D.4 有 36 项,表 4.11 摘取其中 1 项,在进行配电箱工程量清单项目编制时,应按表 4.11 的规定执行。

表 4.11 配电箱工程量清单项目设置

项目编码	项目名称	项目特征	计量单位	工程量计算规则	工作内容
030404017	配电箱	1. 名称 2. 型号 3. 规格 4. 基础形式、材质、规格 5. 接线端子材质、规格 6. 端子板外部接线材质、规格 7. 安装方式	台	按设计图示数量计算	1. 本体安装 2. 基础型钢制作、安装 3. 焊、压接线端子 4. 补刷(喷)油漆 5. 接地

3. 工程量清单项目特征描述

(1)配电箱应按《计价规范》要求,结合施工图,注明名称、型号、规格、安装方式。
(2)若配电箱为落地式安装,则应描述其基础形式、材质、规格。

举例说明:

任务 4 的"引入案例"中,配电箱的分部分项工程量清单(部分)编制见表 4.12。

表 4.12 配电箱的分部分项工程量清单(部分)

序号	项目编码	项目名称	项目特征	计量单位	工程量
1	030404017001	配电箱	1. 名称:照明配电总箱 yry-ALZ 2. 型号:户外型,IP55 3. 基础形式、材质、规格:10# 基础槽钢制作、安装 4. 安装方式:落地式 5. 其他:含箱体接地,柜内元器件详见设计	台	1
2	030404017002	配电箱	1. 名称:照明配电箱 yry-1AL 2. 型号:SDB4-36B 3. 规格:$450 \times 720 \times 140 (W \times H \times D)$ 4. 安装方式:挂墙明装 5. 其他:含箱体接地,柜内元器件详见设计	台	1
3	030404017003	配电箱	1. 名称:照明配电箱 JS-1AL 2. 规格:$250 \times 390 \times 140 (W \times H \times D)$ 3. 安装方式:暗装 4. 其他:含箱体接地,柜内元器件详见设计	台	1

4. 工程量计算

1)清单规则

配电箱的清单工程量计算规则见表 4.11。

2）定额规则

（1）落地式成套配电箱安装以"台"为单位计算工程量；悬挂式成套配电箱根据设计图纸区分箱体半周长，以"台"为单位计算工程量。

（2）基础槽钢、角钢制作与安装，根据设备布置，按照设计图示数量，分别以"100kg"及"10m"为计量单位。

知识点 3：配电箱的分部分项工程量清单计价

本部分的计价基本依据是《预算定额》第四册《电气设备安装工程》第四章"控制设备及低压电器安装工程"中的低压成套配电柜、箱安装及金属构件制作与安装。

1. 工程量清单计价说明

低压成套配电柜安装定额适用于配电房内低压成套配电柜的安装。嵌入式成套配电箱执行相应悬挂式安装定额，基价乘以系数 1.2；插座箱的安装执行相应的"成套配电箱"安装定额，基价乘以系数 0.5。

2. 工程量清单计价的项目组合

根据《计算规范》表格中的工作内容可知，配电箱的分项工作内容涉及本体安装、基础型钢制作、安装，焊、压接线端子，补刷（喷）油漆和接地。配电箱的组价内容见表 4.13。

表 4.13 配电箱的组价内容

序号	项目编码	项目名称	可组合的主要内容	对应的定额子目	定额编码
1	030404017	配电箱	本体安装	成套配电箱安装 落地式	4-4-13
				成套配电箱安装 悬挂式	4-4-14～4-4-18
			基础型钢制作、安装	基础型钢制作	4-4-68
				基础槽钢安装	4-4-69
				基础角钢安装	4-4-70
			焊、压接线端子	焊铜接线端子	4-4-26～4-4-33
				压铜接线端子	4-4-34～4-4-41
				压铝接线端子	4-4-42～4-4-49

3. 综合单价的计算

综合单价的计算

本工程 yry-ALZ 配电箱的规格为 $600 \times 1800 \times 400$（$W \times H \times D$），市场信息价为 4250 元/台，yry-1AL 配电箱的规格为 $450 \times 720 \times 140$（$W \times H \times D$），市场信息价为 2500 元/台，JS-1AL 配电箱的规格为 $250 \times 390 \times 140$（$W \times H \times D$），市场信息价为 1500 元/台，槽钢市场信息价为 3.65 元/kg，均为除税价。管理费费率为 21.72%，利润率为 10.4%，风险费不计。综合单价的计算可扫描二维码查看。

任务 4.3　配管配线计量与计价

思维导图

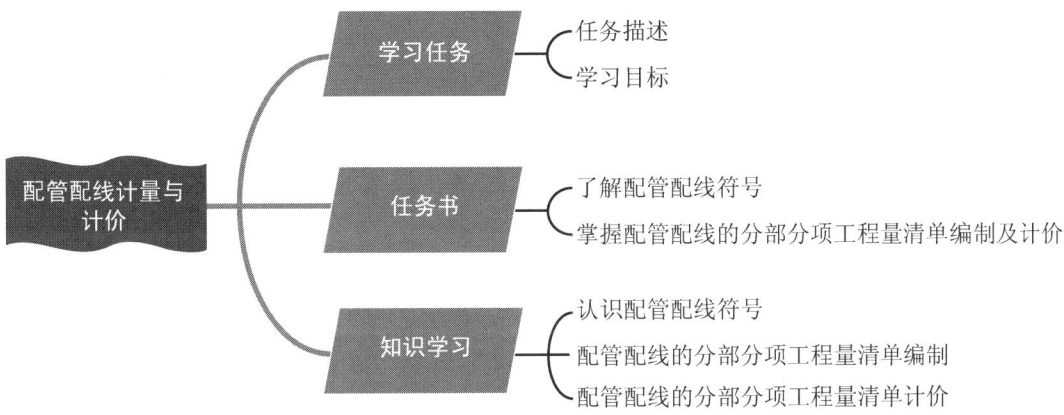

任务描述

本任务依据《通用安装工程工程量计算规范》（GB 50856—2013）和《浙江省通用安装工程预算定额》（2018 版）的相关规定，主要介绍了以下几方面内容：一是认识配管配线符号；二是配管配线的分部分项工程量清单编制，包括工程量计算方法；三是配管配线的分部分项工程量清单计价，包括工程量清单计价的项目组合及综合单价的计算。本任务要求学生在掌握知识点的基础上完成任务书。

学习目标

1. 知识目标

（1）读懂图纸中配管配线的安装方式、位置、尺寸和线路连接情况。
（2）掌握配管配线的分部分项工程量清单编制方法，并能计算其相应的工程量。
（3）熟悉配管配线的预算定额表格，掌握其工程量清单计价的项目组合。

2. 能力目标

（1）能够准确地计算配管配线的分部分项工程量，并能编制其工程量清单。
（2）能够理解清单计价说明，并在所编制的工程量清单基础上找到对应的定额子目。
（3）能够举一反三，从案例中吸取经验和教训，运用到其他工程实例中。

3. 素质目标

（1）通过对建筑电气规范规则的了解，树立"执行行业标准和法规"的职业意识。
（2）通过学习本任务，培养执着专注、精益求精的工匠精神。

任务 4 建筑电气工程计量与计价

任务书				
班级：	学号：	姓名：	日期：	页数：4

工作准备

1. 根据前修课程，重温配管配线的施工方法和要求。
2. 结合前修课程的知识，扫描右上角二维码，下载并仔细阅读图纸。

任务图

工作实施

问题 1：本任务图纸为项目的局部建筑电气图。读图可知 ZYJS-1AL 配电箱引出 n1 接至照明回路，采用_____电线，穿在_____内，沿_____（部位）_____（敷设方式）至吸顶灯，灯具处预埋灯头盒，型号为_____，材质为_____；开关处预埋开关盒，型号为_____，材质为_____；ZYJS-1AL 配电箱引出 n2 接至照明回路，回路信息与 n1 相同，末端接_____灯。

问题 2：读图可知 ZYJS-1AL 配电箱引出 c1、c2、c3 均接插座回路，均采用_____电线，穿在_____内，沿_____（部位）_____（敷设方式）至插座，插座处预埋插座盒，型号均为_____，材质均为_____。

问题 3：读图可知 yry-2AL 配电箱由二层配电间的电缆沿桥架和_____接入 ZYJS-1AL 配电箱。

问题 4：阅读图纸并计算配管、桥架、配线的工程量，完成计算书。

问题 5：编制本工程配管、桥架、配线和接线盒的分部分项工程量清单。

4-47

问题6：在"问题5"的基础上，结合图纸和各分部分项工程的工作内容，找出各工程量清单项目对应的定额子目，并将定额编码填入相应表格中，如需换算，请在定额编号后加"换"字。

任务反馈

学生根据对配管配线符号的认识、配管配线的分部分项工程量清单编制和计价的掌握程度，进行自我评价，评价自己是否能完成知识点的学习、是否能按时完成任务书、有无任务遗漏。同时学生以小组为单位，共同学习，针对组内成员的学习过程和结果进行互评。教师对学生的评价包括任务书的书写是否工整，是否按时完成任务书，完成质量是否达标。将各自的评价总分填入下表，教师可根据学生的表现情况额外进行增值评价。

学生遇到问题时，可先进行组内讨论，针对争议性问题或组内讨论后仍无法解决的问题，可填写在下表的相应位置。

学生自评	组内互评	教师评价	增值评价
综合总评			
学生学习情况反馈（问题、难点等）			

任务 4 建筑电气工程计量与计价

拓展知识

桥架及金属管道明敷设时需要用支架或吊架，根据任务4的"引入案例"的工程概况可知，本工程桥架水平安装时，支架间距不大于1.5m；垂直安装时，支架间距不大于2m。根据计算可知，本工程500×150桥架水平长8m、垂直长1.98m，350×150桥架水平长22.8m。若考虑采用角钢30×30×3现场制作支架，500×150桥架需要6付支架，每付重3kg，350×150桥架需要16付支架，每付重2.8kg，则支架总质量为3×6+2.8×16=62.8（kg）。

查询《通用安装工程工程量计算规范》（GB 50856—2013）附录 D.13 可获得建筑电气支架的清单项目，如下表所示。

项目编码	项目名称	项目特征	计量单位	工程量计算规则	工作内容
030413001	铁构件	1. 名称 2. 材质 3. 规格	kg	按设计图示尺寸以质量计算	1. 制作 2. 安装 3. 补刷（喷）油漆

注：铁构件适用于电气工程的各种支架、铁构件的制作安装。

则支架的制作安装清单编制如下。

项目编码	项目名称	项目特征	计量单位	工程量
030413001001	铁构件	1. 名称：一般铁构件制作、安装 2. 材质、规格：角钢30×30×3	kg	62.8

铁构件清单项目可进行组价的内容有一般铁构件制作（13-1-27）、一般铁构件安装（13-1-28）、轻型铁构件制作（13-1-29）、轻型铁构件安装（13-1-30）、电缆桥架支撑架安装（4-8-83）。结合清单项目的工作内容和案例的清单编制，可知本工程支架制作安装清单项目的组价内容为13-1-27、13-1-28两项。

此外，支架的刷油可参照任务3.1中的金属结构刷油项目编码列项，若本工程支架除轻锈，刷红丹防锈漆两遍、调和漆两遍，则其清单编制如下表。

项目编码	项目名称	项目特征	计量单位	工程量
031201003001	金属结构刷油	1. 除锈：一般铁构件除轻锈 2. 调配、涂刷：一般铁构件刷红丹防锈漆两遍，调和漆两遍	kg	62.8

金属结构刷油清单项目可进行组价的内容有手工除锈，一般钢结构轻锈（12-1-5），一般钢结构，红丹防锈漆，第一遍（12-2-53），一般钢结构，红丹防锈漆，增一遍（12-2-54），一般钢结构，调和漆，第一遍（12-2-62），一般钢结构，调和漆，增一遍（12-2-63）。

拓展思考

（1）扫描任务书中的二维码，阅读图纸，并思考图中支架的计算思路和方法。
（2）结合前修课程知识思考建筑电气支架与建筑给排水和消防管道支架施工及计价的异同点。
（3）阅读图纸，根据本工程设计说明可知当内径≥60mm的吊装保护管、宽度≥300mm的电缆桥架和槽盒、水平吊装的密集母线槽均考虑增设抗震吊架时，侧向抗震支吊架最大间距为12m，纵向抗震支吊架最大间距为24m，请根据支吊架大样图试着计算抗震支吊架的质量。

任务 4 建筑电气工程计量与计价

知识学习

配管配线的分部分项工程量清单计价应先根据《通用安装工程工程量计算规范》（GB 50856—2013）（简称《计算规范》）列出清单子目，并计算工程量，而后根据《计算规范》所列的工作内容，结合《浙江省通用安装工程预算定额》（2018 版）（简称《预算定额》）的相关规定进行计价。

配管配线的分部分项工程量清单编制步骤如下：确定配管配线的清单子目和工作内容→计算配管配线的工程量→编制配管配线的分部分项工程量清单→套取预算定额并计算各子目综合单价。

知识点 1：认识配管配线符号

敷设在建筑物内的配线称为室内配线工程，分明配和暗配，明配敷设于墙壁、顶棚的表面处，暗配在墙壁、顶棚、地面及楼板等处先预埋配管，然后向管内穿线。配线可分为线管配线、绝缘子配线、线槽配线、塑料护套配线、车间配线等，其中线管配线包括配管和管内穿线两项工程内容。

导线的文字标注形式为

$$a-b(c \times d)e-f$$

式中：a——回路编号；

b——导线的型号；

c——导线的根数；

d——导线的截面面积（mm^2）；

e——导线的敷设方式；

f——导线的敷设部位。

常用配线

1. 导线的型号（b）

电线是指传输电能的导线，分裸线、电磁线和绝缘线。裸线没有绝缘层，常在室外架空线路中使用。电磁线是通电后产生磁场或在磁场中感应产生电流的绝缘导线，主要用于电动机和变压器绕圈以及其他有关电磁设备中。在导线外围通常均匀而密封地包裹一层不导电的绝缘材料，如树脂、塑料、硅橡胶、PVC 等，形成绝缘层，即绝缘线，防止导电体与外界接触造成漏电、短路、触电等事故。

配管工程完成后，即可进行线管内穿绝缘导线。线管内穿绝缘导线的总面积不能大于线管截面面积的 40%。

2. 导线的根数和截面面积（$c \times d$）

导线的根数和截面面积如图 4.22 所示。

3. 导线的敷设方式（e）

导线敷设方式的文字符号见表 4.14。

管内穿线根数判断

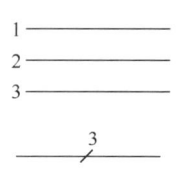  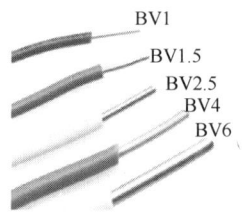 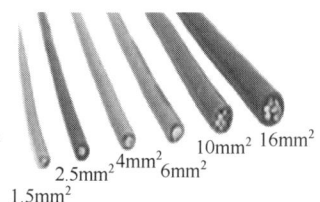

图 4.22 导线的根数和截面面积

表 4.14 导线敷设方式的文字符号

名称	符号	名称	符号
钢管	SC	金属软管	CP
塑料管	PC	电线管	MT
穿阻燃半硬质聚氯乙烯	FPC	金属线槽	MR
钢索敷设	M	塑料线槽	PR
套接紧定式镀锌钢导管	JDG	扣压式镀锌钢导管	KBG

4. 导线的敷设部位（f）

导线敷设部位代号：一般用两个字母表示，前一个字母表示建筑结构，后一个字母表示明敷或暗敷。大写字母 E 表示明敷，大写字母 C 表示暗敷。导线敷设部位的文字符号见表 4.15。

表 4.15 导线敷设部位的文字符号

名称	符号	名称	符号
暗敷梁内	BC	吊顶内	SCE
沿或跨柱敷设	AC	地面（板）下暗敷设	FC
沿顶棚面	CE	暗敷在屋面或顶板内	CC
沿墙面（明敷）	WE	沿墙面（暗敷）	WC

举例说明：

任务 4 的"引入案例"中，"n1-WDZ-BYJ-2×2.5+BYJR-1×2.5-JDG20-WC/CC"表示回路编号 n1，管径 20mm 的套接紧定式镀锌钢导管内穿有 2 根截面为 2.5mm² 的低烟无卤型铜芯交联聚乙烯绝缘导线和 1 根截面为 2.5mm² 的低烟无卤型铜芯交联聚乙烯绝缘软导线，管线沿墙沿顶板暗敷设。

任务 4 的"引入案例"中，"c3-WDZ-BYJ-2×4+BYJR-1×4-JDG25-WC/FC"表示回路编号 c3，管径 25mm 的套接紧定式镀锌钢导管内穿有 2 根截面为 4mm² 的低烟无卤型铜芯交联聚乙烯绝缘导线和 1 根截面为 4mm² 的低烟无卤型铜芯交联聚乙烯绝缘软导线，管线沿墙沿地板暗敷设。

知识点 2：配管配线的分部分项工程量清单编制

1. 清单编制说明

配管配线工程量清单项目设置、项目特征描述的内容、计量单位及工程量计算规则，应按《计算规范》附录 D.11 的规定执行。

2. 常用项目的清单规范

表 4.16 摘自《计算规范》附录 D.11。附录 D.11 共有 6 项清单项目。在进行配管配线工程量清单项目编制时，应按表 4.16 的规定执行。

表4.16 配管配线工程量清单项目设置

项目编码	项目名称	项目特征	计量单位	工程量计算规则	工作内容
030411001	配管	1.名称 2.材质 3.规格 4.配置形式 5.接地要求 6.钢索材质、规格	m	按设计图示尺寸以长度计算	1.电线管路敷设 2.钢索架设（拉紧装置安装） 3.预留沟槽 4.接地
030411002	线槽	1.名称 2.材质 3.规格	m	按设计图示尺寸以长度计算	1.本体安装 2.补刷（喷）油漆
030411003	桥架	1.名称 2.型号 3.规格 4.材质 5.类型 6.接地方式	m	按设计图示尺寸以长度计算	1.本体安装 2.接地
030411004	配线	1.名称 2.配线形式 3.型号 4.规格 5.材质 6.配线部位 7.配线线制 8.钢索材质、规格	m	按设计图示尺寸以长度计算	1.配线 2.钢索架设（拉紧装置安装） 3.支持体（夹板、绝缘子、槽板等）安装
030411005	接线箱	1.名称 2.材质 3.规格 4.安装形式	个	按设计图示数量计算	本体安装
030411006	接线盒				

3. 工程量清单项目特征描述

（1）配管名称指电线管、钢管、防爆管、塑料管、软管、波纹管等。

（2）配管配置形式指明配、暗配、吊顶内、钢结构支架、钢索配管、埋地敷设、水

4—53

下敷设、砌筑沟内敷设等。

（3）配线名称指管内穿线、瓷夹板配线、塑料夹板配线、绝缘子配线、槽板配线、塑料护套配线、线槽配线、车间带形母线等。

（4）配线形式指照明线路，动力线路，木结构，顶棚内，砖、混凝土结构，沿支架、钢索、屋架、梁、柱、墙，以及跨屋架、梁、柱。

（5）配管安装中不包括凿槽、刨沟，应按《计算规范》附录 D.13 相关项目编码列项。

举例说明：

任务 4 的"引入案例"中，配管配线的分部分项工程量清单编制见表 4.17。

表 4.17 配管配线的分部分项工程量清单

序号	项目编码	项目名称	项目特征	计量单位	工程量
1	030411001001	配管	1. 名称：套接紧定式镀锌钢管 2. 材质、规格：JDG20 3. 配置形式：砖、混凝土结构暗配 4. 接地要求：钢管接地	m	314.78
2	030411001002	配管	1. 名称：套接紧定式镀锌钢管 2. 材质、规格：JDG25 3. 配置形式：砖、混凝土结构暗配 4. 接地要求：钢管接地	m	41.24
3	030411001003	配管	1. 名称：焊接钢管 2. 材质、规格：SC32 3. 配置形式：砖、混凝土结构明配 4. 接地要求：钢管接地	m	7.62
4	030411003001	桥架	1. 名称：耐火桥架安装 2. 规格：500×150 3. 材质、类型：热镀锌桥架 4. 接地要求：跨接接地	m	9.98
5	030411003002	桥架	1. 名称：耐火桥架安装 2. 规格：350×150 3. 材质、类型：热镀锌槽式桥架 4. 接地要求：跨接接地	m	35.90
6	030411004001	配线	1. 名称：管内穿线 2. 配线形式：照明线路 3. 型号、规格：WDZ-BYJ-2.5	m	697.60
7	030411004002	配线	1. 名称：管内穿线 2. 配线形式：照明线路 3. 型号、规格：WDZ-BYJR-2.5	m	288.86

续表

序号	项目编码	项目名称	项目特征	计量单位	工程量
8	030411004003	配线	1. 名称：管内穿线 2. 配线形式：照明线路 3. 型号、规格：WDZ-BYJ-4.0	m	80.00
9	030411004004	配线	1. 名称：管内穿线 2. 配线形式：照明线路 3. 型号、规格：WDZ-BYJR-4.0	m	43.12
10	030411006001	接线盒	1. 名称：钢质灯头盒 2. 规格：86系列 3. 安装形式：暗装	个	52
11	030411006002	接线盒	1. 名称：钢质开关盒、插座盒 2. 规格：86系列 3. 安装形式：暗装	个	34

4．工程量计算

1）清单规则

配管配线的工程量计算规则见表4.16。

2）定额规则

（1）配管。

①配管敷设根据配管材质与直径，区别敷设位置、敷设方式，按照设计图示安装数量以"m"为计量单位。计算长度时，不扣除管路中间的接线箱、接线盒、灯头盒、开关盒、插座盒、管件等所占长度。

②金属软管敷设根据金属管直径及每根长度，按照设计图示安装数量以"m"为计量单位。

③线槽敷设根据线槽材质与规格，按照设计图示安装数量以"m"为计量单位。计算长度时，不扣除管路中间的接线箱、接线盒、灯头盒、开关盒、插座盒、管件等所占长度。

（2）配线。

①管内穿线根据导线材质与截面面积，区别照明线与动力线，按照设计图示安装数量以"m"为计量单位；管内穿多芯软导线根据软导线芯数与单芯软导线截面面积，按照设计图示安装数量以"m"为计量单位。管内穿线的线路分支接头线长度已综合考虑在定额中，不得另行计算。

②线槽配线根据导线截面面积，按照设计图示安装数量以"m"为计量单位。

③灯具、开关、插座、按钮等预留线，已分别综合在相应项目内，不另行计算。

④盘、柜、箱、板配线根据导线截面面积，按照设计图示配线数量以"m"为计量单位。配线进入盘、柜、箱、板时每根线的预留长度按照设计规定计算，设计无规定时按照表4.18的规定计算。

表 4.18 配线进入盘、柜、箱、板的预留线长度

序号	项目	预留长度	说明
1	各种开关箱、柜、板	高+宽	盘面尺寸
2	单独安装（无箱、盘）的铁壳开关、闸刀开关、启动器、母线槽进出线盒	0.3m	从安装对象中心算起
3	由地面管子出口引至动力接线箱	1.0m	从管口计算
4	电源与管内导线连接（管内穿线与软、硬母线接头）	1.5m	从管口计算
5	出户线	1.5m	从管口计算

（3）接线箱、接线盒、保护管。

接线箱、接线盒均按设计图示数量计算，以"个"为计量单位。接线盒一般发生在管线分支处或管线转弯处，如安装电器部位（开关、插座、灯具等）、线路分支或导线规格改变处、水平敷设转变处。

配线保护管遇到下列情况之一时，应增设管路接线盒和拉线盒：管长度每超过 30m，无弯曲；管长度每超过 20m，有 1 个弯曲；管长度每超过 15m，有 2 个弯曲；管长度每超过 8m，有 3 个弯曲。

垂直敷设的电线保护管遇到下列情况之一时，应增设固定导线用的拉线盒：管内导线截面为 50mm² 及以下，长度每超过 30m；管内导线截面为 70~95mm²，长度每超过 20m；管内导线截面为 120~240mm²，长度每超过 18m。

（4）凿（压）槽。

沟槽恢复，以"配管 1~2 根"为基础，根据不同配管根数以"每增加 1 根"进行调整，以"10m"为单位计算工程量。

3）计算方法

当工程图形较为复杂，楼层和回路较多时，为防止少算、漏算，可根据建筑特点或回路信息进行配管计算，一般配管计算的方法可采用顺序计算方法、分片划块计算方法、分层计算方法。

顺序计算方法：从起点至终点，从配电箱起顺着电流走向按各回路进行计算，即从配电箱（盘、板）至用电设备。

分片划块计算方法：计算工程量时，按建筑平面形状特点及系统图的组成特点分片划块分别计算，然后分类汇总。

分层计算方法：在一个分项工程中，当遇有多层或高层建筑物时，可采用由底层至顶层分层计算的方法进行计算。

（1）配管。

计算公式：配管长度 = 配管水平方向长度 + 配管垂直方向长度。

① 水平方向敷设的线管以平面图的线管走向和敷设部位为依据，并借用建筑物平面图所标墙、柱轴线尺寸和实际到达尺寸进行线管长度的计算。若图纸按比例绘制，可用比例尺在平面图上按线管实际位置直接量取。

② 垂直方向敷设的线管，无论是明敷还是暗敷，其工程量计算都与楼层高度及箱、柜、盘、开关等设备的安装高度有关，如图 4.23 和图 4.24 所示。

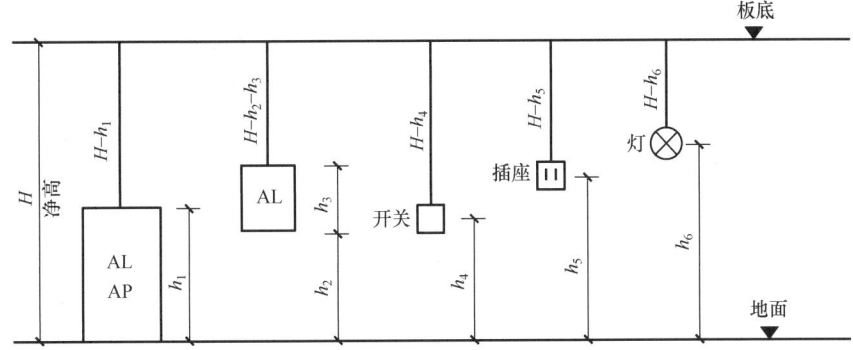

1. 此处线管按沿楼板底面敷设考虑。
2. 本图中的线管均由楼板向下接入设备。
3. h_1 为配电柜本身的高度和底部基础的高度之和。
4. 此处的灯为壁灯，若为吸顶灯，则不计算垂直长度。

图 4.23　线管沿墙、柱引下（CC）

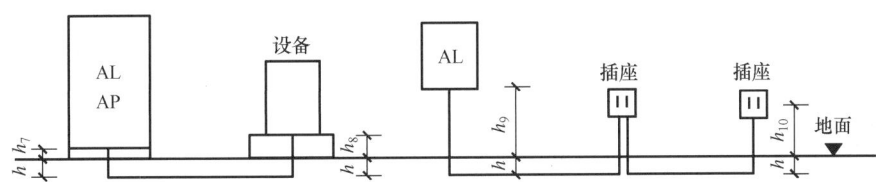

1. 线管埋地深度均为 h。
2. 插座一般按连接多立管计算。
3. 配电柜垂直向下的线管长度为 h_7+h；接入设备垂直向下的线管长度为 h_8+h；挂墙配电箱垂直向下的线管长度为 h_9+h；由地面垂直向上接入插座的线管长度为 $h_{10}+h$。

图 4.24　线管沿墙、柱引上（FC）

（2）配线。

$$管内穿线长度 = （水平长度 + 垂直长度 + 预留长度）\times 管内导线根数$$
$$= （配管长度 + 预留长度）\times 管内导线根数$$

举例说明：

任务 4 的 "引入案例" 中，配管配线的分部分项工程量计算书见表 4.19。

表 4.19　配管配线的分部分项工程量计算书

序号	项目编码	项目名称		计算过程	单位	工程量
1	030411001001	配管 JDG20	n1	[（1.2+1.5+2.5+2.4×10+3×2+3.3+2.7+1.4+2.5+1+0.9）+（3.9−0.06−1.8−0.39）+（3.9−0.06−1.3）×3]×2	m	112.54
			n2	[（3.4+0.6+1.2+0.6+0.6+1.2+1.0+0.35+1.05+0.6+0.6+1.2+2.2）+（3.9−0.06−1.8−0.39）+（3.9−0.06−1.3）]×2	m	37.58

续表

序号	项目编码	项目名称	计算过程		单位	工程量
1	030411001001	配管 JDG20	c1	[（3.8+0.5）+（1.8+0.06）+（1.8+0.06）×3］×2	m	23.48
			c2	[（1.1+6.6×2+6.9+6.4+7.7）+（1.8+0.06）+（1.8+0.06）×11］+[（1.1+6.6+6.4+7.7+6.3+7.1）+（1.8+0.06）+（1.8+0.06）×11］	m	115.14
			c5	[9.3+（1.8+0.06）+（1.8+0.06）］×2	m	26.04
			合计	112.54+37.58+23.48+115.11+26.04	m	317.78
2	030411001002	配管 JDG25	c3	[（0.6+0.5+3.0）+（1.8+0.06）×2+（1.5+0.06）×4］×2	m	28.12
			c4	[2.5+（1.8+0.06）+（1.8+0.06）］×2	m	12.44
			合计	28.80+12.44	m	41.24
3	030411001003	配管 SC32		[2.8+（3.9−0.6−0.1−1.8−0.39）］×2	m	7.62
4	030411003001	桥架 500×150		（0.8+0.9+0.9+1.1+2.4+1.9）+（3.9−0.6−0.15−0.1−1.8−0.1）+（3.9−0.6−0.15−0.1−0.72−1.5）	m	9.98
5	030411003002	桥架 350×150		19.15+3.65+13.1	m	35.90
6	030411004001	配线 WDZ-BYJ-2.5	n1	[112.54+（0.25+0.39）×2］×2+（1.4+3.9−0.06−1.3）×2×2+（3.3+2.7+3×2）×2	m	267.40
			n2	[37.58+（0.25+0.39）×2］×2+（1.2+0.6+1.2）×1×2+（2.2+3.9−0.06−1.3）×1×2	m	93.20
			c1	[23.48+（0.25+0.39）×2］×2	m	49.52
			c2	[115.14+（0.25+0.39）×2］×2	m	232.84
			c5	[26.04+（0.25+0.39）×2］×2	m	54.64
			合计	267.40+93.20+49.52+232.84+54.64	m	697.60
7	030411004002	配线 WDZ-BYJR-2.5	n1	[112.54+（0.25+0.39）×2］×1−（1.5+1.4+0.9）×1×2−（3.9−0.06−1.3）×3×2	m	90.98
			n2	[37.58+（0.25+0.39）×2］×1−2.2×1×2−（3.9−0.06−1.3）×1×2	m	29.38
			c1	23.48+（0.25+0.39）×2	m	24.76
			c2	115.14+（0.25+0.39）×2	m	116.42
			c5	26.04+（0.25+0.39）×2	m	27.32
			合计	90.98+29.38+24.76+116.42+27.32	m	288.86

续表

序号	项目编码	项目名称	计算过程		单位	工程量
8	030411004003	配线 WDZ-BYJ-4.0	c3	[28.12+（0.25+0.39）×2]×2	m	58.80
			c4	[12.44+（0.25+0.39）×2]×2	m	27.48
			合计	58.80+27.48	m	86.28
9	030411004004	配线 WDZ-BYJR-4.0	c3	25+（0.25+0.39）×2	m	29.40
			c4	12.44+（0.25+0.39）×2	m	13.72
			合计	29.40+13.72	m	43.12
10	030411003001	灯头盒	3×5×2+11×2		个	52
11	030411003001	开关、插座盒	4×2+13×2		个	34

知识点 3：配管配线的分部分项工程量清单计价

本部分的计价基本依据是《预算定额》第四册《电气设备安装工程》第八章"电缆敷设工程"中的电缆桥架、槽盒安装，第十一章"配管工程"和第十二章"配线工程"。

1. 工程量清单计价说明

1）桥架

（1）防火桥架执行钢制槽式桥架相应定额，耐火桥架执行钢制槽式桥架相应定额，人工和机械乘以系数 2.0。不锈钢桥架安装执行相应的钢制桥架定额乘以系数 1.1。

（2）梯式桥架安装定额是按照不带盖考虑的，若梯式桥架带盖，则执行相应的槽式桥架定额。

（3）钢制桥架主结构设计厚度大于 3mm 时，执行相应安装定额人工、机械乘以系数 1.2。

（4）电缆桥架支撑架安装定额适用于随桥架成套供货的成品支撑架安装。

2）配管工程

（1）配管定额不包括支架的制作与安装。支架的制作与安装执行《预算定额》第十三册《通用项目和措施项目工程》相应定额。

（2）扣压式薄壁钢导管（KBG）执行套接紧定式镀锌钢导管（JDG）定额。

（3）金属软管敷设定额适用于顶板内接线盒至吊顶上安装的灯具等之间的保护管，电机与配管之间的金属软管已经包含在电机检查接线定额内。

（4）凡在吊平顶安装前采用支架、管卡、螺栓固定管子方式的配管，执行"砖、混凝土结构明配"相应定额；其他方式（如在上层楼板内预埋，吊平顶内用铁丝绑扎，电焊固定管子等）的配管，执行"砖、混凝土结构暗配"相应定额。

（5）沟槽恢复定额仅适用于二次精装修工程。

3）配线工程

（1）照明线路中导线截面面积大于 6mm² 时，执行"穿动力线"相应定额。

（2）多芯软导线线槽配线按芯数不同套用"管内穿多芯软导线"相应定额乘以系数1.2。

2. 工程量清单计价的项目组合

在不考虑钢结构支架、钢模板、钢索、箱罐配管，配线仅考虑管内穿线和线槽配线的前提下，根据《计算规范》表格中的工作内容可知，配管的组价需要考虑的工作内容主要有电线管路敷设和沟槽恢复，线槽、桥架、接线箱、接线盒需要考虑的工作内容是本体安装，配线需要考虑的工作内容是配线本身。结合工作内容、清单项目特征描述和施工工艺、方法等，由此确定适用的计价定额项目。配管配线的组价内容见表4.20。

表4.20 配管配线的组价内容

序号	项目编码	项目名称	可组合的主要内容	对应的定额子目	定额编码
1	030411001	配管	电线管路敷设	砖、混凝土结构明配 JDG管	4-11-1～4-11-6
				砖、混凝土结构暗配 JDG管	4-11-7～4-11-12
				砖、混凝土结构明配 镀锌钢管	4-11-23～4-11-33
				砖、混凝土结构暗配 镀锌钢管	4-11-34～4-11-44
				砖、混凝土结构明配 焊接钢管	4-11-66～4-11-76
				砖、混凝土结构暗配 焊接钢管	4-11-77～4-11-87
				砖、混凝土结构明配 防爆钢管	4-11-88～4-11-96
				砖、混凝土结构暗配 防爆钢管	4-11-97～4-11-105
				砖、混凝土结构暗配 可挠金属套管	4-11-118～4-11-129
				吊顶内敷设 可挠金属套管	4-11-130～4-11-135
				砖、混凝土结构明配 刚性阻燃管	4-11-136～4-11-142
				砖、混凝土结构暗配 刚性阻燃管	4-11-143～4-11-149
				埋地敷设 刚性阻燃管	4-11-150～4-11-157
				砖、混凝土结构暗配 半硬质塑料管	4-11-158～4-11-163
				埋地敷设 半硬质塑料管	4-11-170～4-11-177
				金属软管敷设	4-11-178～4-11-195
			沟槽恢复	沟槽恢复	4-11-217、4-11-218

续表

序号	项目编码	项目名称	可组合的主要内容	对应的定额子目	定额编码
2	030411002	线槽	本体安装	金属线槽敷设	4-11-196～4-11-198
				塑料线槽敷设	4-11-199～4-11-202
3	030411003	桥架	本体安装	钢制槽式桥架	4-8-27～4-8-33
				钢制梯式桥架	4-8-34～4-8-39
				钢制托盘式桥架	4-8-40～4-8-46
				玻璃钢槽式桥架	4-8-47～4-8-52
				玻璃钢梯式桥架	4-8-53～4-8-58
				玻璃钢托盘式桥架	4-8-59～4-8-63
				铝合金槽式桥架	4-8-64～4-8-69
				铝合金梯式桥架	4-8-70～4-8-75
				铝合金托盘式桥架	4-8-76～4-8-81
				组合式桥架	4-8-82
4	030411004	配线	配线	穿照明线 铝芯导线	4-12-1～4-12-3
				穿照明线 铜芯导线	4-12-4～4-12-7
				穿动力线 铝芯导线	4-12-8～4-12-21
				穿动力线 铜芯导线	4-12-22～4-12-37
				穿多芯软导线	4-12-38～4-12-56
				线槽配线	4-12-96～4-12-103
5	030411005	接线箱	本体安装	接线箱明装	4-11-203～4-11-206
				接线箱暗装	4-11-207～4-11-210
6	030411006	接线盒	本体安装	开关盒、插座盒	4-11-211
				暗装接线盒	4-11-212
				明装普通接线盒	4-11-213
				明装防爆接线盒	4-11-214
				接线盒面板安装	4-11-216

举例说明：

以表4.17的清单为基础，找出任务4的"引入案例"中配管配线的定额子目进行组价（表4.21）。

表 4.21　配管配线的分部分项工程量清单组价

序号	项目编码	项目名称	定额编码
1	030411001001	配管 JDG20	4-11-8
2	030411001002	配管 JDG25	4-11-9
3	030411001003	配管 SC32	4-11-69
4	030411003001	桥架 500×150	4-8-30 换
5	030411003002	桥架 350×150	4-8-29 换
6	030411004001	配线 WDZ-BYJ-2.5	4-12-5
7	030411004002	配线 WDZ-BYJR-2.5	4-12-5
8	030411004003	配线 WDZ-BYJ-4.0	4-12-6
9	030411004004	配线 WDZ-BYJR-4.0	4-12-6
10	030411006001	接线盒-灯头盒	4-11-212
11	030411006002	接线盒-开关、插座盒	4-11-211

3. 综合单价的计算

根据表 4.19 的清单和表 4.21 的清单及清单组价，计算 JDG20、500×150 耐火桥架、WDZ-BYJ-2.5、WDZ-BYJR-2.5、灯头盒的综合单价。采用一般计税法，取中值，综合单价的计算可扫描二维码查看（此处不再列举各人工、材料、机械信息价）。

综合单价的计算

任务 4.4　照明器具计量与计价

思维导图

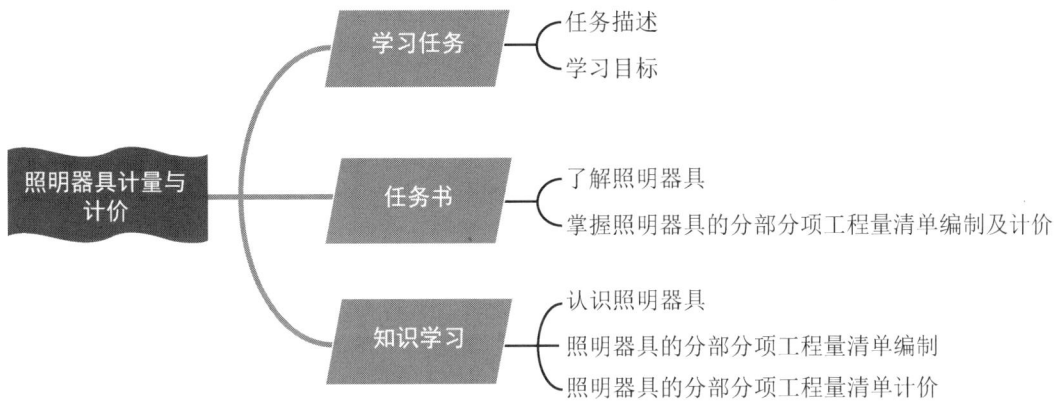

任务描述

本任务依据《通用安装工程工程量计算规范》（GB 50856—2013）和《浙江省通用安装工程预算定额》（2018 版）的相关规定，主要介绍了以下几方面内容：一是认识照明器具；二是照明器具的分部分项工程量清单编制，包括工程量计算方法；三是照明器具的分部分项工程量清单计价，包括工程量清单计价的项目组合及综合单价的计算。本任务要求学生在掌握知识点的基础上完成任务书。

学习目标

1. 知识目标

（1）读懂图纸中照明器具的安装方式、位置、尺寸和线路连接情况。
（2）掌握照明器具的分部分项工程量清单编制方法，并能计算其相应的工程量。
（3）熟悉照明器具的预算定额表格，掌握其工程量清单计价的项目组合。

2. 能力目标

（1）能够准确地计算照明器具的分部分项工程量，并能编制其工程量清单。
（2）能够理解清单计价说明，并在所编制的工程量清单基础上找到对应的定额子目。
（3）能够举一反三，从案例中吸取经验和教训，运用到其他工程实例中。

3. 素质目标

（1）通过对建筑电气规范规则的了解，树立"执行行业标准和法规"的职业意识。
（2）通过学习本任务，培养执着专注、精益求精的工匠精神。

任务书					
班级：	学号：	姓名：	日期：		页数：2

工作准备
1. 根据前修课程，重温灯具、开关、插座的识图和安装方式。
2. 结合前修课程的知识，扫描右上角二维码，下载并仔细阅读图纸。

任务图

工作实施

问题1：结合任务4的"引入案例"分析可知，本工程插座名称为_____，规格为_____，为距地_____m安装；本工程设有_____灯，规格为_____，为_____安装；本工程设有_____灯，规格为_____，为_____安装；本工程设有_____、_____和_____开关，规格均为_____，底边距地均为_____m。

问题2：计算照明器具的工程量，完成计算书。

问题3：编制照明器具的分部分项工程量清单。

问题 4：在"问题 3"的基础上，结合图纸和各分部分项工程的工作内容，找出各工程量清单项目对应的定额子目，并将定额编码填入相应表格中，如需换算，请在定额编号后加"换"字。

任务反馈

学生根据对照明器具的认识、照明器具的分部分项工程量清单编制和计价的掌握程度，进行自我评价，评价自己是否能完成知识点的学习、是否能按时完成任务书、有无任务遗漏。同时学生以小组为单位，共同学习，针对组内成员的学习过程和结果进行互评。教师对学生的评价包括任务书的书写是否工整，是否按时完成任务书，完成质量是否达标。将各自的评价总分填入下表，教师可根据学生的表现情况额外进行增值评价。

学生遇到问题时，可先进行组内讨论，针对争议性问题或组内讨论后仍无法解决的问题，可填写在下表的相应位置。

学生自评	组内互评	教师评价	增值评价
综合总评			
学生学习情况反馈（问题、难点等）			

拓展思考

1. 自行查阅规范，分析哪些灯具是普通灯？哪些灯具是装饰灯？
2. 应急照明系统中标志灯、诱导灯在清单编制时采用哪个清单项目？

任务 4　建筑电气工程计量与计价

知识学习

照明器具的分部分项工程量清单计价应先根据《通用安装工程工程量计算规范》(GB 50856—2013)（简称《计算规范》）列出清单子目，并计算工程量，而后根据《计算规范》所列的工作内容，结合《浙江省通用安装工程预算定额》（2018 版）（简称《预算定额》）的相关规定进行计价。

照明器具的分部分项工程量清单编制步骤如下：确定照明器具的清单子目和工作内容→计算照明器具的工程量→编制照明器具的分部分项工程量清单→套取预算定额并计算各子目综合单价。

知识点 1：认识照明器具

照明器具种类繁多，包括各种照明灯具、开关、插座及各种小型电器（如风扇、电铃等）。下面主要介绍照明灯具的分类、安装方式及标注。

1. 照明灯具的分类

照明灯具的分类方法繁多，按照防护形式不同，可分为防水防尘灯、安全灯和普通灯；按照安装方式不同，可分为壁灯、吊灯、吸顶灯等；按照电光源不同，可分为白炽灯、荧光灯、高压汞灯、高压钠灯、金属卤化物灯等。

2. 照明灯具的安装方式

照明灯具的安装方式有三种，即吊式、吸顶式、壁装式，如图 4.25 所示。吊式又可分为线吊式、吊链式、吊管式三种方式。吸顶式又可分为一般吸顶式、嵌入吸顶式两种方式。壁装式又可分为一般壁装式、嵌入壁装式两种方式。

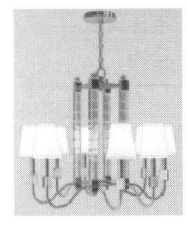  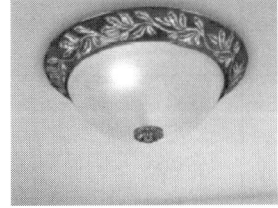 

(a) 吊式　　　　　　　　(b) 吸顶式　　　　　　　　(c) 壁装式

图 4.25　照明灯具安装方式

3. 照明灯具的标注

$$a-b\frac{c\times d\times L}{e}f$$

式中：a——照明灯具数量；

　　　b——照明灯具型号或编号；

　　　c——每个照明灯具的灯泡数；

　　　d——灯泡容量（W）；

　　　e——灯泡安装高度（当为"—"时表示吸顶安装）(m)；

　　　f——安装方式；

　　　L——光源种类。

举例说明：

$5-\mathrm{BYS}80\dfrac{2\times 36\times \mathrm{FL}}{3.5}\mathrm{CS}$ 表示 5 盏 BYS-80 型灯具，灯管为 2 根 36W 荧光灯，吊链安装，安装高度距地 3.5m。

一般图纸会在图形符号和主要材料表中展示各照明器具的图形符号、规格型号、安装方式等信息，同时在设计说明中也会对照明器具进行一定的解释。

知识点 2：照明器具的分部分项工程量清单编制

1. 清单编制说明

照明器具工程量清单项目设置、项目特征描述的内容、计量单位及工程量计算规则，应按《计算规范》附录 D.12 的规定执行，其中关于开关、插座、风扇的项目设置内容摘自附录 D.4。

2. 常用项目的清单规范

表 4.22 摘自《计算规范》附录 D.4 和附录 D.12。附录 D.4 共有 36 项清单项目，此处仅列举开关、插座、风扇；附录 D.12 共有 11 项清单项目，此处仅列举普通灯、装饰灯和荧光灯。

表 4.22 照明器具清单项目设置及组价内容

项目编码	项目名称	项目特征	计量单位	工程量计算规则	工作内容
030404033	风扇	1. 名称 2. 材质 3. 规格 4. 安装方式	台	按设计图示数量计算	1. 本体安装 2. 调速开关安装
030404034	照明开关		个		1. 本体安装 2. 接线
030404035	插座				
030412001	普通灯具	1. 名称 2. 型号 3. 规格 4. 类型	套	按设计图示数量计算	本体安装
030412004	装饰灯	1. 名称 2. 型号 3. 规格 4. 安装形式			
030412005	荧光灯				

3. 工程量清单项目特征描述

（1）普通灯具包括圆球吸顶灯、半圆球吸顶灯、方形吸顶灯、软线吊灯、座灯头、吊链灯、防水吊灯、壁灯等。

（2）装饰灯包括吊式艺术装饰灯、吸顶式艺术装饰灯、荧光艺术装饰灯、几何型组合艺术装饰灯、标志灯、诱导装饰灯、水下（上）艺术装饰灯、点光源艺术灯、歌舞厅灯具、草坪灯具等。

任务 4　建筑电气工程计量与计价

举例说明：

任务4的"引入案例"中，照明器具的分部分项工程量清单（部分）编制见表4.23。

表4.23　照明器具的分部分项工程量清单（部分）

序号	项目编码	项目名称	项目特征	计量单位	工程量
1	030404034001	照明开关	1. 名称：单联单控开关 2. 规格：250V 10A 3. 安装方式：暗装	个	4
2	030404034002	照明开关	1. 名称：双联单控开关 2. 规格：250V 10A 3. 安装方式：暗装	个	2
3	030404034003	照明开关	1. 名称：三联单控开关 2. 规格：250V 10A 3. 安装方式：暗装	个	2
4	030404035001	插座	1. 名称：单相二、三孔安全型防溅插座 2. 规格：250V 10A 3. 安装方式：暗装	个	2
5	030404035002	插座	1. 名称：单相二、三孔安全型高位插座 2. 规格：250V 10A 3. 安装方式：暗装	个	16
6	030404035003	插座	1. 名称：单相二、三孔安全型台面防溅插座 2. 规格：250V 10A 3. 安装方式：暗装	个	4
7	030404035004	插座	1. 名称：单相二、三孔安全型电视机插座 2. 规格：250V 10A 3. 安装方式：暗装	个	4
8	030412004001	装饰灯	1. 名称：隐藏式LED筒灯 2. 型号、规格：7W I类 3. 安装形式：嵌入安装	套	6
9	030412004002	装饰灯	1. 名称：隐藏式防潮LED筒灯 2. 型号、规格：7W I类 3. 安装形式：嵌入安装	套	16
10	030412005001	荧光灯	1. 名称：双管荧光灯 2. 型号、规格：LED T8管 2×18W 3. 安装形式：嵌入安装	套	30

4. 工程量计算

1）清单规则

照明器具的清单工程量计算规则见表4.22。

2）定额规则

（1）普通灯具安装根据灯具种类、规格，按照设计图示安装数量以"套"为计量单位。

（2）吊式艺术装饰灯具安装根据装饰灯具示意图所示，区别不同装饰物以及灯体直径和灯体垂吊长度，按照设计图示安装数量以"套"为计量单位。

（3）吸顶式艺术装饰灯具安装根据装饰灯具示意图所示，区别不同装饰物、吸盘几何形状、灯体直径、灯体周长和灯体垂吊长度，按照设计图示安装数量以"套"为计量单位。

（4）荧光艺术装饰灯具安装根据装饰灯具示意图所示，区别不同安装形式和计量单位计算。灯具主材根据实际安装数量加损耗量以"套"另行计算。

① 组合荧光灯带安装根据灯管数量，按照设计图示安装数量以灯带"m"为计量单位。

② 内藏组合式灯安装根据灯具组合形式，按照设计图示安装数量以"m"为计量单位。

③ 发光棚荧光灯安装按照设计图示发光棚数量以"m^2"为计量单位。

④ 立体广告灯箱、天棚荧光灯带安装按照设计图示安装数量以"m"为计量单位。

（5）几何形状组合艺术灯具安装根据装饰灯具示意图所示，区别不同安装形式及灯具形式，按照设计图示安装数量以"套"为计量单位。

（6）标志、诱导装饰灯具安装根据装饰灯具示意图所示，区别不同安装形式，按照设计图示安装数量以"套"为计量单位。

（7）点光源艺术装饰灯具安装根据装饰灯具示意图所示，区别不同安装形式、不同灯具直径，按照设计图示安装数量以"套"为计量单位。

（8）荧光灯具安装根据设计图纸区分不同的灯具安装形式、灯具种类、灯管数量，按照设计图示安装数量以"套"为计量单位。

（9）楼宇亮化灯安装根据光源特点与安装形式，按照设计图示安装数量以"套"或"m"为计量单位。

（10）开关、按钮安装根据安装形式与种类、开关极数及单控与双控，按照设计图示安装数量以"套"为计量单位。

（11）插座安装根据电源相数、额定电流、插座安装形式，按照设计图示安装数量以"套"为计量单位。

知识点3：照明器具的分部分项工程量清单计价

本部分的计价基本依据是《预算定额》第四册《电气设备安装工程》第十三章"照明器具安装工程"，内容包括普通灯具安装、装饰灯具安装、荧光灯具安装、开关按钮安装、插座安装等。

1. 工程量清单计价说明

（1）灯具引导线是指灯具吸盘到灯头的连线，除注明者外，均按照灯具自备考虑。当引导线需要另行配置时，其安装费不变，主材费另行计算。

（2）吊式艺术装饰灯具的灯体直径为装饰灯具的最大外缘直径，灯体垂吊长度为灯座底部到灯梢之间的总长度。

（3）吸顶式艺术装饰灯具的灯体直径为吸盘最大外缘直径，灯体半周长为矩形吸盘的半周长，灯体垂吊长度为吸盘到灯梢之间的总长度。

（4）照明灯具安装除特殊说明外，均不包括支架制作、安装。工程实际发生时，执行《预算定额》第十三册《通用项目和措施项目工程》相应定额。

（5）灯具定额包括灯具组装、安装、利用摇表测量绝缘及一般灯具的试亮工作。

（6）荧光灯具安装定额按照成套型荧光灯考虑，工程实际采用组合式荧光灯时，执行相应的成套型荧光灯安装定额乘以系数1.1。荧光灯具安装定额适用范围见表4.24。

表 4.24 荧光灯具安装定额适用范围

定额名称	灯具种类
成套型荧光灯	单管、双管、三管、四管、吊链式、吊管式、吸顶式、嵌入式、成套独立荧光灯

（7）LED灯安装根据其结构、形式、安装地点，执行相应的灯具安装定额。

（8）并列安装一套光源双罩吸顶灯时，按照两个单罩周长或半周长之和执行相应的定额；并列安装两套光源双罩吸顶灯时，按照两套灯具各自灯罩周长或半周长执行相应的定额。

（9）普通灯具安装定额适用范围见表4.25。

表 4.25 普通灯具安装定额适用范围

定额名称	灯具种类
圆球吸顶灯	半圆球吸顶灯、扁圆罩吸顶灯、平圆形吸顶灯
方形吸顶灯	矩形罩吸顶灯、方形罩吸顶灯、大口方罩吸顶灯
软线吊灯	利用软线为垂吊材料、独立的，形状如碗伞、平盘灯罩组成的各式软线吊灯
吊链灯	利用吊链作辅助悬吊材料、独立的各式吊链灯
防水吊灯	一般防水吊灯
一般弯脖灯	圆球弯脖灯、风雨壁灯
一般墙壁灯	各种材质的一般壁灯、镜前灯
软线吊灯头	一般吊灯头
声光控座灯头	一般声控、光控座灯头
座头灯	一般塑料、瓷质座灯头

（10）装饰灯具安装定额适用范围见表4.26。

表 4.26 装饰灯具安装定额适用范围

定额名称	灯具种类
吊式艺术装饰灯具	不同材质、不同灯体垂吊长度、不同灯体直径的蜡烛灯、挂片灯、串珠（穗）、串棒灯、吊杆式组合灯、玻璃罩（带装饰）灯
吸顶式艺术装饰灯具	不同材质、不同灯体垂吊长度、不同灯体几何形状的串珠（穗）、串棒灯、挂片、挂碗、挂吊蝶灯、玻璃（带装饰）灯
荧光艺术装饰灯具	不同安装形式、不同灯管数量的组合荧光灯光带，不同几何组合形式的内藏组合式灯，不同几何尺寸、不同灯具形式的发光棚，不同形式的立体广告灯箱、荧光灯光沿

续表

定额名称	灯具种类
几何形状组合艺术灯具	不同固定形式、不同灯具形式的繁星灯、钻石星灯、礼花灯、玻璃罩钢架组合灯、凸片灯、反射挂灯、筒形钢架灯、U形组合灯、弧形管组合灯
标志、诱导装饰灯具	不同安装形式的标志灯、诱导灯
水下艺术装饰灯具	简易型彩灯、密封型彩灯、喷水池灯、幻光型灯
点光源艺术装饰灯具	不同安装形式、不同灯体直径的筒灯、牛眼灯、射灯、轨道射灯
草坪灯具	各种立柱式、墙壁式的草坪灯
歌舞厅灯具	各种安装形式的变色转盘灯、雷达射灯、幻影转彩灯、维纳斯旋转灯、卫星旋转效果灯、飞碟旋转效果灯、多头转灯、滚筒灯、频闪灯、太阳灯、雨灯、歌星灯、边界灯、射灯、泡泡发生器、迷你满天星彩灯、迷你单立（盘彩灯）、多头宇宙灯、镜面球灯、蛇光灯

2. 工程量清单计价的项目组合

根据《计算规范》表格中的工作内容可知，风扇的工作内容涉及本体安装、调速开关安装，照明开关和插座的工作内容涉及本体安装及接线，普通灯具、装饰灯和荧光灯的工作内容涉及本体安装。根据清单项目特征描述，结合工作内容，确定清单项目计价需要组合的项目。照明器具的组价内容见表4.27。

表4.27 照明器具的组价内容

序号	项目编码	项目名称	可组合的主要内容	对应的定额子目	定额编码
1	030404033	风扇	本体安装	风扇安装吊风扇	4-4-136
				风扇安装壁扇	4-4-137
				风扇安装换气扇	4-4-138
				风扇安装吊扇带灯	4-4-139
2	030404034	照明开关	本体安装	普通开关、按钮	4-13-299～4-13-306
				请勿打扰灯安装	4-13-308
				带保险盒开关安装	4-13-309～4-13-311
				声控延时开关、柜门触动开关安装	4-13-312、4-13-313
				床头柜集控板安装	4-13-314～4-13-316
3	030404035	插座	本体安装	普通插座安装	4-13-317～4-13-328
				防爆插座安装	4-13-329～4-13-334
				带保险盒插座安装	4-13-335～4-13-337
				多联组合开关插座安装	4-13-338～4-13-339
				多线插连插头安装	4-13-340～4-13-342
				须刨插座	4-13-343

续表

序号	项目编码	项目名称	可组合的主要内容	对应的定额子目	定额编码
4	030412001	普通灯具	本体安装	吸顶灯具安装	4-13-1～4-13-3
				其他普通灯具安装	4-13-4～4-13-10
				嵌入式地灯	4-13-211～4-13-212
5	030412004	装饰灯	本体安装	吊式艺术装饰灯具安装	4-13-11～4-13-49
				吸顶式艺术装饰灯具安装	4-13-50～4-13-115
				荧光艺术装饰灯具安装	4-13-116～4-13-137
				几何形状组合艺术装饰灯具安装	4-13-138～4-13-153
				标志、诱导装饰灯具安装	4-13-154～4-13-157
				水下艺术装饰灯具安装	4-13-158～4-13-161
				点光源艺术装饰灯具安装	4-13-162～4-13-172
				盆景花木装饰灯具安装	4-13-173～4-13-174
				歌舞厅灯具安装	4-13-175～4-13-197
6	030412005	荧光灯	本体安装	荧光灯具安装	4-13-198～4-13-210

举例说明：

以表4.23的清单为基础，找出任务4的"引入案例"中照明器具的定额子目进行组价（表4.28）。

表4.28 照明器具的分部分项工程量清单组价

序号	项目编码	项目名称	定额编码
1	030404034001	照明开关－单联单控	4-13-301
2	030404034002	照明开关－双联单控	4-13-301
3	030404034003	照明开关－三联单控	4-13-301
4	030404035001	插座－单相二、三孔安全型防溅插座	4-13-325
5	030404035002	插座－单相二、三孔安全型高位插座	4-13-325
6	030404035003	插座－单相二、三孔安全型台面防溅插座	4-13-325
7	030404035004	插座－单相二、三孔安全型电视机插座	4-13-325
8	030412004001	装饰灯－隐藏式LED筒灯	4-13-164
9	030412004002	装饰灯－隐藏式防潮LED筒灯	4-13-164
10	030412005001	荧光灯	4-13-208

3. 综合单价的计算

综合单价的计算

采用一般计税法,取中值,风险费暂时不计取,以表 4.28 中第 1 项、第 4 项、第 8 项和第 10 项的分部分项工程量清单为例,计算各自的综合单价和合价。已知单联单控开关为 3.93 元/只,单相二、三孔安全型防溅插座为 11.77 元/套,隐藏式 LED 筒灯为 45 元/套,双管荧光灯为 75 元/套,均为除税价格。

综合单价计算方法与前面任务相同,此处不再列举各人工、材料、机械信息价。综合单价的计算可扫描二维码查看。

任务 4　建筑电气工程计量与计价

任务 4.5　防雷及接地装置计量与计价

思维导图

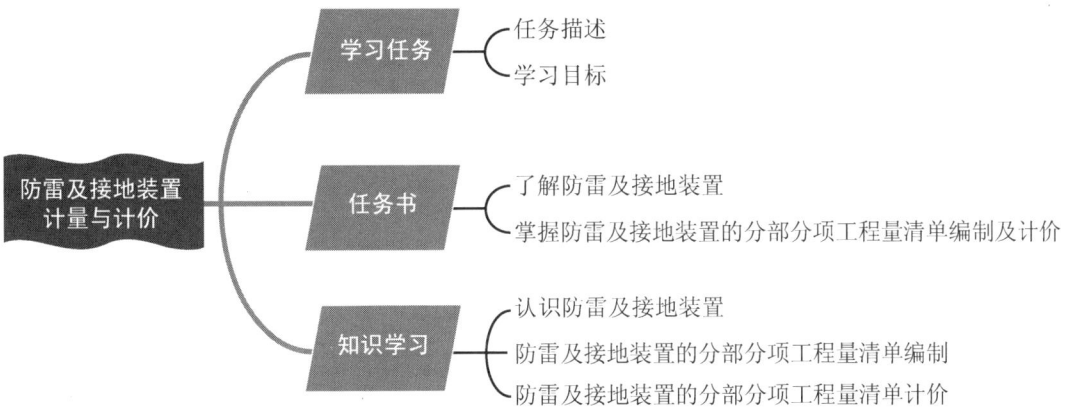

任务描述

本任务依据《通用安装工程工程量计算规范》（GB 50856—2013）和《浙江省通用安装工程预算定额》（2018 版）的相关规定，主要介绍了以下几方面内容：一是认识防雷及接地装置；二是防雷及接地装置的分部分项工程量清单编制，包括工程量计算方法；三是防雷及接地装置的分部分项工程量清单计价，包括工程量清单计价的项目组合及综合单价的计算。本任务要求学生在掌握知识点的基础上完成任务书。

学习目标

1. 知识目标

（1）了解防雷及接地装置的构成。
（2）掌握防雷及接地装置的分部分项工程量清单编制方法，并能计算其相应的工程量。
（3）熟悉防雷及接地装置的预算定额表格，掌握其工程量清单计价的项目组合。

2. 能力目标

（1）能够准确地计算防雷及接地装置的分部分项工程量，并能编制其工程量清单。
（2）能够理解清单计价说明，并在所编制的工程量清单基础上找到对应的定额子目。
（3）能够举一反三，从案例中吸取经验和教训，运用到其他工程实例中。

3. 素质目标

（1）通过对建筑电气规范规则的了解，树立"执行行业标准和法规"的职业意识。
（2）通过学习本任务，培养执着专注、精益求精的工匠精神。

任务书				
班级：	学号：	姓名：	日期：	页数：4

工作准备

1. 根据前修课程，重温防雷及接地装置的施工方法和要求。
2. 结合前修课程的知识，扫描右上角的二维码，下载并仔细阅读图纸。

任务图

工作实施

问题 1：计算避雷带、引下线和接地网的工程量，完成计算书。

问题 2：编制防雷及接地装置的分部分项工程量清单。

问题3:在"问题2"的基础上,结合图纸和各分部分项工程的工作内容,找出各工程量清单项目对应的定额子目,并将定额编码填入相应表格中,如需换算,请在定额编号后加"换"字。

任务反馈

学生根据对防雷及接地装置的认识、防雷及接地装置的分部分项工程量清单编制和计价的掌握程度,进行自我评价,评价自己是否能完成知识点的学习、是否能按时完成任务书、有无任务遗漏。同时学生以小组为单位,共同学习,针对组内成员的学习过程和结果进行互评。教师对学生的评价包括任务书的书写是否工整,是否按时完成任务书,完成质量是否达标。将各自的评价总分填入下表,教师可根据学生的表现情况额外进行增值评价。

学生遇到问题时,可先进行组内讨论,针对争议性问题或组内讨论后仍无法解决的问题,可填写在下表的相应位置。

学生自评	组内互评	教师评价	增值评价
综合总评			
学生学习情况反馈(问题、难点等)			

拓展思考

1. 防雷及接地装置工程的一般施工工艺流程是什么?
2. 除任务4的"引入案例"中所列的项目外,防雷及接地装置有可能还需要计算哪些工程量?什么情况下需要计算这些项目的工程量?

知识学习

防雷及接地装置的分部分项工程量清单计价应先根据《通用安装工程工程量计算规范》(GB 50856—2013)(简称《计算规范》)列出清单子目,并计算工程量,而后根据《计算规范》所列的工作内容,结合《浙江省通用安装工程预算定额》(2018 版)(简称《预算定额》)的相关规定进行计价。

防雷及接地装置的分部分项工程量清单编制步骤如下:确定防雷及接地装置的清单子目和工作内容→计算防雷及接地装置的工程量→编制防雷及接地装置的分部分项工程量清单→套取预算定额并计算各子目综合单价。

雷电及防雷(避雷针是如何避雷的)

知识点 1:认识防雷及接地装置

防雷及接地装置用于减少雷击击于建(构)筑物上或建(构)筑物附近造成的物质性损害和人员伤亡,由外部防雷装置和内部防雷装置组成。防雷及接地装置一般由接闪器、引下线和接地装置三部分组成。

1. 接闪器

接闪器是指直接接受雷击的金属构件。根据被保护物体形状及接闪器形状的不同,接闪器可分为避雷针、避雷带、避雷网。

防雷接地系统施工

1)避雷针

避雷针是装在细高的建(构)筑物突出部位或独立装设的针形导体,通常用圆钢或钢管加工而成,所用圆钢或钢管的直径随着避雷针的长度增加而增大,一般要求圆钢直径不小于 12mm,钢管直径不小于 20mm,壁厚不小于 3mm。避雷针的顶端应加工成尖形,以利于尖端放电。

2)避雷带

避雷带是利用圆钢或扁钢做成并沿建筑物四周设置的条形长带。避雷带作为接闪器装于建筑物易遭受雷击的部位,如屋脊、屋檐、屋角、女儿墙和高层建筑物的上部垂直墙面上,是建筑物防直击雷普遍采用的装置。避雷带由避雷线和支持卡子组成,支持卡子常埋设于女儿墙上或混凝土支座上。当避雷带水平敷设时,支持卡子间距为 1~1.5m,转弯处为 0.5m。高层建筑物的上部垂直墙面上,一般每三层在结构圈梁内敷设一条扁钢与引下线焊接成环状水平避雷带,以防止侧向雷击。

3)避雷网

当避雷带形成网状时就称为避雷网。避雷网用以保护建筑物屋顶部水平面不受雷击。避雷网可以采用镀锌圆钢或扁钢,圆钢直径大于或等于 8mm;扁钢截面面积大于或等于 48mm²,厚度大于或等于 4mm。图 4.26 所示为平屋顶避雷网安装示意图,图 4.27 所示为避雷网安装实景。

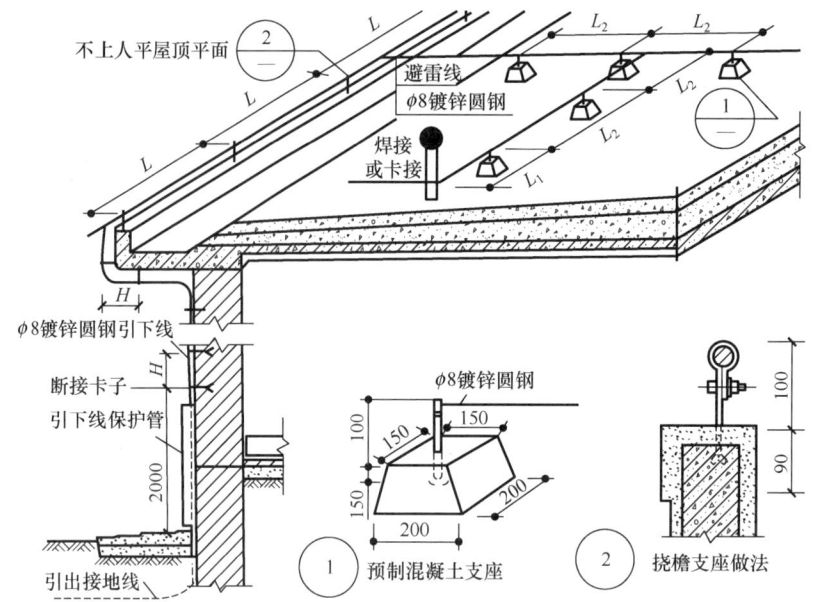

图 4.26 平屋顶避雷网安装示意图

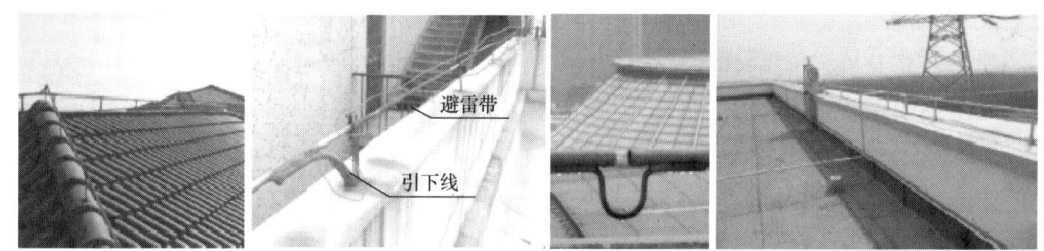

图 4.27 避雷网安装实景

2. 引下线

引下线是指连接接闪器与接地装置的金属导体，可以利用镀锌圆钢或镀锌扁钢单独明（暗）敷作为引下线，也可利用建筑物的金属构件如金属爬梯作为引下线等。

采用人工引下线时，宜在各引下线上于距地面 0.3～1.8m 处装设断接卡子。图 4.28 所示为暗装断接卡子做法。当利用混凝土钢筋、钢柱作为自然引下线并同时采用基础接地体时，可不设断接卡子，但利用钢筋作为引下线时应在室内外的适当地点设若干个连接板，该连接板可供测量、接人工接地体及作等电位联结用。

3. 接地装置

接地装置是埋入土壤或混凝土基础中作为散流用的金属导体，分为人工接地装置和自然接地装置。人工接地装置包括接地体和接地母线，常用的接地体有钢管、角钢等，如图 4.29 所示；自然接地装置是利用混凝土基础钢筋连成的接地网。

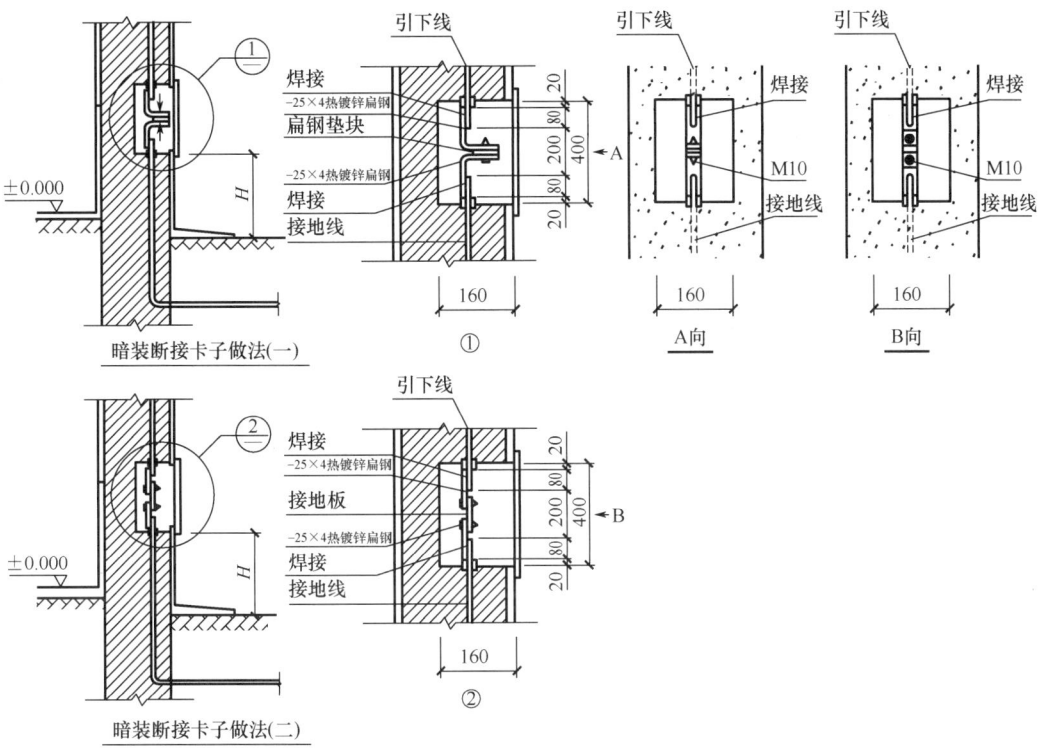

注：1. 本图适用于引下线与专设接地线的暗装断接卡子做法。
2. 暗装断接卡子盒用 2mm 冷轧钢板制作。
3. 压接螺栓应热镀锌，规格为 M10×30。
4. 所有螺栓（包括箱门螺栓）均应用防水油膏封闭。
5. 箱体安装高度 H 和内外油漆颜色由工程设计选择。
6. 明装断接卡子也可参照采用。

图 4.28 暗装断接卡子做法

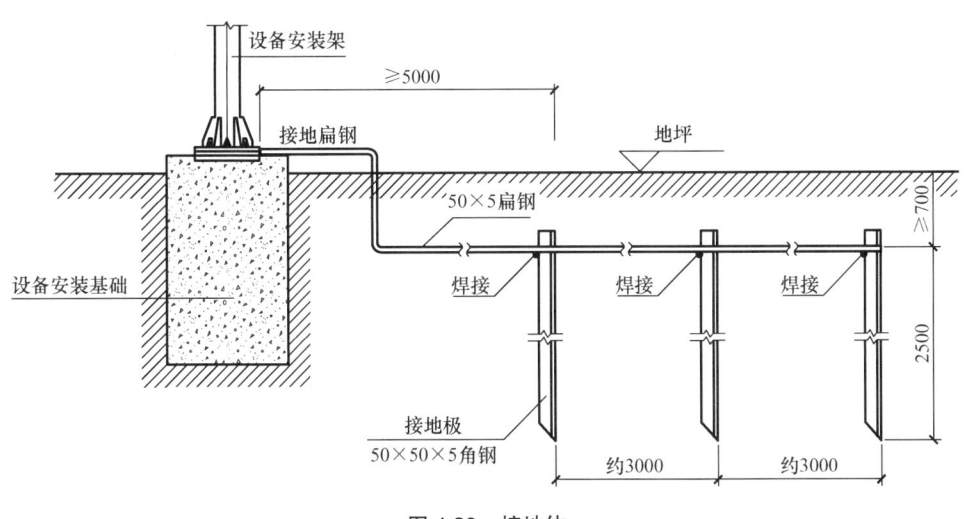

图 4.29 接地体

知识点2：防雷及接地装置的分部分项工程量清单编制

1. 清单编制说明

防雷及接地装置工程量清单项目设置、项目特征描述的内容、计量单位及工程量计算规则，应按《计算规范》附录 D.9 的规定执行。

2. 常用项目的清单规范

表 4.29 摘自《计算规范》附录 D.9 和附录 D.14，在进行防雷及接地装置工程量清单项目编制时，应按附录 D.9 和附录 D.14 的规定执行。附录 D.9 共有 11 项清单项目，附录 D.14 共有 15 项清单项目，本部分仅列出附录 D.9 的 6 个清单项目和附录 D.14 的 1 个清单项目。

表 4.29 防雷及接地装置工程量清单项目设置及组价内容

项目编码	项目名称	项目特征	计量单位	工程量计算规则	工作内容
030409001	接地极	1. 名称 2. 材质 3. 规格 4. 土质 5. 基础接地形式	根（块）	按设计图示数量计算	1. 接地极（板、桩）制作、安装 2. 基础接地网安装 3. 补刷（喷）油漆
030409002	接地母线	1. 名称 2. 材质 3. 规格 4. 安装部位 5. 安装形式	m	按设计图示尺寸以长度计算（含附加长度）	1. 接地母线制作、安装 2. 补刷（喷）油漆
030409003	避雷引下线	1. 名称 2. 材质 3. 规格 4. 安装部位 5. 安装形式 6. 断接卡子、箱材质、规格	m	按设计图示尺寸以长度计算（含附加长度）	1. 避雷引下线制作、安装 2. 断接卡子、箱制作、安装 3. 利用主钢筋焊接 4. 补刷（喷）油漆
030409004	均压环	1. 名称 2. 材质 3. 规格 4. 安装形式			1. 均压环敷设 2. 钢铝窗接地 3. 柱主筋与圈梁焊接 4. 利用圈梁钢筋焊接 5. 补刷（喷）油漆
030409005	避雷网	1. 名称 2. 材质 3. 规格 4. 安装形式 5. 混凝土块标号			1. 避雷网制作、安装 2. 跨接 3. 混凝土块制作 4. 补刷（喷）油漆

续表

项目编码	项目名称	项目特征	计量单位	工程量计算规则	工作内容
030409008	等电位端子箱、测试板	1. 名称 2. 材质 3. 规格	台（块）	按设计图示数量计算	本体安装
030414011	接地装置	1. 名称 2. 类别	1. 系统 2. 组	1. 以系统计量，按设计图示系统计算 2. 以组计量，按设计图示数量计算	接地电阻测试

3. 工程量清单项目特征描述

（1）利用桩基础作接地极，应描述桩台下桩的根数，每桩台下需焊接柱筋根数，其工程量按柱引下线计算；利用基础钢筋作接地极按均压环项目编码列项。

（2）利用柱筋作引下线的，需描述柱筋焊接根数。

（3）利用圈梁筋作均压环的，需描述圈梁筋焊接根数。

（4）使用电缆、电线作接地线，应按电缆、电线相关项目编码列项。

举例说明：

任务4的"引入案例"中，防雷及接地装置的分部分项工程量清单编制见表4.30。

表4.30 防雷及接地装置的分部分项工程量清单

序号	项目编码	项目名称	项目特征	计量单位	工程量
1	030409001001	接地极	1. 名称：接地极 2. 材质：镀锌扁钢 3. 规格：25×4×2500 4. 土质：普通土	根	2
2	030409004001	均压环	1. 名称：接地母线 2. 材质：基础钢筋 3. 规格：2Φ12 4. 安装形式：利用基础地梁钢筋网焊接成形	m	246.233
3	030409002001	接地母线	1. 名称：接地母线 2. 材质：热镀锌扁钢，混凝土包封 3. 规格：-40×4 4. 安装部位：室外埋地	m	2.598
4	030409003001	避雷引下线	1. 名称：避雷引下线 2. 材质、规格：2根柱筋 3. 安装形式：利用柱筋引下 4. 断接卡子、箱材质、规格：卡子测试点2个	m	172.36

续表

序号	项目编码	项目名称	项目特征	计量单位	工程量
5	030409005001	避雷网	1. 名称：避雷网 2. 材质：热镀锌圆钢 3. 规格：φ12 4. 安装形式：沿女儿墙明敷	m	146.238
6	030409005002	避雷网	1. 名称：避雷网 2. 材质：热镀锌圆钢 3. 规格：φ12 4. 安装形式：沿坡屋面明敷	m	32.856
7	030409005003	避雷网	1. 名称：避雷网 2. 材质：热镀锌圆钢 3. 规格：φ12 4. 安装形式：平屋面暗敷	m	100.529
8	030409005004	避雷网	1. 名称：避雷网 2. 材质：热镀锌圆钢 3. 规格：φ12 4. 安装形式：沿坡屋面暗敷	m	16.428
9	030409008001	等电位端子箱、测试板	1. 名称：MEB总等电位联结箱安装 2. 安装形式：暗装 3. 其他：箱体内跨接	台	1
10	030414011001	接地装置	1. 名称：母线、避雷器、电容器、接地装置调试 2. 类别：接地网	系统	1

4．工程量计算

1）清单规则

防雷及接地装置的清单工程量计算规则见表4.29。

2）定额规则

（1）避雷针制作，根据材质及针长，按照设计图示安装成品数量以"根"为计量单位。

（2）避雷针、避雷小短针安装，根据安装地点及针长，按照设计图示安装成品数量以"根"为计量单位。

（3）独立避雷针塔安装，根据安装高度，按照设计图示安装成品数量以"基"为计量单位。

（4）避雷引下线敷设，根据引下线采取的方式，按设计图示敷设数量以"m"为计量单位。

（5）断接卡子制作、安装，按设计规定装设的断接卡子数量以"套"为计量单位。检查井内接地的断接卡子安装按照每井一套计算。

（6）均压环敷设长度按照设计需要作为均压接地梁的中心线长度以"m"为计量

单位。

（7）接地极制作、安装，根据材质与土质，按照设计图示安装数量以"根"为计量单位。接地极长度按照设计长度计算，设计无规定时，每根按照 2.5m 计算。

（8）避雷网、接地母线敷设按照设计图示敷设数量以"m"为计量单位。计算长度时，按照设计图示水平和垂直规定长度的 3.9% 计算附加长度（包括转弯、上下波动、避绕障碍物、搭接头等长度），当设计有规定时，按照设计规定计算。

（9）接地跨接线安装按照设计图示跨接数量以"处"为计量单位，电机接线、配电箱、管子接地、桥架接地等均不在此列。户外配电装置构架按照设计要求需要接地时，每组构架计算一处；钢窗、铝合金窗按照设计要求需要接地时，每一樘金属窗计算一处。

（10）桩承台接地根据桩连接根数，按照设计图示数量以"基"为计量单位。

（11）电子设备防雷接地装置安装根据需要避雷的设备，按照个数计算工程量。

（12）接地网接地电阻的测定。一般的发电机或变电站连为一体的母网，按一个系统计算；自成母网不与厂区母网相连的独立接地网，另按一个系统计算。大型建筑群各有自己的接地网（接地电阻值设计有要求），虽然在最后也将各接地网联在一起，但应按各自的接地网计算，不能作为一个网，具体应按接地网的接地情况，按接地断接卡数量套用独立接地装置定额。

（13）避雷针接地电阻的测定。每一避雷针均有单独接地网（包括独立的避雷针、烟囱避雷针等）时，均按一组计算。

（14）独立的接地装置按"组"计算。如一台柱上变压器有一个独立的接地装置，即按一组计算。

举例说明：

任务4的"引入案例"中，防雷及接地装置的分部分项工程量计算书见表4.31。

表4.31　防雷及接地装置的分部分项工程量计算书

序号	项目编码	项目名称	计算过程	单位	工程量
1	030409001001	接地极	2	根	2
2	030409004001	均压环（利用基础钢筋）	（3.7+2.7+7.7）×7+0.992+1.8+（7.2+7.15+3.05+7.2+7.2+4.083）×4+1.209	m	246.233
3	030409002002	接地母线（扁钢）	［(0.5+1)+1］×（1+3.9%）	m	2.598
4	030409003001	避雷引下线	（11.7-0.35）×5+（12.8-0.35）×7+（14.58-0.35）×2	m	172.36
5	030409005001	避雷网（女儿墙明敷）	［16.6×2+（1+4.52+7.347+3.28）×2+（0.178+2.937）×2+2.705+14.626+3.849×3+1.805+1.392+5.392+6.232+（0.68+1.133）×2+（12.8-11.7）×3+（14.9-11.7）×2+（14.9-12.8）×2+（12.8-8.9）×2］×（1+3.9%）	m	146.238
6	030409005002	避雷网（坡屋面明敷）	（14.64/2×1.08×4）×（1+3.9%）	m	32.856

续表

序号	项目编码	项目名称	计算过程	单位	工程量
7	030409005003	避雷网(平屋面暗敷)	[3.7×4+(14.52+7.347+3.28)×2+1.801+2.421+2.558+1.89+1.392+(12.8−11.7)×15+(14.8−11.7)+(14.8−12.8)]×(1+3.9%)	m	100.529
8	030409005004	避雷网(坡屋面暗敷)	(14.64/2×1.08×2)×(1+3.9%)	m	16.428
9	030409008001	等电位端子箱、测试板	1	台	1
10	030414011001	接地装置	2	组	2

知识点 3：防雷及接地装置的分部分项工程量清单计价

本部分的计价基本依据是《预算定额》第四册《电气设备安装工程》第九章"防雷与接地装置安装工程"，第十一章"配管工程"中的接线箱、接线盒安装，第十四章"电气设备调试工程"中的母线、避雷器、电容器、接地装置调试项目。

1. 工程量清单计价说明

（1）防雷与接地装置安装工程定额适用于建（构）筑物的防雷接地、变配电系统接地、设备接地以及避雷针（塔）接地等装置安装。

（2）接地极安装与接地母线敷设定额不包括采用爆破法施工、接地电阻率高的土质换土、接地电阻测定工作。

（3）避雷针的安装综合考虑了高空作业因素，执行定额时不做调整。避雷针安装在木杆、水泥杆上时，包括了其避雷引下线安装。

（4）独立避雷针安装包括避雷针塔架、避雷引下线安装，不包括基础浇筑。塔架制作执行《预算定额》第十三册《通用项目和措施项目工程》相应定额。

（5）利用建筑结构钢筋作为接地引下线安装定额是按照每根柱子内焊接两根主筋编制的，当焊接主筋超过两根时，可按照比例调整定额安装费。防雷均压环是利用建筑物梁内主筋作为防雷接地连接线考虑的，每一梁内按焊接两根主筋编制，当焊接主筋超过两根时，可按比例调整定额安装费。如果采用单独扁钢或圆钢明敷作为均压环时，可执行户内接地母线敷设相应定额。

（6）利用建筑结构钢筋作为接地引下线且主筋采用钢套筒连接的，执行防雷与接地装置安装工程"利用建筑结构钢筋引下"定额，基价乘以系数 2.0，其跨接不再另外计算工程量。

（7）利用铜绞线作为接地引下线时，其配管、穿铜绞线执行《预算定额》第四册配管、配线的相应定额，但不得再重复套用避雷引下线敷设的相应定额。

（8）避雷网安装沿折板支架敷设定额包括了支架制作、安装，不得另行计算。

（9）利用基础（或地梁）内两根主筋焊接连通作为接地母线时，执行防雷与接地装置安装工程"均压环敷设"定额；卫生间接地中的底板钢筋网焊接无论跨接或点焊，均执行"均压环敷设"定额，基价乘以系数 1.2，工程量按卫生间周长计算敷设长度。

（10）接地母线埋地敷设定额是按照室外整平标高和一般土质综合编制的，包括地沟挖填土和夯实，执行定额时不再计算土方工程量。当地沟开挖的土方量，每米沟长土方量大于 0.34m³ 时，其超过部分可以另计，超量部分的挖填土可以参照《预算定额》第十三册《通用项目和措施项目工程》的相应定额。如遇有石方、矿渣、积水、障碍物等情况时应另行计算。

（11）利用建（构）筑物桩承台接地时，柱内主筋与桩承台跨接不另行计算，其工作量已经综合在相应的项目中。

（12）坡屋面避雷网安装人工乘以系数 1.3。

（13）圆钢避雷小针制作安装定额，如避雷小针为成品供应时，其定额基价乘以系数 0.4。

（14）等电位箱箱体安装，箱体半周长在 200mm 以内参照接线盒定额，其他按箱体大小参照相应接线箱定额。

（15）镀锌管避雷带区分明敷、暗敷，按公称直径套用《预算定额》第四册《电气设备安装工程》第十一章"配管工程"中钢管敷设的相应定额。

2. 工程量清单计价的项目组合

根据《计算规范》表格中的工作内容，结合清单项目特征描述，确定清单项目计价需要组合的内容，由此确定适用的计价定额项目。配电箱的组价内容见表 4.32。

表 4.32 配电箱的组价内容

序号	项目编码	项目名称	可组合的主要内容	对应的定额子目	定额编码
1	030409001	接地极	接地极（板、桩）制作、安装	接地极（板）制作与安装	4-9-47～4-9-54
2	030409002	接地母线	接地母线制作、安装	接地母线敷设	4-9-55～4-9-59
3	030409003	避雷引下线	避雷引下线制作	避雷引下线敷设	4-9-38～4-9-39
			断接卡子制作、安装	避雷引下线敷设 断接卡子制作安装	4-9-41
			利用建筑物主筋引下	避雷引下线敷设 利用建筑结构钢筋引下	4-9-40
4	030409004	均压环	均压环敷设	接地母线敷设 沿砖混凝土结构暗敷	4-9-57
			钢铝窗接地	接地跨接线安装 钢制、铝制窗接地	4-9-62
			柱主筋与圈梁焊接	避雷网安装 柱主筋与圈梁焊接	4-9-45
			均压环敷设（利用圈梁钢筋）	避雷网安装 均压环敷设 利用圈梁钢筋	4-9-44

续表

序号	项目编码	项目名称	可组合的主要内容	对应的定额子目	定额编码
5	030409005	避雷网	避雷网制作、安装	避雷网安装	4-9-42～4-9-43
			跨接	接地跨接线安装	4-9-60～4-9-61
			混凝土块制作	避雷网安装混凝土块制作（每10块）	4-9-46
6	030409008	等电位端子箱、测试板	本体安装	接线箱明装	4-11-203～4-11-206
				接线箱暗装	4-11-207～4-11-210
				暗装接线盒	4-11-212
				明装普通接线盒	4-11-213
			接线	接地跨接线安装 接地跨接线	4-9-60
7	030414011	接地装置	接地电阻测试	母线、避雷器、电容器、接地装置调试	4-14-47～4-14-48

举例说明：

以表4.30的清单为基础，找出任务4的"引入案例"中配电箱的定额子目进行组价（表4.33）。

表4.33 配电箱的分部分项工程量清单组价

序号	项目编码	项目名称	定额编码
1	030409001001	接地极	4-9-49
2	030409004001	均压环（利用基础钢筋）	4-9-44
3	030409002002	接地母线（扁钢）	4-9-55、市6-305换
4	030409003001	避雷引下线	4-9-40、4-9-41
5	030409005001	避雷网（女儿墙明敷）	4-9-43、4-9-60
6	030409005002	避雷网（坡屋面明敷）	4-9-43换
7	030409005003	避雷网（平屋面暗敷设）	4-9-42
8	030409005004	避雷网（坡屋面暗敷）	4-9-42换
9	030409008001	等电位端子箱、测试板	4-9-60、4-11-207
10	030414011001	接地装置	4-14-48

3. 综合单价的计算

采用一般计税法，取中值，风险费暂时不计取，以案例中第1～5项的分部分项工程量清单为例，计算各自的综合单价和合价。已知 25×4×2500 镀锌扁钢为 9.752 元/根，-40×4 热镀锌扁钢为 7.26 元/m，ϕ12 热镀锌圆钢为 3.8 元/m，均为除税价格。

综合单价计算方法与前面任务相同,此处不再列举各人工、材料、机械信息价。综合单价的计算可扫描二维码查看。

拓展知识:建筑电气调整试验(部分)的计量与计价规则

1. 工程量计算规则

1)清单规则

建筑电气调整试验(部分)的清单工程量计算规则见表4.34。

表4.34 建筑电气调整试验常用项目清单设置(部分)

项目编码	项目名称	项目特征	计量单位	工程量计算规则	工作内容
030414002	送配电装置系统	1. 名称 2. 型号 3. 电压等级(kV) 4. 类型	系统	按设计图示系统计算	系统调试
030414003	特殊保护装置	1. 名称 2. 类型	台(套)	按设计图示数量计算	调试
030414004	自动切入装置		系统(台、套)		
030414005	中央信号装置		系统(台)		
030414006	事故照明切换装置				
030414007	不间断电源	1. 名称 2. 类型 3. 容量	系统	按设计图示系统计算	

2)定额规则

(1)电气调试所需的电力消耗已包括在定额内,一般不另计算。但10kW以上电机及发电机的起动调试用的蒸汽、电力和其他动力能源消耗及变压器空载试运转的电力消耗,另行计算。

(2)特殊保护装置,均以构成一个保护回路为一套,需要调试,并实际已做,则以调试报告为依据才能计算工程量。

(3)自动装置及信号系统调试,均包括继电器、仪表等元件本身和二次回路的调整试验,具体规定如下。

① 按连锁机构的个数确定备用电源自动投入装置系统数:一个备用厂用变压器,作为三段厂用工作母线备用的厂用电源,计算备用电源自动投入装置调试时,应为三个系统;装设自动投入装置的两条互为备用的高压线路或两台变压器,计算备用电源自动投入装置调试时,应为两个系统。

② 备用电动机自动投入装置调试及低压双电源自动切换装置调试工程量按照自动切换装置的数量计算。

③ 事故照明切换装置调试,按设计能完成交直流切换的一套装置为一个调试系统计算。

④ 中央信号装置调试,按每一个变电所或配电室为一个调试系统计算工程量。

⑤ 不间断电源装置调试，按容量以"套"为计量单位。

（4）一般住宅、学校、医院、办公楼、旅馆、商店、文体设施等民用电气工程的供电调试应按下列规定。

① 只有从变电所低压配电装置输出的供电回路才能计算1kV以下交流供电系统调试。

② 每个用户房间的配电箱（板）上虽装有电磁开关等调试零件，但生产厂家已按固定的常规参数调整好，不需要安装单位进行调试就可直接投入使用，不得计取调试费用，即户内配电箱不得计取调试费。

③ 民用电度表的调整检验属于供电部门的专业管理，一般皆由用户向供电局订购调试完毕的电度表，不得另外计算费用。

（5）高标准的高层建筑、高级宾馆、大会堂、体育馆等具有较高控制技术的电气工程（包括照明工程中有程控调光控制的装饰灯具），必须经过调试才能使用的，应按控制方式执行相应的电气调试定额。

2. 工程量清单计价说明

本部分依据《预算定额》第四册《电气设备安装工程》第十四章"电气设备调试工程"。

（1）送配电设备调试中的1kV以下定额适用于从变电所低压配电装置输出的供电回路，送配电设备系统调试包括系统内的电缆试验、瓷瓶耐压等全套调试工作。

（2）电气设备调试工程定额只限电气设备自身系统的调整试验，未包括电气设备带动机械设备的试运工作，发生时应按专业定额另行计算。

（3）低压双电源自动切换装置调试参照电气设备调试工程"备用电源自动投入装置"定额，基价乘以系数0.2。

（4）应急电源装置（EPS）切换调试套用"事故照明切换"定额。

综合单价的计算

3. 综合单价的计算

从变电所低压配电装置输出的供电回路，需要进行送配电设备系统调试，调试费的综合单价计算采用一般计税法，取中值，风险费暂时不计取。

综合单价计算方法与前面任务相同，此处不再列举各人工、材料、机械信息价。综合单价的计算可扫描二维码查看。

任务小结

本任务是依据《通用安装工程工程量计算规范》（GB 50856—2013）、《浙江省通用安装工程预算定额》（2018版）等文件，结合现场实际案例进行编制的。学习本任务内容时，要求学生在前修课程基础上，结合教材内知识点、规范文件和案例等进行线上线下混合学习，完成每个子任务的任务书。

本任务介绍了建筑电气工程相关内容的计量与计价，依据《通用安装工程工程量计算规范》（GB 50856—2013）划分为5个子任务，即电缆计量与计价、配电箱计量与计价、配管配线计量与计价、照明器具计量与计价、防雷及接地装置计量与计价。学生通过学习本任务内容，可以培养独立编制建筑电气工程计量与计价文件的能力。

同步测试

算量软件操作3

任务4.1 在线答题

任务4.2 在线答题

任务4.3 在线答题

任务4.4 在线答题

任务4.5 在线答题

任务 5 建筑通风空调工程计量与计价

任务 5　建筑通风空调工程计量与计价

知识引入

一、建筑通风空调工程的分类及组成

建筑通风工程是送风、排风、除尘、气力输送及防排烟系统工程的总称,其任务是把室外的新鲜空气送入室内（送风）,把室内受到污染的空气排放到室外（排风）。建筑空调工程是空气调节、空气净化与洁净空调系统的总称,其任务是提供空气处理的方法,净化或纯净空气,保证生产工艺和人们正常生活所要求的清洁度;通过加热或冷却、加湿或去湿,来控制空气的温度和湿度,并不断地进行调节。

1. 建筑通风系统的分类

1）按通风系统的作用范围分类

（1）全面通风：用送入室内的新鲜空气把整个房间里的有害物浓度稀释至卫生标准允许浓度以下,同时把室内被污染的空气直接或经过净化处理后排放至室外。

通风系统示意图

（2）局部通风：将污浊的空气或有害气体直接从产生的地方抽出,防止扩散到整个室内,或者将新鲜空气送到某个局部范围,以改善局部范围的空气状况。

（3）混合通风：用全面送风和局部排风或全面排风和局部送风混合起来的通风形式。

2）按空气流动的动力分类

（1）自然通风：利用室外冷空气和室内热空气密度不同,以及建筑物迎风面和背风面风压不同而进行通风换气的方式,如图5.1所示。

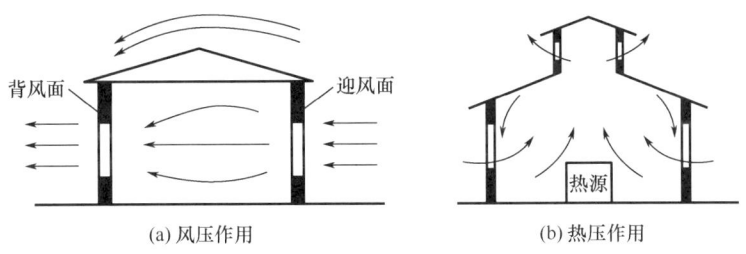

图 5.1　风压作用和热压作用的自然通风

（2）机械通风：利用通风机提供的动力,借助通风管网,强制性地进行室内、室外空气交换的通风方式。机械通风按通风系统的作用范围分类,可分为局部通风和全面通风,如图5.2所示。

拓展讨论

党的二十大报告提出,增进民生福祉,提高人民生活品质。通风和空调系统的发展为人民的生活提供了极大的便利,提高了人民的生活幸福指数。通风系统分为自然通风和机械通风,那么在传统民居中,如何利用自然通风营造宜人的室内居住环境？

2. 建筑空调系统的分类

（1）按室内环境的要求分类,建筑空调系统可分为恒温恒湿空调系统、一般空调系

统、净化空调系统、除湿性空调系统。

（2）按空气处理设备的设置情况分类，建筑空调系统可分为集中式空调系统、半集中式空调系统、分散式空调系统。

① 集中式空调系统：将所有空气处理设备（包括冷却器、加热器、加湿器、过滤器和风机等）设置在一个集中的空调机房内，经集中设备处理后的空气，用风道分送到各空调房间。典型的集中式空调系统如图 5.3 所示。

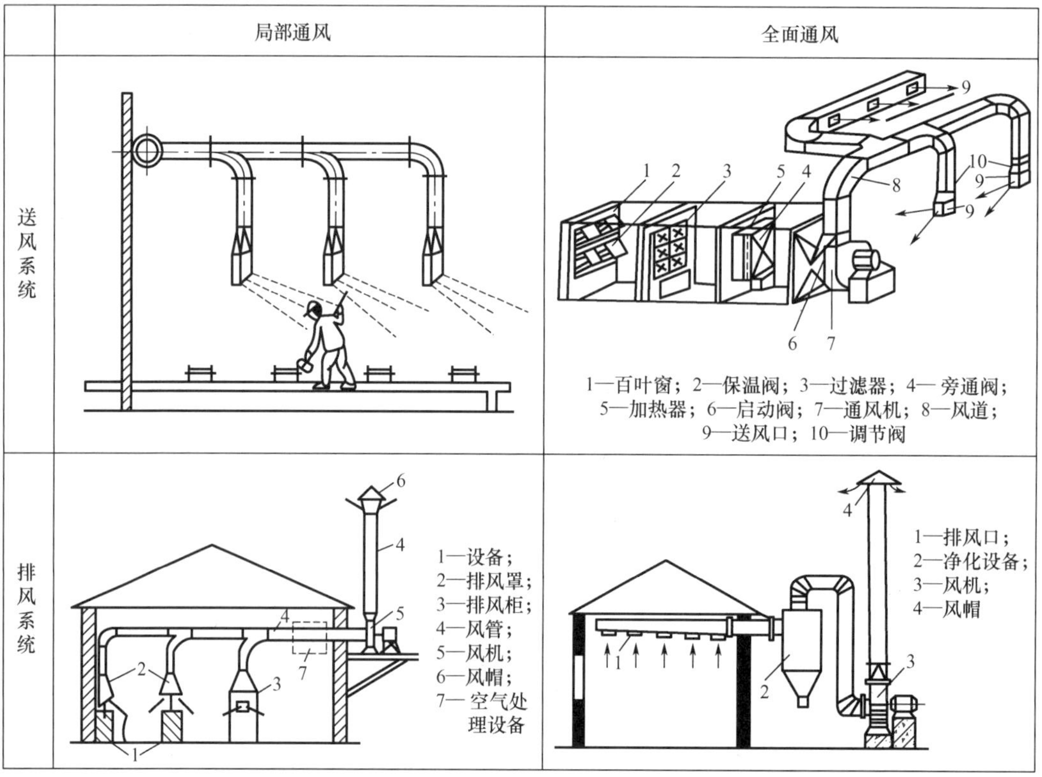

图 5.2 机械通风分类

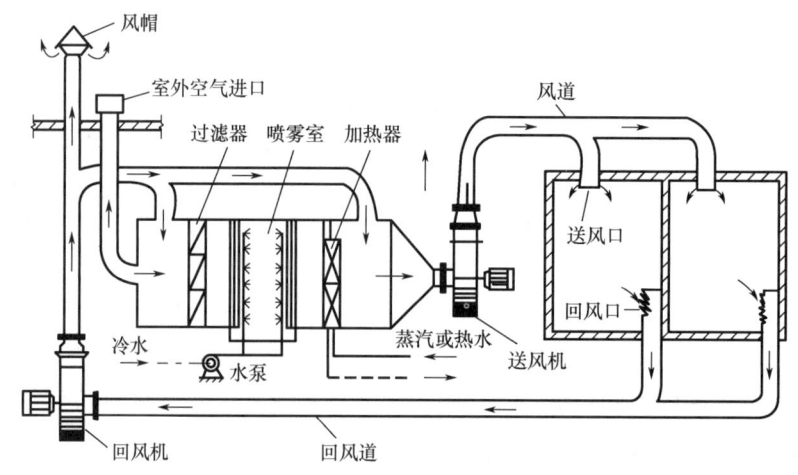

图 5.3 典型的集中式空调系统

② 半集中式空调系统：除集中空调机房外，还设有分散在被调节房间的二次设备（末端装置），其功能主要是在空气进入被调节房间前，对来自集中处理设备的空气做进一步的补充处理。半集中式空调系统按末端装置的形式又可分为末端再热式系统、风机盘管系统和诱导器系统。风机盘管系统是当前应用最广的半集中式空调系统，如图 5.4 所示。

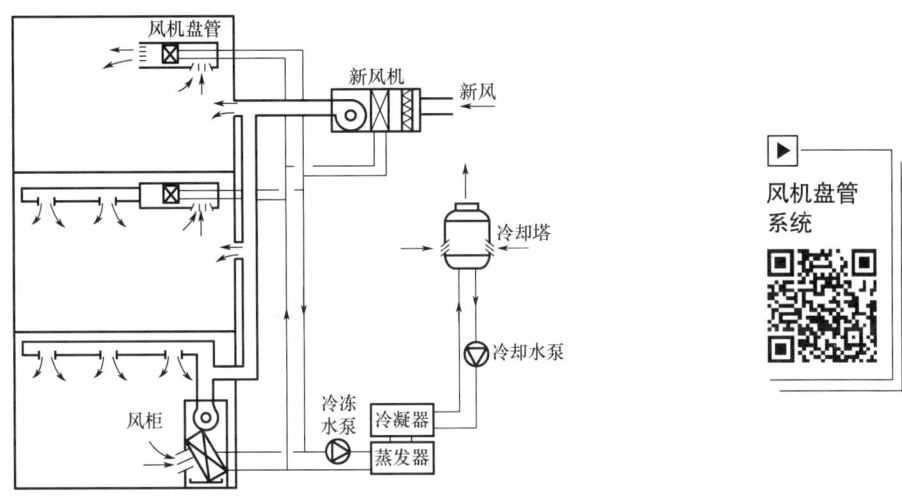

图 5.4　风机盘管系统

③ 分散式空调系统（也称局部空调机组）。这种空调系统通常把冷、热源和空气处理、输送设备（风机）集中设置在一个箱体内，形成一个紧凑的空调系统。常用的分散式空调系统有窗式空调、分体式空调、柜式空调、恒温恒湿空调，它们不需要集中在机房，安装方便，使用灵活。分散式空调系统如图 5.5 所示。

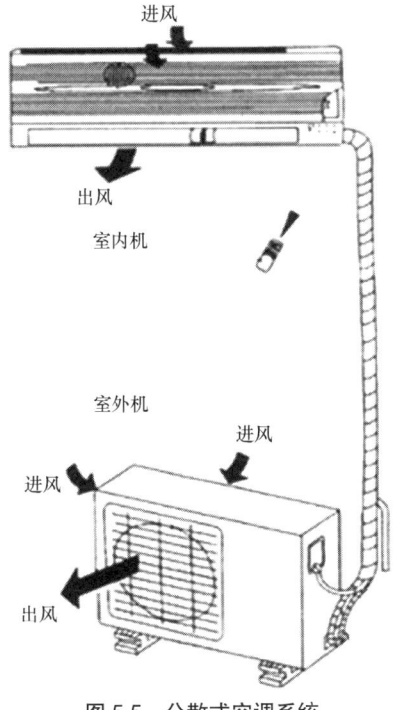

图 5.5　分散式空调系统

3. 建筑通风空调系统的组成

建筑通风系统的组成一般包括：进气处理设备，如空气过滤器、热湿处理设备和空气净化设备等；送风机或排风机；风道系统，如风管、阀部件、送排风口、排气罩等；排气处理设备，如除尘器、有害物体净化设备、风帽等。

建筑空调系统一般由空气处理设备、空气输送设备、空气分布装置、冷热源及自动调节控制装置所组成。空气处理设备是对空气进行热湿处理和净化处理的主要设备，如表面式冷却器、喷水室、加热器、加湿器等；空气输送设备包括风机（送、回、排风机）、风道系统、调节阀、消声器等；空气分布装置指设在空调房间内的各种类型的送风口、回风口、排风口，其作用是合理地组织室内的气流，以保证空调房间内环境质量的均衡和精度；冷热源是为空气处理提供冷量和热量的设备，如冷冻站、冷水机组、锅炉等；自动调节控制装置是根据需要装配的控制器件与电路，如控制设备开停顺序的联锁保护和控制电路、感温器、电动二通阀等。

二、建筑通风空调工程识图基本程序

建筑通风空调工程施工图一般由图纸目录、设计施工说明、设备及主要材料表、平面图、剖面图、系统图、详图等组成。阅读通风空调安装工程图，通常从平面图开始，将平面图、剖面图和系统图结合起来对照阅读，一般情况可以顺着气流的流动方向逐段阅读。对于排风系统，可以从吸风口看起，沿着管路直到室外排风口。

（1）通过图纸目录了解该工程设计图纸的名称、图号、工程号、图幅大小、备注等。

（2）通过设计施工说明了解设计意图、材料材质、施工技术要求等。

（3）通过设备及主要材料表、平面图和剖面图了解设备和材料的技术参数、规格尺寸、数量。

（4）通过平面图识读通风空调系统的设备、风道、冷热媒管道、凝结水管道的平面布置。

（5）通过系统图了解工程概况、设备组成及连接关系，从系统图上识读该系统中设备和配件的型号、尺寸、数量，连接于各设备之间的管道在空间的曲折、交叉、走向和尺寸等，管道的安装高度，以及风管上各个部件的设置位置。

三、建筑通风空调工程施工的基本程序

建筑通风空调工程施工的基本程序：施工前的准备→风管、部件、法兰的预制和组装→风管、部件、法兰的预制和组装的中间质量验收→支吊架制作安装→风管系统安装→严密性试验→通风空调设备安装→空调水系统管道安装→通风空调设备试运转、单机调试→风管、部件及空调设备绝热施工→通风空调工程系统调试→通风空调工程竣工验收→通风空调工程综合效能测定与调整。

任务 5 建筑通风空调工程计量与计价

引入案例

依据《通用安装工程工程量计算规范》(GB 50856—2013)和《浙江省通用安装工程预算定额》(2018版)中有关给排水工程计量与计价的要求,计算下面某幼儿园建筑通风空调工程的工程量,并编制其分部分项工程量清单,进行清单计价。工程基本概况如下。

(1)本工程为钢筋混凝土框架结构,地下局部一层,地上三层,层高3.9m。本工程采用相对标高,单位以"m"计,管线标高以管中心线计,其余尺寸以"mm"计。

(2)风管吊杆采用直径为12mm的圆钢,间距为3m,风管支吊架采用膨胀螺栓与楼板或墙体固定,所有管道支吊架应刷红丹防锈漆和银粉漆各2遍。

(3)管道穿墙及楼板处应加套管,安装在楼板内的套管,其顶部应高出地面20mm,安装在卫生间及厨房内的套管,其顶部应高出装饰地面50mm。套管直径比管子大2号,管子与套管间的空隙用石棉绳填实。管道穿越混凝土墙,其套管必须在土建施工时预留。

(4)通风系统。

① 风管采用镀锌钢板,咬口制作,厚度选取按表5.1确定。所有风管均贴梁底安装,梁高按600mm计算,吊顶高按"$H-1.00$"计算。风管均需采用难燃柔性泡沫橡塑板保温,保温厚度取30mm。

表5.1 风管厚度选取

风管长边 b/mm	风管厚度/mm
$b \leqslant 320$	0.5
$320 < b \leqslant 450$	0.5
$450 < b \leqslant 630$	0.6

② 本工程所有风口均采用铝合金风口,防水(雨)百叶风口的有效面积系数要求大于或等于0.6。新风机出风口尺寸为600mm×330mm($W×H$)。

③ 消声器ZP100的规格为600mm×250mm×1000mm($W×H×L$)。

④ 各设备详细参数见主要设备表(表5.2)。手动对开多叶调节阀长150mm,软连接长200mm。

表5.2 主要设备表

序号	名称	参考型号	规格	单位	数量	备注
1	新风机	FXMFP140AB	风量:1080m³/h 机外静压:185Pa 制冷/制热:14.0/8.9kW 输入功率:0.3kW	台	8	XF-1-2～9
2	四面出风嵌入式室内机	14.0kW	风量:1650m³/h 制冷/制热:14.0/16.0kW 输入功率:220W	台	15	带凝结水提升泵

续表

序号	名称	参考型号	规格	单位	数量	备注
3	四面出风嵌入式室内机	9.0kW	风量：1380m³/h 制冷/制热：9.0/10.0kW 输入功率：146W	台	1	带凝结水提升泵
4	暗藏风管式室内机	9.0kW	风量：1170 m³/h 制冷/制热：9.0/10.0kW 输入功率：194W	台	2	机外静压：30Pa
5	暗藏风管式室内机	7.1kW	风量：900m³/h 制冷/制热：7.1/8.0kW 输入功率：151W	台	3	机外静压：30Pa
6	风冷型室外机	38HP	制冷/制热：106.9/119.5kW 制冷/制热输入功率：29.3/29.5kW	台	1	K-1-5, 拖带率：0.98

（5）空调系统。

① 本工程采用变制冷剂流量（VRF）空调系统的方案。其中局部房间采用分体空调，由电气专业预留出空调插座，后期由业主自理。

② 冷凝水管采用UPVC（硬聚氯乙烯）管，柔性泡沫橡塑管壳保温，保温厚度9mm。冷凝水立管的顶部应设置通向大气的通气管。

③ 氟利昂管应采用优质铜管，其硬度和壁厚要求见表5.3。

表5.3 铜管的硬度和壁厚要求

单位：mm

铜管外径	铜管壁厚（最小条件）	硬度等级
ϕ9.5	0.80	M 型
ϕ12.7	1.00	M 型
ϕ15.9	1.00	M 型
ϕ19.1	1.00	Y_2 型
ϕ22.2	1.00	Y_2 型
ϕ28.6	1.00	Y_2 型
ϕ31.8	1.25	Y_2 型

④ 空调室外机集中放置在屋顶，落地安装，其设备支架数量为4个，单件长度为2.46m，理论质量为14.535kg/m，其详细参数见主要设备表（表5.2）。

本工程相关图纸如图5.6～图5.8所示。

任务 5 建筑通风空调工程计量与计价

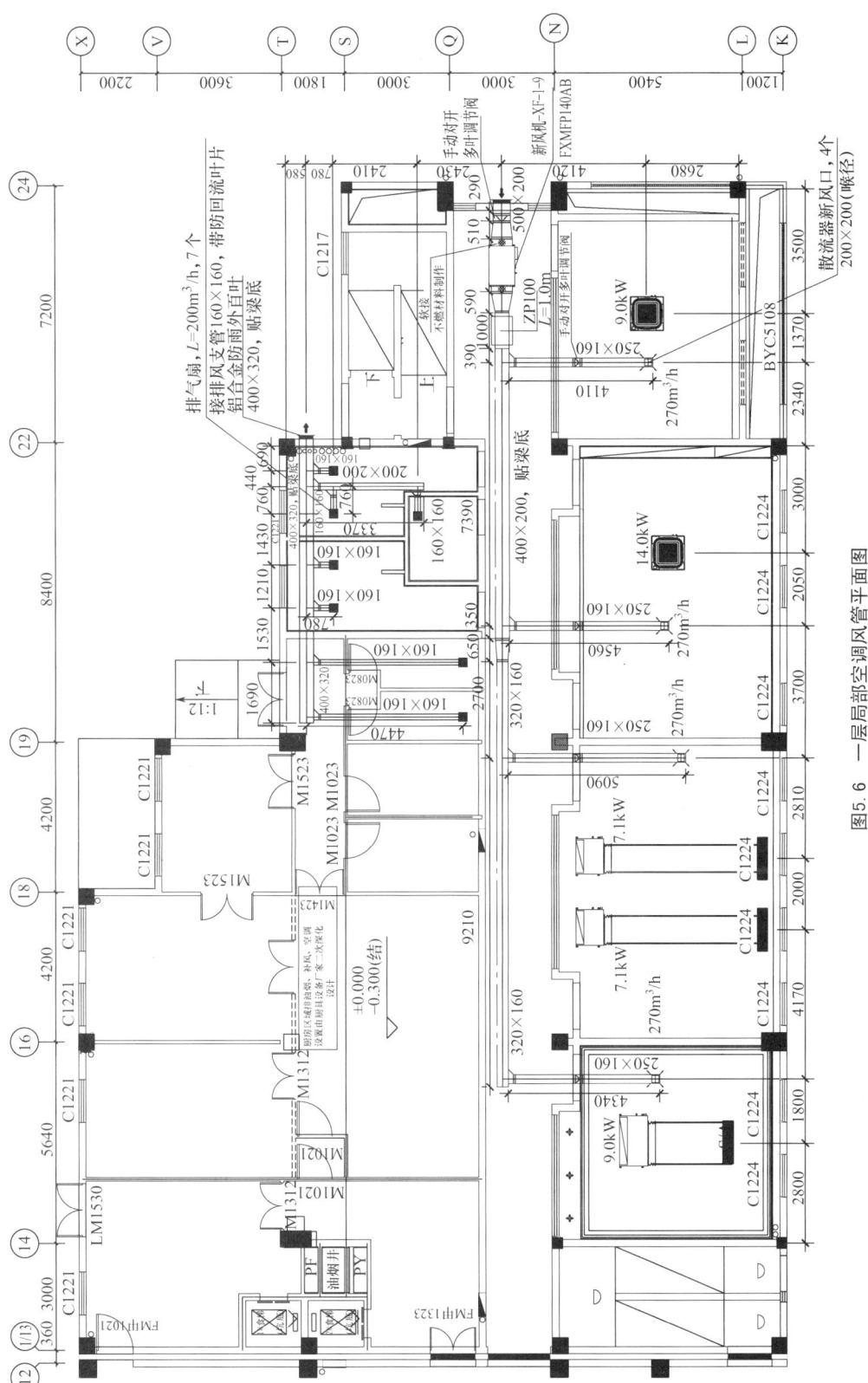

图 5.6 一层局部空调风管平面图

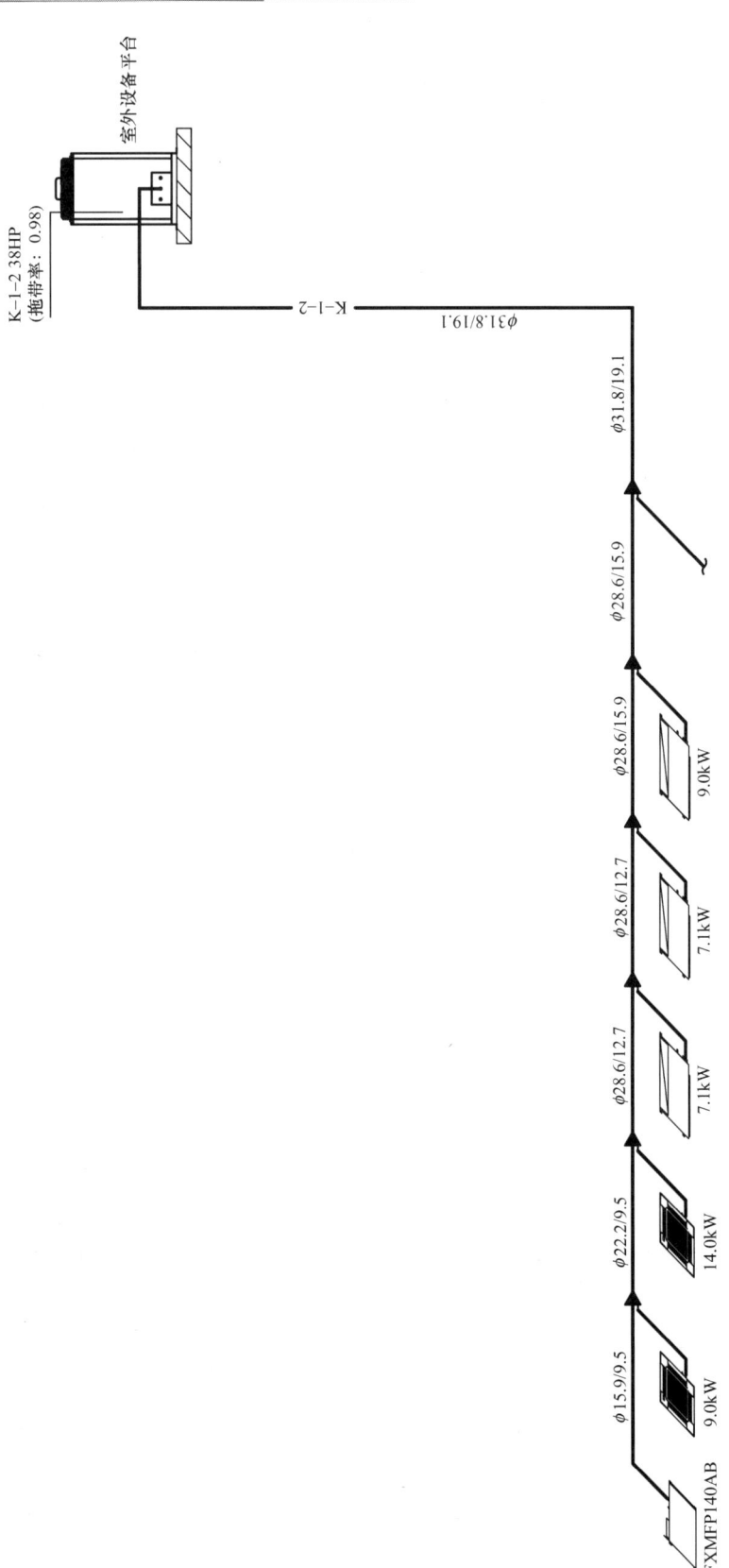

图5.7 VRF系统图

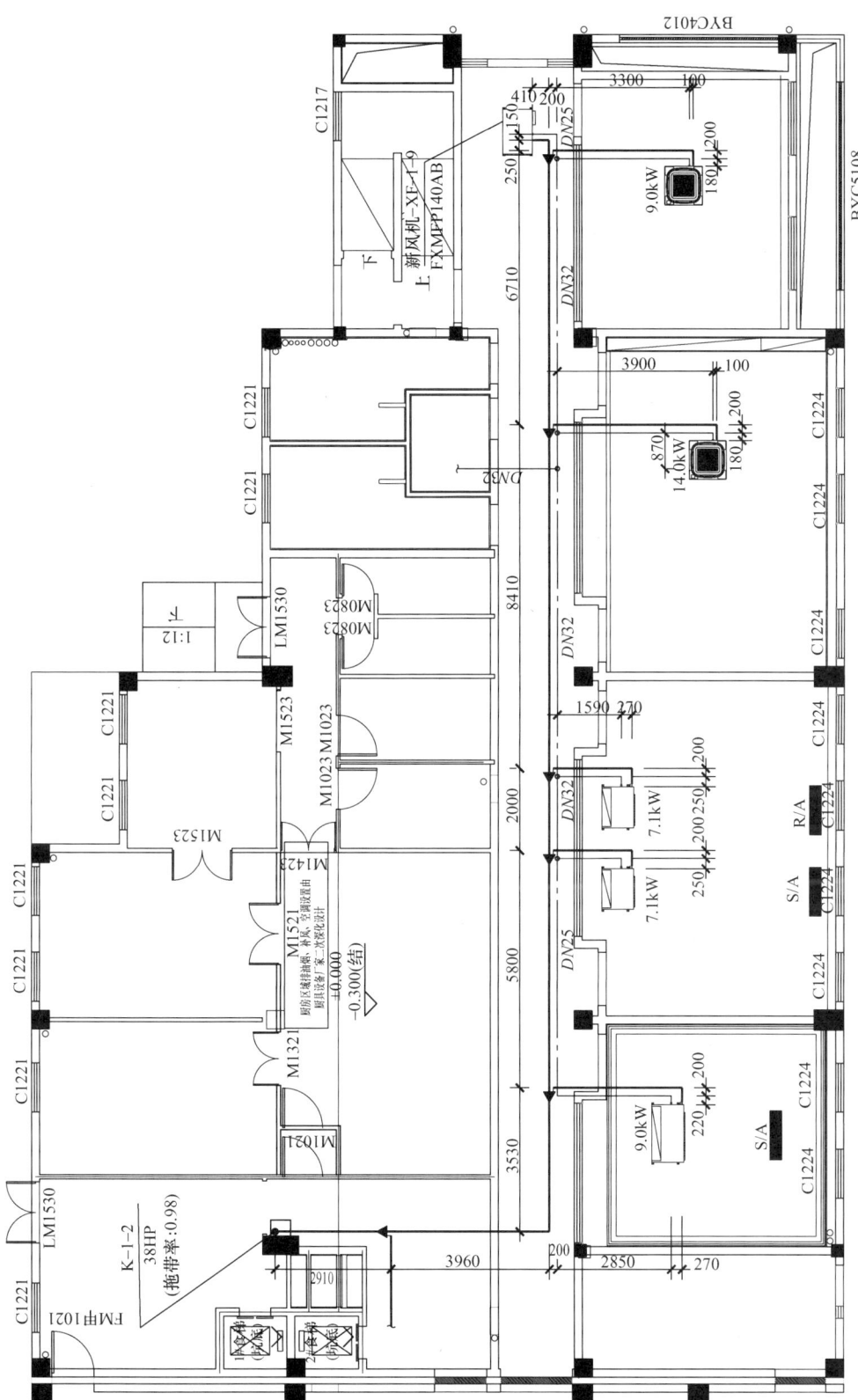

图5.8 一层局部VRF配管平面图

任务 5 建筑通风空调工程计量与计价

任务 5.1 通风空调设备及部件计量与计价

思维导图

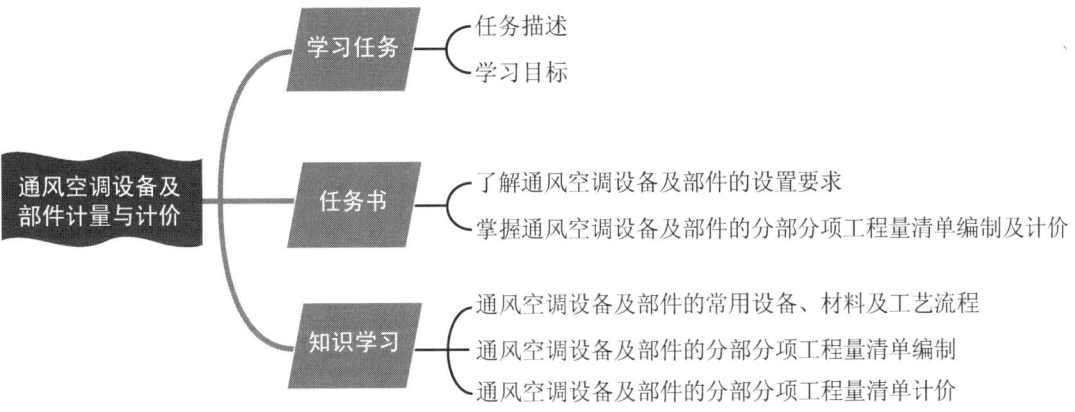

任务描述

本任务依据《通用安装工程工程量计算规范》(GB 50856—2013)和《浙江省通用安装工程预算定额》(2018 版)的相关规定,主要介绍了以下几方面内容:一是通风空调设备及部件的常用设备、材料及工艺流程;二是通风空调设备及部件的分部分项工程量清单编制,包括工程量计算方法;三是通风空调设备及部件的分部分项工程量清单计价,包括工程量清单计价的项目组合和综合单价的计算。本任务要求学生在掌握知识点的基础上完成任务书。

学习目标

1. 知识目标

(1)掌握通风空调设备及部件的工程量计算规则及计量方法。
(2)掌握通风空调设备及部件的分部分项工程量清单的构成及编制方法。
(3)熟悉通风空调设备及部件的预算定额表格,掌握其工程量清单计价的项目组合。

2. 能力目标

(1)能够计算通风空调设备及部件的分部分项工程量。
(2)能够编制通风空调设备及部件的分部分项工程量清单。
(3)能够在所编制的工程量清单基础上找到对应的定额子目。
(4)能够举一反三,从案例中吸取经验和教训,运用到其他工程实例中。

3. 素质目标

(1) 通过对建筑通风空调工程规范的了解,树立"执行行业标准和法规"的职业意识。

(2) 通过学习工程量清单编制及计价,培养理论联系实际、认真观察生活的意识。

(3) 通过学习通风空调设备及部件的分部分项工程量清单计价,培养诚实守信的品质和科学严谨的学习态度。

任务书					
班级：	学号：	姓名：	日期：		页数：2

工作准备

1. 熟悉通风空调设备及部件的施工工艺。

2. 自行阅读《通用安装工程工程量计算规范》（GB 50856—2013）和《浙江省通用安装工程预算定额》（2018版）关于通风空调设备及部件的相关规定。

任务图

工作实施

问题1：扫描右上角的二维码，阅读图纸并计算通风空调设备及部件的工程量，完成计算书。

问题2：在"问题1"计算书的基础上，编制通风空调设备及部件的分部分项工程量清单。

问题3：在"问题2"的基础上，结合图纸和各分部分项工程的工作内容，找出各工程量清单项目对应的定额子目，并将定额编码填入相应表格中，如需换算，请在定额编号后加"换"字。

任务反馈

学生根据对通风空调设备及部件的常用设备、材料及工艺流程、通风空调设备及部件的分部分项工程量清单编制及计价的掌握程度，进行自我评价，评价自己是否能完成知识点的学习、是否能按时完成任务书、有无任务遗漏。同时学生以小组为单位，共同学习，针对组内成员的学习过程和结果进行互评。教师对学生的评价包括任务书的书写是否工整，是否按时完成任务书，完成质量是否达标。将各自的评价总分填入下表，教师可根据学生的表现情况额外进行增值评价。

学生遇到问题时，可先进行组内讨论，针对争议性问题或组内讨论后仍无法解决的问题，可填写在下表的相应位置。

学生自评	组内互评	教师评价	增值评价
综合总评			
学生学习情况反馈（问题、难点等）			

拓展思考

扫码查看完整的CAD图纸，找出设备抗震加固的做法，并思考是否另计取费用。如果另计取费用，应如何进行该项目的费用计算？

任务 5 建筑通风空调工程计量与计价

知识学习

通风空调设备及部件的分部分项工程量清单计价应先根据《通用安装工程工程量计算规范》（GB 50856—2013）（简称《计算规范》）列出清单子目，并计算工程量，而后根据《计算规范》所列的工作内容，结合《浙江省通用安装工程预算定额》（2018 版）（简称《预算定额》）的相关规定进行计价。

通风空调设备及部件的分部分项工程量清单编制步骤如下：确定通风空调设备及部件的清单子目和工作内容→计算通风空调设备及部件的工程量→编制通风空调设备及部件的分部分项工程量清单→套取预算定额并计算各子目综合单价。

知识点 1：通风空调设备及部件的常用设备、材料及工艺流程

1. 通风空调设备及部件的常用设备、材料

常用的通风空调设备及部件有通风机、空调器、风机盘管、除尘设备、空气幕、VAV 变风量末端装置、密闭门、挡水板、滤水器、溢水盘、过滤器及框架等。下面主要介绍前四种。

（1）通风机。通风工程中通风机的分类方法很多，按通风机的作用原理可分为离心式通风机、轴流式通风机、斜流式通风机、混流式通风机、贯流式通风机等；按其用途可分为一般用途通风机、排尘通风机、高温通风机、防爆通风机、防腐通风机、防排烟通风机、屋顶通风机、射流通风机等。离心式通风机和轴流式通风机如图 5.9 所示。

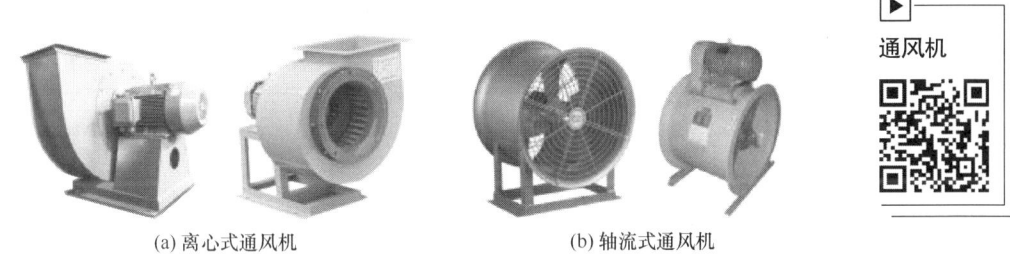

(a) 离心式通风机　　　　(b) 轴流式通风机

图 5.9　离心式通风机和轴流式通风机

（2）空调器。空调器可按规格和形式的不同分为整体式空调机组、分体式空调器、组合式空调机组等。

① 整体式空调机组是将室外空气过滤、加热（冷却）、加湿、通风机等设备安装在整体金属体内，适用于处理较小量的空调系统，可整体安装，独立控制。整体式空调机组可分为窗式、台式和移动式三种。

② 分体式空调器主要由室内机组和室外机组（主机）组成。室内机组主要设有蒸发盘管换热器和自动控制与通风机等设备，室外机组主要包括压缩机、冷凝盘管换热器、通风机等设备。室内外机组连接有制冷剂管道、电源线和排凝结水软管。

③ 组合式空调机组是由各种空气处理功能段组装而成的一种空气处理设备，主要适用于各种洁净厂房的空气净化系统。组合式空调机组按结构形式可分为卧式、立式和吊式；按用途特征可分为通用机组、新风机组、净化机组和专用机组。

（3）风机盘管。风机盘管主要由带有肋片的盘管换热器和小型电机带动的离心机组成，根据安装位置不同有卧式暗装、卧式明装、立式暗装、立式明装、卡式四出风、通用明装等类型，如图 5.10 所示。

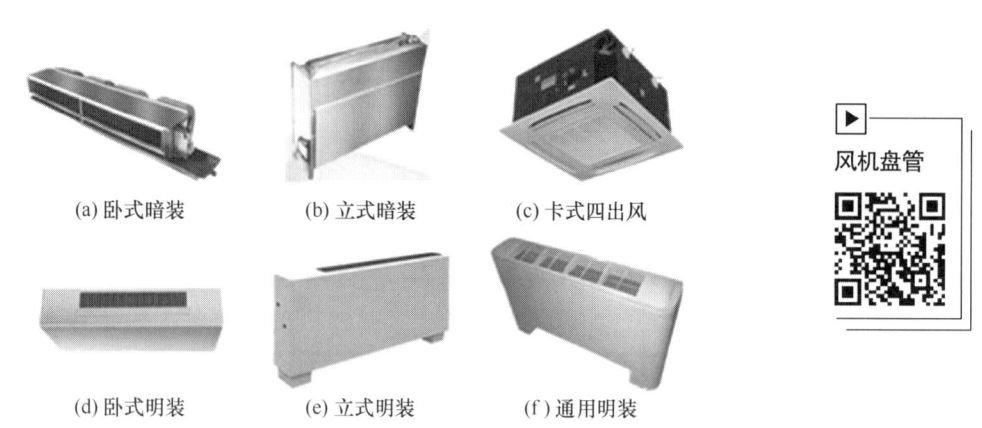

图 5.10　风机盘管

（4）除尘设备。在一些机械排风系统中，排出的空气中往往含有大量的粉尘，如果直接排入大气，就会使周围的空气受到污染，影响环境卫生和危害居民健康，因此必须对排出的空气进行适当净化，净化时还能够收回有用的物料。除掉粉尘所用的设备称为除尘设备。常用的除尘设备有重力除尘室、旋风除尘器、袋式除尘器、水膜除尘器、静电除尘器等。旋风除尘器和袋式除尘器如图 5.11 所示。

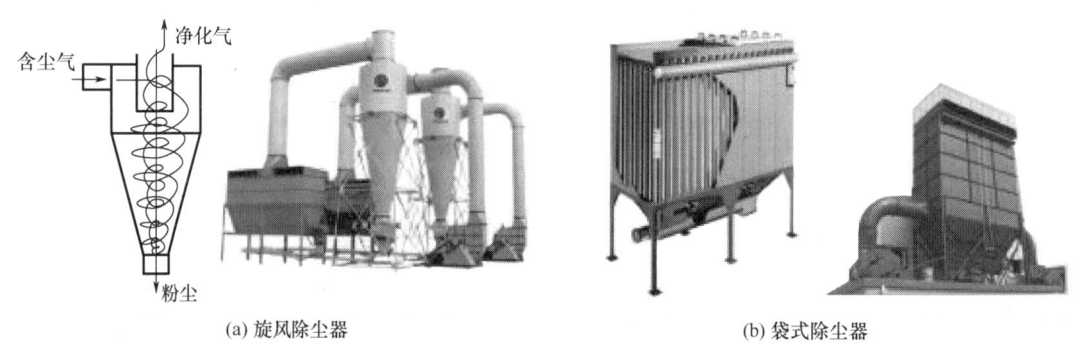

图 5.11　旋风除尘器和袋式除尘器

2. 通风空调设备及部件的工艺流程

1）空气处理设备安装

空气处理设备安装的工艺流程如下：设备基础验收→设备开箱检验→设备搬运→设备安装→机组安装→消声器、除尘器安装→检查验收→中间交接。

（1）通风机安装的工艺流程：设备基础验收→设备开箱检查→设备搬运→设备安装就位→找正、找平→检查验收。

（2）空调机组安装的工艺流程：设备基础验收→设备开箱检查→设备搬运→设备安装就位→找正、找平→二次灌浆→精平调整→试运转→检查验收。

（3）风机盘管及诱导器安装的工艺流程：预检→施工准备→电机检查试运转→表冷器水压检验→吊架制作安装→风机盘管、诱导器安装→连接配管→检验。

2）空调冷热源与辅助设备安装

（1）设备安装工艺流程：设备基础验收→设备开箱检验→设备运输→吊装就位→找正、找平→灌浆、基础抹平。

（2）一般系统工艺流程：施工准备→管道等安装→系统吹污→系统气密性试验→系统抽真空→管道防腐→系统充制冷剂。

（3）水（冰）蓄冷系统工艺流程：施工准备→管道内防腐→支架制作→支架敷设→蓄水槽（罐）内防腐→管道连接→系统吹扫→系统气密性试验→系统抽真空→管道外防腐→系统充制冷剂。

知识点2：通风空调设备及部件的分部分项工程量清单编制

1. 清单编制说明

通风空调设备及部件制作安装的工程量清单项目设置、项目特征描述的内容、计量单位及工程量计算规则，应按《计算规范》附录G.1的规定执行。

设备和支架的除锈、刷漆、保温及保护层安装，应按《计算规范》附录M的相关项目编码列项。风机支架应按《计算规范》附录C的相关项目编码列项。

冷冻机组站内的设备安装及管道安装，按《计算规范》附录A及附录H的相关项目编码列项。冷冻站外墙皮以外通往通风空调设备的供热、供冷、供水等管道，按《计算规范》附录K的相关项目编码列项。

2. 常用项目的清单规范

表5.4摘自《计算规范》附录G.1和附录A.8，在进行风机安装和通风空调设备及部件制作安装的工程量清单项目编制时，应按附录G.1和附录A.8的规定执行。附录G.1和附录A.8分别有15项和6项，表5.4分别摘取其中的4项和2项。

3. 工程量清单项目特征描述

（1）通风空调设备按设备名称、型号、规格、质量、安装形式、支架形式及材质等描述项目特征。

（2）空调器的安装形式应描述吊顶式、落地式、墙上式、窗式，并标出每台空调器的质量。

（3）风机盘管的安装形式应描述吊顶式、落地式。

（4）过滤器的安装应描述初效过滤器、中效过滤器、高效过滤器。

表 5.4 风机安装和通风空调设备及部件制作安装的工程量清单项目设置

项目编码	项目名称	项目特征	计量单位	工程计算规则	工作内容
030108001	离心式通风机	1. 名称 2. 型号 3. 规格 4. 质量 5. 材质 6. 减振底座形式、数量 7. 灌浆配合比 8. 单机试运转要求	台	按设计图示数量计算	1. 本体安装 2. 拆装检查 3. 减振台座制作、安装 4. 二次灌浆 5. 单机试运转 6. 补刷（喷）油漆
030108003	轴流式通风机	^	^	^	^
030701001	空气加热器（冷却器）	1. 名称 2. 型号 3. 规格 4. 质量 5. 安装形式 6. 支架形式、材质	台	^	1. 本体安装、调试 2. 设备支架制作、安装 3. 补刷（喷）油漆
030701002	除尘设备	^	^	^	^
030701003	空调器	1. 名称 2. 型号 3. 规格 4. 安装形式 5. 质量 6. 隔振垫（器）、支架形式、材质	台（组）	^	1. 本体安装或组装、调试 2. 设备支架制作、安装 3. 补刷（喷）油漆
030701004	风机盘管	1. 名称 2. 型号 3. 规格 4. 安装形式 5. 减振器、支架形式、材质	台	^	1. 本体安装、调试 2. 支架制作、安装 3. 试压 4. 补刷（喷）油漆

举例说明：

任务 5 的"引入案例"中，通风空调设备及部件制作安装的分部分项工程量清单编制见表 5.5。

4. 工程量计算

1) 清单规则

空气加热器（冷却器）、除尘设备、风机盘管、表冷器、净化工作台、风淋室、洁净室、除湿机、人防过滤吸收器按设计图示数量计算，以"台"为计量单位；空调器按设计图示数量计算，以"台"或"组"为计量单位；密闭门、挡水板、滤水器、溢水盘、金属壳体按设计图示数量计算，以"个"为计量单位；过滤器按设计图示数量计算，以"台"或"m^2"为计量单位。

表 5.5 通风空调设备及部件制作安装的分部分项工程量清单

序号	项目编码	项目名称	项目特征	计量单位	工程量
1	030701003001	空调器	1. 名称：新风机 2. 型号：FXMFP140AB 3. 规格：风量 1080m³/h，机外静压 185Pa，制冷/制热 14.0/8.9kW，输入功率 0.3kW 4. 安装形式：吊装 5. 隔振垫（器）、支架形式、材质：详见设计要求	台	1
2	030701003002	空调器	1. 名称：风冷型室外机 38HP 2. 规格：制冷/制热 106.9/119.5kW，制冷/制热输入功率 29.3/29.5kW 3. 安装形式：落地式 4. 隔振垫（器）、支架形式、材质：详见设计要求	台	1
3	030701004001	风机盘管	1. 名称：四面出风嵌入式室内机 2. 型号、规格：风量 1650m³/h，制冷/制热 14.0/16.0kW，输入功率 220W 3. 安装形式：嵌入式安装 4. 隔振器、支架形式、材质：详见设计要求 5. 其他：带凝结水提升泵	台	1
4	030701004002	风机盘管	1. 名称：四面出风嵌入式室内机 2. 型号、规格：风量 1380m³/h，制冷/制热 9.0/10.0kW，输入功率 146W 3. 安装形式：嵌入式安装 4. 隔振器、支架形式、材质：详见设计要求 5. 其他：带凝结水提升泵	台	1
5	030701004003	风机盘管	1. 名称：暗藏风管式室内机 2. 型号、规格：风量 1170m³/h，制冷/制热 9.0/10.0kW，输入功率 194W 3. 安装形式：吊顶内暗装 4. 隔振器、支架形式、材质：详见设计要求 5. 其他：机外静压 30Pa	台	1
6	030701004004	风机盘管	1. 名称：暗藏风管式室内机 2. 型号、规格：风量 900m³/h，制冷/制热 7.1/8.0kW，输入功率 151W 3. 安装形式：吊顶内暗装 4. 隔振器、支架形式、材质：详见设计要求 5. 其他：机外静压 30Pa	台	2

2）定额规则

（1）空气加热器（冷却器）安装按设计图示数量计算，以"台"为计量单位。

（2）除尘设备安装按设计图示数量计算，以"台"为计量单位。

（3）整体式空调机组、分体式空调器安装按设计图示数量计算，分别以"台""套"为计量单位。

（4）组合式空调机组安装依据设计风量，按设计图示数量计算，以"台"为计量单位。

（5）多联体空调机室外机安装依据制冷量，按设计图示数量计算，以"台"为计量单位。

（6）风机盘管安装按设计图示数量计算，以"台"为计量单位。

（7）空气幕安装按设计图示数量计算，以"台"为计量单位。

（8）VAV变风量末端装置安装按设计图示数量计算，以"台"为计量单位。

（9）钢板密闭门安装按设计图示数量计算，以"个"为计量单位。

（10）钢板挡水板安装按设计图示尺寸以空调器断面面积计算，以"m^2"为计量单位。

（11）滤水器、溢水盘制作安装按设计图示尺寸以质量计算，以"kg"为计量单位。非标准部件制作安装按成品质量计算。

（12）高、中、低效过滤器安装、净化工作台、风淋室安装按设计图示数量计算，以"台"为计量单位。

（13）过滤器框架制作安装按设计图示尺寸以质量计算，以"kg"为计量单位。

（14）通风机安装依据不同形式、规格，按设计图示数量计算，以"台"为计量单位。

知识点3：通风空调设备及部件的分部分项工程量清单计价

本部分的计价基本依据是《预算定额》第七册《通风空调工程》，该册定额适用于新建、扩建、改建项目中的通风、空调工程。本册定额由通风空调设备及部件制作、安装，通风管道制作、安装，通风管道部件制作、安装，人防通风设备及部件制作、安装，通风空调工程系统调试五个章节和主要材料损耗率表和风管、部件参数表两个附录组成，共计504个子目。本部分的计价主要依据本册定额第一章"通风空调设备及部件制作、安装"。

1. 工程量清单计价说明

通风设备、除尘设备为专供通风工程配套的各种风机及除尘设备。其他工业用风机（如热力设备用风机）及除尘设备安装应执行《预算定额》第一册《机械设备安装工程》、第二册《热力设备安装工程》相应定额。设备支架的制作安装、减振器、隔振垫的安装，执行《预算定额》第十三册《通用项目和措施项目工程》相应定额。

（1）通风机安装子目内包括电动机安装，其安装形式包括A、B、C、D等型，适用于碳钢、不锈钢、塑料通风机安装。

（2）诱导器安装执行风机盘管安装子目。

（3）多联式空调系统的室内机按安装方式执行风机盘管子目。

（4）玻璃钢和 PVC 挡水板执行钢板挡水板安装子目。

（5）低效过滤器包括：M-A 型、WL 型、LWP 型等系列。

（6）中效过滤器包括：ZKL 型、YB 型、M 型、ZX-1 型等系列。

（7）高效过滤器包括：GB 型、GS 型、JX-20 型等系列。

（8）净化工作台包括：XHK 型、BZK 型、SXP 型、SZP 型、SZX 型、SW 型、SZ 型、SXZ 型、TJ 型、CJ 型等系列。

（9）卫生间通风器执行《预算定额》第四册《电气设备安装工程》中换气扇安装的相应定额。

（10）轴流式通风机如果安装在墙体里，参照轴流式通风机吊式安装的相应定额子目，人工材料乘以系数 0.7。箱体式风机安装执行通风机安装的相应子目，基价乘以系数 1.2。

（11）成套分体式空调器安装定额包含室内机、室外机安装，以及长度在 5m 以内的冷媒管及其保温、保护层的安装、电气接线工作，未计价主材包含设备本体、冷媒管、保温及保护层材料、电线。

2. 工程量清单计价的项目组合

根据《计算规范》表格中的工作内容可知，通风机的工作内容涉及本体安装、拆装检查、减振台座制作及安装、二次灌浆，本体安装参考《预算定额》第一册第七章及第七册第一章的相关定额子目进行组价，拆装检查参考《预算定额》第一册第七章的相关定额子目进行组价，减振台座制作及安装参考《预算定额》第一册第十二章及第十三册的相关定额子目进行组价，二次灌浆参考《预算定额》第一册第十二章的相关定额子目进行组价；通风空调设备及部件的工作内容一般涉及本体安装及调试、支架制作及安装、补刷（喷）油漆，本体安装及调试参考《预算定额》第七册第一章相关定额子目进行组价，支架制作及安装参考《预算定额》第十三册相关定额子目进行组价，补刷（喷）油漆参考《预算定额》第十二册相关定额子目进行组价，若工作内容涉及减振器（垫）安装，参考《预算定额》第十三册相关定额子目进行组价。通风空调设备及部件的组价内容见表 5.6。

表 5.6　通风空调设备及部件的组价内容

序号	项目编码	项目名称	可组合的主要内容	对应的定额子目	定额编码
1	030108001	离心式通风机	本体安装	离心式通（引）风机	1-7-1～1-7-11
				离心式通风机	7-1-62～7-1-76
			拆装检查	离心式通（引）风机	1-7-60～1-7-71
			减振台座制作、安装	设备减振台座	1-12-77～1-12-81
				减振器、隔振垫	13-1-43、13-1-44
			二次灌浆	设备底座与基础间灌浆	1-12-72～1-12-76

续表

序号	项目编码	项目名称	可组合的主要内容	对应的定额子目	定额编码
2	030108003	轴流式通风机	本体安装	轴流式通风机	1-7-14～1-7-28
				轴流式、斜流式、混流式通风机安装	7-1-77～7-1-85
			拆装检查	轴流式通风机	1-7-72～1-7-89
			减振台座制作、安装	设备减振台座	1-12-77～1-12-81
				减振器、隔振垫	13-1-43、13-1-44
			二次灌浆	设备底座与基础间灌浆	1-12-72～1-12-76
3	030701001	空气加热器（冷却器）	本体安装、调试	空气加热器（冷却器）	7-1-1～7-1-3
			设备支架制作、安装	设备支架制作	13-1-39、13-1-40
				设备支架安装	13-1-41、13-1-42
			补刷（喷）油漆	设备与矩形管道刷油	12-2-26～12-2-52
				一般钢结构刷油	12-2-53～12-2-75
4	030701002	除尘设备	本体安装、调试	除尘设备安装	7-1-4～7-1-7
			设备支架制作、安装	设备支架制作	13-1-39、13-1-40
				设备支架安装	13-1-41、13-1-42
			隔振器（垫）安装	减振器、隔振垫	13-1-43、13-1-44
			补刷（喷）油漆	设备与矩形管道刷油	12-2-26～12-2-52
				一般钢结构刷油	12-2-53～12-2-75
5	030701003	空调器	本体安装或组装、调试	整体式空调机组	7-1-8～7-1-19
				成套分体式空调	7-1-20～7-1-23
				组合式空调机组	7-1-24～7-1-31
				多联体空调机室外机	7-1-32～7-1-36
				空气幕	7-1-41～7-1-43
			设备支架制作、安装	设备支架制作	13-1-39、13-1-40
				设备支架安装	13-1-41、13-1-42
			隔振器（垫）安装	减振器、隔振垫	13-1-43、13-1-44
			补刷（喷）油漆	设备与矩形管道刷油	12-2-26～12-2-52
				一般钢结构刷油	12-2-53～12-2-75

续表

序号	项目编码	项目名称	可组合的主要内容	对应的定额子目	定额编码
6	030701004	风机盘管	本体安装、调试	风机盘管安装	7-1-37～7-1-40
				空气幕	7-1-41～7-1-43
				VAV 变风量末端装置	7-1-44、7-1-45
			减振器（垫）安装	减振器、隔振垫	13-1-43、13-1-44
			补刷（喷）油漆	设备与矩形管道刷油	12-2-26～12-2-52
				一般钢结构刷油	12-2-53～12-2-75

举例说明：

以表 5.5 的清单为基础，找出任务 5 的"引入案例"中通风空调设备及部件的定额子目进行组价（表 5.7）。

表 5.7 通风空调设备及部件的分部分项工程量清单组价

序号	项目编码	项目名称	定额编码
1	030701003001	空调器（新风机）	7-1-22
2	030701003002	空调器（风冷型室外机）	7-1-35、13-1-40、13-1-42、13-1-44
3	030701004001	风机盘管（四面出风嵌入式室内机 14kW）	7-1-40、13-1-39、13-1-41
4	030701004002	风机盘管（四面出风嵌入式室内机 9kW）	7-1-40、13-1-39、13-1-41
5	030701004003	风机盘管（暗藏风管式室内机 9kW）	7-1-38、13-1-39、13-1-41
6	030701004004	风机盘管（暗藏风管式室内机 7.1kW）	7-1-38、13-1-39、13-1-41

3. 综合单价的计算

本工程为市区项目，采用一般计税法，取中值，风险费不计，已知风冷型室外机为 70000 元/台（除税价格），14# 槽钢为 5.5 元/kg（除税价格），隔振垫为 5 元/块（除税价格），则"引入案例"中风冷型室外机的综合单价的计算可扫描二维码查看（此处不再列举各人工、材料、机械信息价）。

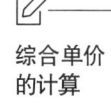

综合单价的计算

任务 5　建筑通风空调工程计量与计价

任务 5.2　通风管道计量与计价

思维导图

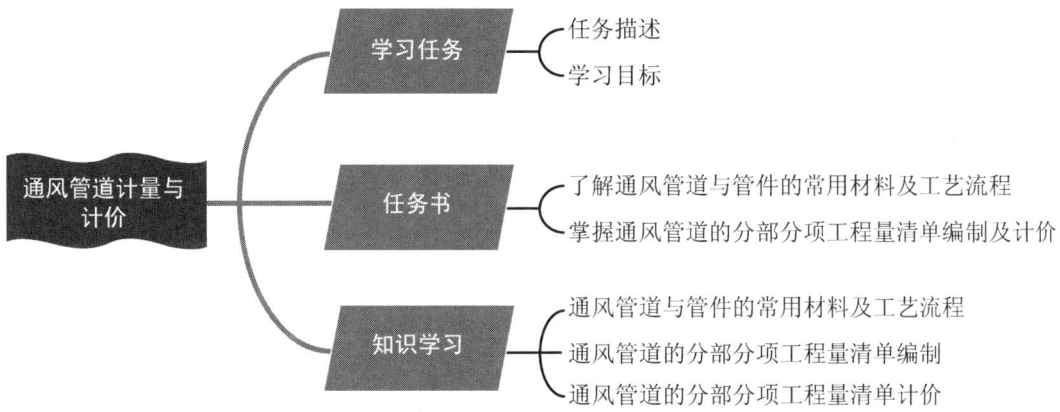

📖 任务描述

本任务依据《通用安装工程工程量计算规范》（GB 50856—2013）和《浙江省通用安装工程预算定额》（2018 版）的相关规定，主要介绍了以下几方面内容：一是通风管道与管件的常用材料及工艺流程；二是通风管道的分部分项工程量清单编制，包括工程量计算方法；三是通风管道的分部分项工程量清单计价，包括工程量清单计价的项目组合和综合单价的计算。本任务要求学生在掌握知识点的基础上完成任务书。

📖 学习目标

1. 知识目标

（1）掌握通风管道的工程量计算规则及计量方法。
（2）掌握通风管道的分部分项工程量清单的构成及编制方法。
（3）熟悉通风管道的预算定额表格，掌握其工程量清单计价的项目组合。

2. 能力目标

（1）能够计算通风管道的分部分项工程量。
（2）能够编制通风管道的分部分项工程量清单。
（3）能够在所编制的工程量清单基础上找到对应的定额子目。
（4）能够举一反三，从案例中吸取经验和教训，运用到其他工程实例中。

3. 素质目标

（1）通过对建筑通风空调工程规范的了解，树立"执行行业标准和法规"的职业意识。

（2）通过学习工程量清单编制及计价，培养理论联系实际、认真观察生活的意识。

（3）通过学习通风管道分部分项清单计价，培养诚实守信的品质和科学严谨的学习态度。

任务 5　建筑通风空调工程计量与计价

任务书					
班级：	学号：	姓名：		日期：	页数：2

工作准备

1. 熟悉通风管道的施工工艺。

2. 自行阅读《通用安装工程工程量计算规范》(GB 50856—2013)和《浙江省通用安装工程预算定额》(2018 版)关于通风管道的相关规定。

工作实施

问题 1：扫描右上角的二维码，阅读图纸并计算通风管道的工程量，完成计算书。

问题 2：在"问题 1"计算书的基础上，编制通风管道的分部分项工程量清单。

问题3：在"问题2"的基础上，结合图纸和各分部分项工程的工作内容，找出各工程量清单项目对应的定额子目，并将定额编码填入相应表格中，如需换算，请在定额编号后加"换"字。

任务反馈

学生根据对通风管道与管件的常用材料及工艺流程、通风管道的分部分项工程量清单编制及计价的掌握程度，进行自我评价，评价自己是否能完成知识点的学习、是否能按时完成任务书、有无任务遗漏。同时学生以小组为单位，共同学习，针对组内成员的学习过程和结果进行互评。教师对学生的评价包括任务书的书写是否工整，是否按时完成任务书，完成质量是否达标。将各自的评价总分填入下表，教师可根据学生的表现情况额外进行增值评价。

学生遇到问题时，可先进行组内讨论，针对争议性问题或组内讨论后仍无法解决的问题，可填写在下表的相应位置。

学生自评	组内互评	教师评价	增值评价
综合总评			
学生学习情况反馈（问题、难点等）			

拓展思考

1. 请完成本工程的冷凝水管和氟利昂管的工程量清单编制和组价？
2. 风管的支架如何设定？除风管外，还有哪些地方需要设置支架？

任务 5 建筑通风空调工程计量与计价

知识学习

通风管道的分部分项工程量清单计价应先根据《通用安装工程工程量计算规范》（GB 50856—2013）（简称《计算规范》）列出清单子目，并计算工程量，而后根据《计算规范》所列的工作内容，结合《浙江省通用安装工程预算定额》（2018版）（简称《预算定额》）的相关规定进行计价。

通风管道的分部分项工程量清单编制步骤如下：确定通风管道的清单子目和工作内容→计算通风管道的工程量→编制通风管道的分部分项工程量清单→套取预算定额并计算各子目综合单价。

知识点1：通风管道与管件的常用材料及工艺流程

1. 通风管道与管件的常用材料

（1）通风管道。通风管道包括风管和风道。在通风空调工程中，将采用金属、非金属薄板或其他材料制作而成，用于空气流通的管道称为风管；将采用混凝土、砖等建筑材料砌筑而成，用于空气流通的通道称为风道。风管种类很多，以风管截面形状分，有圆形风管、矩形风管两大类（图5.12），圆形风管规格用"直径D"表示（如$D300$），矩形风管规格用截面"宽×高"表示（如800×250）；以材质不同分，有薄钢板风管（镀锌或普通）、不锈钢板风管、铝板风管、塑料风管、玻璃钢风管、复合风管等。

风管的制作与安装

（2）管件。通风系统中主要的管件有弯头、三通、变径管、天圆地方、法兰、四通等，如图5.13所示。

(a) 圆形风管　　　　　　　　　　　　(b) 矩形风管

图 5.12　风管

图 5.13　管件

2. 通风管道与管件制作安装的工艺流程

1）通风管道与管件的制作

根据风管材质不同，通风管道与管件制作的工艺流程有所不同。

（1）钢板风管、塑料复合钢板风管、不锈钢板风管、铝板风管制作的工艺流程。

① 风管生产线的工艺流程：卷料选料、下料→压紧、校平→打孔、倒角、切槽→切断→传输→咬口→共板法兰成型→折弯成型→检查验收。

② 人工辅以机械的工艺流程：板材、型材选用及复检→放样下料→风管预制及拼接→法兰制作及防腐→中间检查→风管组合→风管加固、成型→检查验收。

（2）净化空调风管制作的工艺流程：现场准备→材料进场验收→板材清洗→板材划线→裁剪下料→咬口成型→法兰制作铆接→风管对口堆放→风管安装前擦洗→风管及部件安装→现场安装后保护。

（3）聚氨酯铝箔与酚醛铝箔复合风管及管件、玻璃纤维复合风管及管件制作的工艺流程：板材放样下料→风管粘接成型→插接连接件或法兰与风管连接→加固与导流叶片安装→质量检查。

（4）玻镁复合风管及管件制作的工艺流程：板材放样下料→胶黏剂配制→风管组合粘接成型→加固与导流叶片安装→伸缩节制作→质量检查→存放。

（5）硬聚氯乙烯风管及管件制作的工艺流程：划线切割→板材坡口→加热成型→法兰制作→风管组配、加固→检验→存放。

（6）有机玻璃钢风管、无机玻璃钢风管制作的工艺流程：制浆、剪裁、支模→成型→检验→固化→修整→存放。

2）通风管道与管件的安装

通风管道与管件安装的工艺流程：测量放线→支吊架安装→风管检查→组合连接→风管调整→质量检查。

知识点 2：通风管道的分部分项工程量清单编制

1. 清单编制说明

通风管道制作安装和绝热工程的工程量清单项目设置、项目特征描述的内容、计量单位及工程量计算规则，应按《计算规范》附录 G.2 和附录 M.8 的规定执行。

2. 常用项目的清单规范

表 5.8 摘自《计算规范》附录 G.2 和附录 M.8，在进行通风管道的工程量清单项目编制时，应按该表的规定执行。

3. 工程量清单项目特征描述

（1）通风管道制作安装应描述风管的材质、形状（圆形、矩形、渐缩形）、管径（矩形风管按长边长）、板材厚度、接口形式（咬口、焊接等）、风管附件及支架设计要求。

（2）净化通风管道的空气洁净度按 100000 级标准编制，净化通风管道使用的型钢材料如要求镀锌时，工作内容应注明支架镀锌。

（3）通风管道的法兰垫料或封口材料，按设计图纸要求应在项目特征中描述。

（4）风管渐缩管：圆形风管按平均直径，矩形风管按平均周长。

表 5.8 通风管道制作安装的工程量清单项目设置

项目编码	项目名称	项目特征	计量单位	工程量计算规则	工作内容
030702001	碳钢通风管道	1. 名称 2. 材质 3. 形状 4. 规格 5. 板材厚度 6. 管件、法兰等附件及支架设计要求 7. 接口形式	m²	按设计图示内径尺寸以展开面积计算	1. 风管、管件、法兰、零件、支吊架制作、安装 2. 过跨风管落地支架制作、安装
030702002	净化通风管道				
030702003	不锈钢板通风管道	1. 名称 2. 形状 3. 规格 4. 板材厚度 5. 管件、法兰等附件及支架设计要求 6. 接口形式	m²	按设计图示内径尺寸以展开面积计算	1. 风管、管件、法兰、零件、支吊架制作、安装 2. 过跨风管落地支架制作、安装
030702004	铝板通风管道				
030702005	塑料通风管道				
030702006	玻璃钢通风管道	1. 名称 2. 形状 3. 规格 4. 板材厚度 5. 支架形式、材质 6. 接口形式	m²	按设计图示内径尺寸以展开面积计算	1. 风管、管件安装 2. 支吊架制作、安装 3. 过跨风管落地支架制作、安装
030702007	复合型风管	1. 名称 2. 材质 3. 形状 4. 规格 5. 板材厚度 6. 接口形式 7. 支架形式、材质			
030702008	柔性软风管	1. 名称 2. 材质 3. 规格 4. 风管接头、支架形式、材质	1. m 2. 节	1. 以米计量，按设计图示中心线以长度计算 2. 以节计量，按设计图示数量计算	1. 风管安装 2. 风管接头安装 3. 支吊架制作、安装
030702009	弯头导流叶片	1. 名称 2. 材质 3. 规格 4. 形式	1. m² 2. 组	1. 以面积计量，按设计图示以展开面积平方米计算 2. 以组计量，按设计图示数量计算	1. 制作 2. 组装

续表

项目编码	项目名称	项目特征	计量单位	工程量计算规则	工作内容
030702010	风管检查孔	1. 名称 2. 材质 3. 规格	1. kg 2. 个	1. 以千克计量，按风管检查孔质量计算 2. 以个计量，按设计图示数量计算	1. 制作 2. 安装
030702011	温度、风量测定孔	1. 名称 2. 材质 3. 规格 4. 设计要求	个	按设计图示数量计算	1. 制作 2. 安装
031208003	通风管道绝热	1. 绝热材料品种 2. 绝热厚度 3. 软木品种	1. m³ 2. m²	1. 以立方米计量，按图示表面积加绝热层厚度及调整系数计算 2. 以平方米计量，按图示表面积及调整系数计算	1. 安装 2. 软木制品安装

注：空调冷凝水管和冷媒水管参照《计算规范》附录 K 的相应项目编制清单，相应规范本任务中不再列举，仅在最后拓展知识中列举实例。

举例说明：

任务 5 的"引入案例"中，通风管道的清单编制见表 5.9。

表 5.9 通风管道的分部分项工程量清单

序号	项目编码	项目名称	项目特征	计量单位	工程量
1	030702001001	碳钢通风管道	1. 名称、材质：通风管道 2. 材质：镀锌薄钢板 3. 形状：矩形 4. 规格：长边在 320mm 以内 5. 板材厚度：δ=0.5mm 6. 管件、法兰等附件及支架设计要求：详见设计 7. 接口形式：咬口连接	m²	40.058
2	030702001002	碳钢通风管道	1. 名称、材质：通风管道 2. 材质：镀锌薄钢板 3. 形状：矩形 4. 规格：长边在 450mm 以内 5. 板材厚度：δ=0.5mm 6. 管件、法兰等附件及支架设计要求：详见设计 7. 接口形式：咬口连接	m²	21.906

续表

序号	项目编码	项目名称	项目特征	计量单位	工程量
3	030702001003	碳钢通风管道	1. 名称、材质：通风管道 2. 材质：镀锌薄钢板 3. 形状：矩形 4. 规格：长边在1000mm以内 5. 板材厚度：$\delta=0.6$mm 6. 管件、法兰等附件及支架设计要求：详见设计 7. 接口形式：咬口连接	m²	2.210
4	031208003001	通风管道绝热	1. 绝热材料品种：难燃柔性泡沫橡塑板，最小热阻大于0.81m²·K/W 2. 绝热厚度：$\delta=30$mm	m³	2.890

4. 工程量计算

1）清单规则

（1）通风管道的清单工程量计算规则见表5.8。风管展开面积，不扣除检查孔、测定孔、送风口、吸风口等所占面积；风管长度一律以设计图示中心线长度为准（主管与支管以其中心线交点划分），包括弯头、三通、变径管、天圆地方等管件的长度，但不包括部件所占的长度。风管展开面积不包括风管、管口重叠部分面积。

（2）穿墙套管按展开面积计算，计入通风管道工程量中。

（3）弯头导流叶片数量，按设计图纸或规范要求计算。

（4）风管检查孔、温度测定孔、风量测定孔数量，按设计图纸或规范要求计算。

2）定额规则

（1）风管制作、安装按设计图示内径尺寸以展开面积计算，以"m²"为计算单位。不扣除检查孔、测定孔、送风口、吸风口等所占面积。

圆形风管计算公式：$F=\pi \times D \times L$

矩形风管计算公式：$F=2 \times (A+B) \times L$

式中：F——风管展开面积（m²）；

D——圆形风管内直径（m）；

L——管道中心线长度（m）；

A——矩形风管长边尺寸（m）；

B——矩形风管短边尺寸（m）。

（2）风管长度计算时均以设计图示中心线长度为准（主管与支管以其中心线交点划分，如图5.14所示），包括弯头、三通、变径管、天圆地方等管件的长度，不包括部件（阀门、消声器等）所占长度。

（3）柔性软风管安装按设计图示中心线长度计算，以"m"为计量单位。

（4）弯头导流叶片制作、安装按设计图示叶片的面积计算，以"m²"为计量单位。矩形弯管内每单片导流片的近似面积见表5.10。

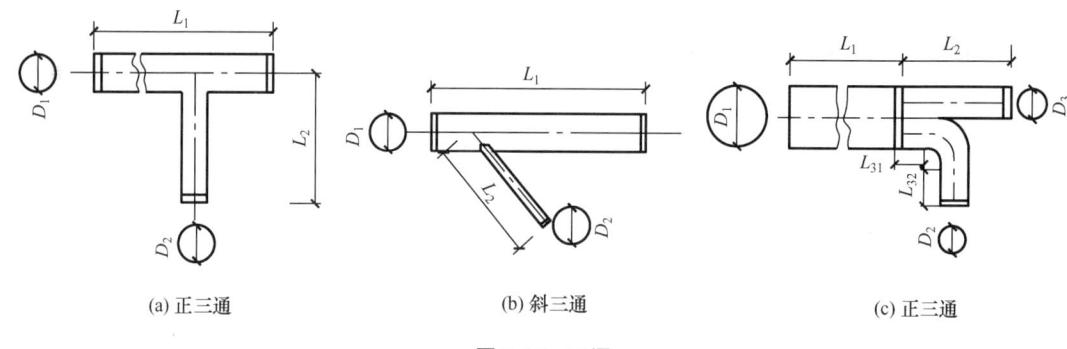

图 5.14 三通

表 5.10 矩形弯管内每单片导流片的近似面积

规格 B/mm	200	250	320	400	500	630	800	1000	1250	1600	2000
面积 /m^2	0.075	0.091	0.114	0.140	0.170	0.216	0.273	0.425	0.502	0.623	0.755

（5）软管（帆布）接口制作、安装按设计图示尺寸，以展开面积计算，以"m^2"为计量单位。

（6）风管检查孔制作、安装按设计图示尺寸质量计算，以"kg"为计量单位。

（7）温度、风量测定孔制作安装依据其型号，按设计图示数量计算，以"个"为计量单位。

（8）固定式挡烟垂壁按设计图示长度计算，以"m"为计量单位。

举例说明：

任务 5 的"引入案例"中，通风管道的分部分项工程量计算书见表 5.11。

表 5.11 通风管道的分部分项工程量计算书

序号	项目编码	项目名称	计算过程	单位	工程量
1	030702001001	碳钢通风管道	风管 160×160： $L=(4.47\times2+0.78\times3+0.76\times2)+(3.3-0.2\div2-2.9)\times7\approx14.90$ (m) $F=(A+B)\times2\times L=(0.16+0.16)\times2\times14.9\approx9.536$ (m^2) 风管 200×200： $L=3.37+(3.3-0.2\div2-2.9)\times4\approx4.57$ (m) $F=(A+B)\times2\times L=(0.2+0.2)\times2\times4.57\approx3.656$ (m^2) 风管 250×160： $L=(4.34+0.32\div2)+(5.09+0.32\div2)+(4.56+0.4\div2)+(4.11+0.4\div2)\approx18.82$ (m) $F=(A+B)\times2\times L=(0.25+0.16)\times2\times18.82\approx15.432$ (m^2)	m^2	40.058

续表

序号	项目编码	项目名称	计算过程	单位	工程量
1	030702001001	碳钢通风管道	风管 320×160： $L=9.21+2.7=11.91$（m） $F=(A+B)\times 2\times L=(0.32+0.16)\times 2\times 11.91\approx 11.434$（m²） 合计：9.536+3.656+15.432+11.434=40.058（m²）	m²	40.058
2	030702001002	碳钢通风管道	风管 400×200： $L=0.35+7.39+0.39=8.13$（m） $F=(A+B)\times 2\times L=(0.4+0.2)\times 2\times 8.13=9.756$（m²） 变径短管 320×160～400×200： $L=0.65$m $F=[(A_1+B_1)\times 2+(A_2+B_2)\times 2]\times L=[(0.32+0.16)\times 2+(0.4+0.2)\times 2]\div 2\times 0.65\approx 0.702$（m²） 风管 400×320： $L=1.69+1.53+1.21+1.43+0.76+0.44+0.69+0.2=7.95$（m） $F=(A+B)\times 2\times L=(0.4+0.32)\times 2\times 7.95=11.448$（m²） 合计：9.756+0.702+11.448=21.906（m²）	m²	21.906
3	030702001003	碳钢通风管道	变径短管 400×200～600×330： $L=0.59$m $F=[(A_1+B_1)\times 2+(A_2+B_2)\times 2]\times L=[(0.4+0.2)\times 2+(0.6+0.33)\times 2]\div 2\times 0.59=0.903$（m²） 变径短管 500×200～600×330： $L=0.51$m $F=[(A_1+B_1)\times 2+(A_2+B_2)\times 2]\times L=[(0.5+0.2)\times 2+(0.6+0.33)\times 2]\div 2\times 0.51=0.831$（m²） 风管 500×200： $L=0.29-0.15+0.2=0.34$（m） $F=(A+B)\times 2\times L=(0.5+0.2)\times 2\times 0.34=0.476$（m²） 合计：0.903+0.831+0.476=2.210（m²）	m²	2.210
4	031208003001	通风管道绝热	$V=[(A+\delta)+(B+\delta)]\times 2\times L\times \delta=[(0.16+0.03)+(0.16+0.03)]\times 2\times 14.9\times 0.03+[(0.2+0.03)+(0.2+0.03)]\times 2\times 4.57\times 0.03+[(0.25+0.03)+(0.16+0.03)]\times 2\times 18.82\times 0.03+[(0.32+0.03)+(0.16+0.03)]\times 2\times 11.91\times 0.03+[(0.4+0.03)+(0.2+0.03)]\times 2\times 8.13\times 0.03+(0.32+0.16+0.4+0.2+0.03\times 4)\times 0.65\times 0.03+[(0.4+0.03)+(0.32+0.03)]\times 2\times 7.95\times 0.03+(0.4+0.2+0.6+0.33+0.03\times 4)\times 0.59\times 0.03+(0.5+0.2+0.6+0.33+0.03\times 4)\times 0.51\times 0.03+[(0.5+0.03)+(0.2+0.03)]\times 2\times 0.34\times 0.03\approx 2.171$（m³）	m³	2.171

知识点 3：通风管道的分部分项工程量清单计价

本部分的计价基本依据是《预算定额》第七册《通风空调工程》第二章"通风管道制作、安装"。本章定额内容包括镀锌薄钢板法兰通风管道制作、安装，镀锌薄钢板共板法兰通风管道制作、安装，薄钢板法兰通风管道制作、安装，镀锌薄钢板矩形净化通风管道制作、安装，不锈钢板通风管道制作、安装，铝板风管制作、安装，塑料风管制作、安装，玻璃钢通风管道制作、安装，复合型风管制作、安装，柔性软风管安装，固定式挡烟垂壁安装，弯头导流叶片及其他等。空调系统中管道配管执行《预算定额》第十册《给排水、采暖、燃气工程》相应定额，制冷机机房、锅炉机房管道配管执行《预算定额》第八册《工业管道工程》相应定额。

1. 工程量清单计价说明

（1）薄钢板风管整个通风系统设计采用渐缩管均匀送风者，圆形风管按平均直径、矩形风管按平均长边长参照相应规格子目，其人工乘以系数 2.5。

（2）如制作空气幕送风管时，按矩形风管平均边长执行相应风管规格子目，其人工乘以系数 3.0。

（3）圆弧形风管制作安装参照相应规格子目，人工、机械乘以系数 1.4。

（4）风管导流叶片不分单叶片和香蕉形双叶片均执行同一子目。

（5）薄钢板通风管道、净化通风管道、玻璃钢通风管道、复合型风管制作安装子目中，包括弯头、三通、变径管、天圆地方等管件及法兰、加固框和吊托支架的制作安装，但不包括过跨风管落地支架，落地支架制作安装执行《预算定额》第十三册《通用项目和措施项目工程》的相应定额。

（6）净化圆形风管制作安装执行本章净化矩形风管制作安装子目。

（7）净化风管涂密封胶按全部口缝外表面涂抹考虑。如设计要求口缝不涂抹而只在法兰处涂抹时，每 10m² 风管应减去密封胶 1.5kg 和 0.37 个工日。

举例说明：

镀锌薄钢板矩形净化风管（咬口）长边长 1000mm，钢板厚 0.75mm，只在法兰处涂密封胶，厚度 0.75mm 的镀锌薄钢板 50 元/m²，试求该风管制作、安装的基价、人工费、机械费和未计价的主材费。

例题解析：套用定额"7-2-37 换"，定额 7-2-37 项目的基价为 928.68 元/10m²，人工费 562.82 元/10m²，材料费 353.66 元/10m²，机械费 12.20 元/10m²。

基价 =928.68−13.28×1.5−0.37×135=858.81（元）；

其中人工费 =562.82−0.37×135=512.87（元）；

机械费 =12.20（元）；

未计价的主材费 =11.49×50=574.5（元）。

（8）净化风管及部件制作安装子目中，型钢未包括镀锌费，如设计要求镀锌时，应另加镀锌费。

（9）净化通风管道子目按空气洁净度 100000 级编制。

（10）不锈钢板风管、铝板风管制作安装子目中，型钢未包括镀锌费，如设计要求镀锌时，应另加镀锌费。

（11）不锈钢板风管咬口连接制作安装参照本章镀锌薄钢板法兰风管制作安装子目，其中材料乘以系数 3.5，不锈钢法兰和吊托支架不再另外计算。

（12）风管制作安装子目规格所表示的直径为内径，边长为内边长。

（13）塑料风管制作安装子目中包括管件、法兰、加固框，但不包括吊托支架制作安装，吊托支架执行《预算定额》第十三册《通用项目和措施项目工程》的相应定额。

（14）塑料风管制作安装子目中的法兰垫料如与设计要求使用品种不同时可以换算，但人工消耗量不变。

（15）玻璃钢风管定额中未计价主材在组价时应包括同质法兰和加固框，其质量暂按风管全重的 15% 计。风管修补应由加工单位负责。

（16）软管接头如使用人造革而不使用帆布材料可以换算。

（17）子目中的法兰垫料按橡胶板编制，如与设计要求使用的材料品种不同时可以换算，但人工消耗量不变。使用泡沫塑料者每 1kg 橡胶板换算为泡沫塑料 0.125kg；使用闭孔乳胶海绵者每 1kg 橡胶板换算为闭孔乳胶海绵 0.5kg。

（18）柔性软风管适用于由金属、涂塑化纤织物、聚酯、聚乙烯、聚氯乙烯薄膜、铝箔等材料制成的软风管。

（19）固定式挡烟垂壁适用于防火玻璃型和挡烟布型等材料制成的固定式挡烟垂壁。

（20）刷油、防腐蚀、绝热工程，执行《预算定额》第十二册《刷油、防腐蚀、绝热工程》的相应定额。

① 薄钢板风管刷油按其工程量执行相应定额，仅外（或内）面刷油定额乘以系数 1.2，内外均刷油定额乘以系数 1.1（其法兰加固框、吊托支架已包括在此系数内）。

② 薄钢板部件刷油按其工程量执行金属结构刷油项目，定额乘以系数 1.15。

③ 薄钢板风管、部件以及单独列项的支架，其除锈不分锈蚀程度，均按其第一遍刷油的工程量，执行《预算定额》第十二册《刷油、防腐蚀、绝热工程》中除锈的项目。

④ 当薄钢板风管采用共板法兰时，套用相应定额，基价及主材乘以系数 1.03。

（21）安装在支架上的木衬垫或非金属垫料，发生时按实计入成品材料价格。

（22）定额中未包括风管穿墙、穿楼板的孔洞修补，发生时参照《预算定额》的相应定额。

2. 工程量清单计价的项目组合

通风管道的工作内容主要涉及风管、管件、法兰、零件、支吊架制作、安装及过跨风管落地支架制作、安装；弯头导流叶片，风管检查孔，温度、风量测定孔的工作内容主要涉及制作；通风管道绝热的工作内容主要涉及安装。

根据《计算规范》有关规定，具体工程发生的内容及施工组织设计内容进行选项组合。通风管道的组价内容见表 5.12。

表 5.12 通风管道的组价内容

序号	项目编码	项目名称	可组合的主要内容	对应的定额子目	定额编码
1	030702001	碳钢通风管道	风管、管件、法兰、零件、支吊架制作、安装	镀锌薄钢板圆形风管	7-2-1～7-2-5
				镀锌薄钢板矩形风管	7-2-6～7-2-11
				镀锌薄钢板共板法兰矩形风管	7-2-12～7-2-16
				薄钢板圆形风管	7-2-17～7-2-24
				薄钢板矩形风管	7-2-25～7-2-34
			过跨风管落地支架制作、安装	设备支架制作	13-1-39、13-1-40
				设备支架安装	13-1-41、13-1-42
2	030702002	净化通风管道	风管、管件、法兰、零件、支吊架制作、安装	镀锌薄钢板矩形净化风管（咬口）	7-2-35～7-2-39
			过跨风管落地支架制作、安装	设备支架制作	13-1-39、13-1-40
				设备支架安装	13-1-41、13-1-42
3	030702003	不锈钢板通风管道	风管、管件、法兰、零件、支吊架制作、安装	不锈钢板圆形风管（电弧焊）	7-2-40～7-2-44
				不锈钢板圆形风管（氩弧焊）	7-2-45～7-2-49
				不锈钢板矩形风管（电弧焊）	7-2-50～7-2-54
				不锈钢板矩形风管（氩弧焊）	7-2-55～7-2-59
				不锈钢圆形法兰（手工氩弧焊、电弧焊）	7-3-100、7-3-101
				吊托支架	7-3-102
			过跨风管落地支架制作、安装	设备支架制作	13-1-39、13-1-40
				设备支架安装	13-1-41、13-1-42

续表

序号	项目编码	项目名称	可组合的主要内容	对应的定额子目	定额编码
4	030702004	铝板通风管道	风管、管件、法兰、零件、支吊架制作、安装	铝板圆形风管（氧乙炔焊）	7-2-60～7-2-68
				铝板圆形风管（氩弧焊）	7-2-69～7-2-77
				铝板矩形风管（氧乙炔焊）	7-2-78～7-2-83
				铝板矩形风管（氩弧焊）	7-2-84～7-2-89
				圆形法兰（气焊、手工氩弧焊）	7-3-143、7-3-144
				矩形法兰（气焊、手工氩弧焊）	7-3-145、7-3-146
			过跨风管落地支架制作、安装	设备支架制作	13-1-39、13-1-40
				设备支架安装	13-1-41、13-1-42
5	030702005	塑料通风管道	风管、管件、法兰、零件、支吊架制作、安装	塑料圆形风管	7-2-90～7-2-94
				塑料矩形风管	7-2-95～7-2-99
			过跨风管落地支架制作、安装	设备支架制作	13-1-39、13-1-40
				设备支架安装	13-1-41、13-1-42
6	030702006	玻璃钢通风管道	风管、管件安装	玻璃钢圆形风管	7-2-100～7-2-107
				玻璃钢矩形风管	7-2-108～7-2-115
			过跨风管落地支架制作、安装	设备支架制作	13-1-39、13-1-40
				设备支架安装	13-1-41、13-1-42
7	030702007	复合型风管	风管、管件安装	玻纤复合型圆形风管	7-2-116～7-2-119
				玻纤复合型矩形风管	7-2-120～7-2-124
				机制玻镁复合型矩形风管	7-2-125～7-2-129
				彩钢复合矩形风管	7-2-130～7-2-134
				铝箔复合风管	7-2-135～7-2-138
			过跨风管落地支架制作、安装	设备支架制作	13-1-39、13-1-40
				设备支架安装	13-1-41、13-1-42

续表

序号	项目编码	项目名称	可组合的主要内容	对应的定额子目	定额编码
8	030702008	柔性软风管	风管安装	柔性软风管安装 无保温套管	7-2-139～7-2-143
				柔性软风管安装 有保温套管	7-2-144～7-2-148
				柔性软风管安装 铝合金软管安装	7-2-149～7-2-154
				柔性软风管安装 铝箔保温软管安装	7-2-155～7-2-160
			风管接头安装	软管接口	7-2-163
				柔性接口及伸缩节	7-3-140、7-3-141
9	030702009	弯头导流叶片	制作	弯头导流叶片	7-2-162
10	030702010	风管检查孔	制作	风管检查孔	7-2-164
11	030702011	温度、风量测定孔	制作	温度、风量测定孔	7-2-165
12	031208003	通风管道绝热	安装	带铝箔离心玻璃棉安装	12-4-352～12-4-354
				橡塑板安装（管道、风管）	12-4-372～12-4-376
				稀土保温安装（风管）	12-4-405～12-4-407

举例说明：

以表 5.9 的清单为基础，找出任务 5 的"引入案例"中通风管道的定额子目进行组价（表 5.13）。

表 5.13 通风管道的分部分项工程量清单组价

序号	项目编码	项目名称	定额编码
1	030702001001	碳钢通风管道（长边在 320mm 以内）	7-2-6 换
2	030702001002	碳钢通风管道（长边在 450mm 以内）	7-2-7
3	030702001003	碳钢通风管道（长边在 1000mm 以内）	7-2-8
4	031208003001	通风管道绝热	12-4-376

3. 综合单价的计算

综合单价的计算

本工程为市区项目，采用一般计税法，取中值，风险费不计，已知厚度 0.5mm 的镀锌薄钢板为 25 元/m²（除税价格），则任务 5 的"引入案例"中碳钢通风管道的综合单价的计算可扫描二维码查看（此处不再列举各人工、材料、机械信息价）。

任务 5　建筑通风空调工程计量与计价

任务 5.3　通风管道部件计量与计价

思维导图

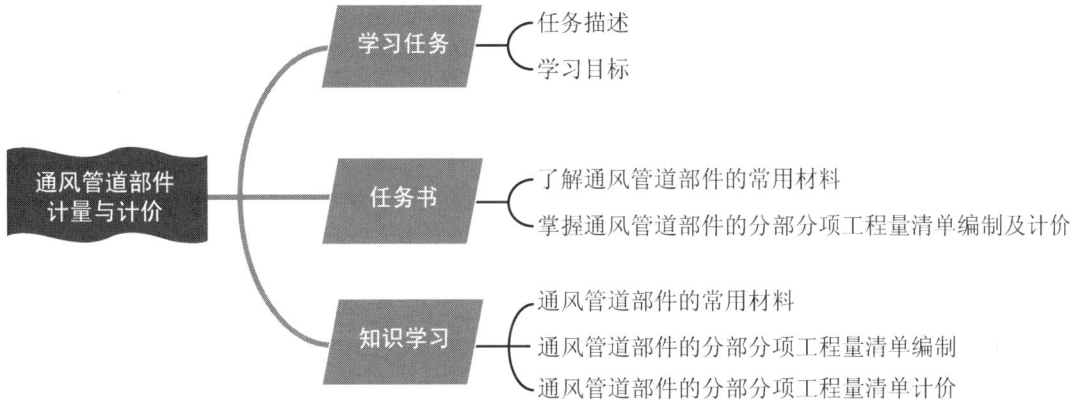

任务描述

本任务依据《通用安装工程工程量计算规范》(GB 50856—2013)和《浙江省通用安装工程预算定额》(2018 版)的相关规定,主要介绍了以下几方面内容:一是通风管道部件的常用材料;二是通风管道部件的分部分项工程量清单编制,包括工程量计算方法;三是通风管道部件的分部分项工程量清单计价,包括工程量清单计价的项目组合和综合单价的计算。本任务要求学生在掌握知识点的基础上完成任务书。

学习目标

1. 知识目标

(1) 掌握通风管道部件的工程量计算规则及计量方法。
(2) 掌握通风管道部件的分部分项工程量清单的构成及编制方法。
(3) 熟悉通风管道部件的预算定额表格,掌握其工程量清单计价的项目组合。

2. 能力目标

(1) 能够计算通风管道部件的分部分项工程量。
(2) 能够编制通风管道部件的分部分项工程量清单。
(3) 能够在所编制的工程量清单基础上找到对应的定额子目。
(4) 能够举一反三,从案例中吸取经验和教训,运用到其他工程实例中。

3. 素质目标

（1）通过对建筑通风空调工程规范的了解，树立"执行行业标准和法规"的职业意识。

（2）通过学习通风管道部件的工程量清单编制及计价，培养理论联系实际、认真观察生活的意识。

（3）通过学习通风管道部件的分部分项工程量清单计价，培养诚实守信的品质和科学严谨的学习态度。

任务 5 建筑通风空调工程计量与计价

任务书					
班级：	学号：	姓名：	日期：		页数：2

工作准备

1. 熟悉通风管道部件的施工工艺。

2. 自行阅读《通用安装工程工程量计算规范》（GB 50856—2013）和《浙江省通用安装工程预算定额》(2018 版) 关于通风管道部件的相关规定。

任务图

工作实施

问题 1：扫描右上角的二维码，阅读图纸并计算通风管道部件的工程量，完成计算书。

问题 2：在"问题 1"计算书的基础上，编制通风空调管道部件的分部分项工程量清单。

问题3：在"问题2"的基础上，结合图纸和各分部分项工程的工作内容，找出各工程量清单项目对应的定额子目，并将定额编码填入相应表格中，如需换算，请在定额编号后加"换"字。

任务反馈

学生根据对通风管道部件的常用材料、通风管道部件的分部分项工程量清单编制及计价的掌握程度，进行自我评价，评价自己是否能完成知识点的学习、是否能按时完成任务书、有无任务遗漏。同时学生以小组为单位，共同学习，针对组内成员的学习过程和结果进行互评。教师对学生的评价包括任务书的书写是否工整，是否按时完成任务书，完成质量是否达标。将各自的评价总分填入下表，教师可根据学生的表现情况额外进行增值评价。

学生遇到问题时，可先进行组内讨论，针对争议性问题或组内讨论后仍无法解决的问题，可填写在下表的相应位置。

学生自评	组内互评	教师评价	增值评价
综合总评			
学生学习情况反馈（问题、难点等）			

拓展思考

1. 如何进行风帽和风罩的清单编制及清单计价？
2. 通风管道部件的支架如何设定？如何计算部件的支架费用？

任务 5　建筑通风空调工程计量与计价

知识学习

通风管道部件的分部分项工程量清单计价应先根据《通用安装工程工程量计算规范》（GB 50856—2013）（简称《计算规范》）列出清单子目，并计算工程量，而后根据《计算规范》所列的工作内容，结合《浙江省通用安装工程预算定额》（2018 版）（简称《预算定额》）的相关规定进行计价。

通风管道部件的分部分项工程量清单编制步骤如下：确定通风管道部件的清单子目和工作内容→计算通风管道部件的工程量→编制通风管道部件的分部分项工程量清单→套取预算定额并计算各子目综合单价。

知识点 1：通风管道部件的常用材料

1. 风阀

风阀是空气输配管网的控制、调节机构，其基本功能是截断或开通空气流通的管路，调节或分配管路流量。具有控制和调节两种功能的风阀有蝶式调节阀、菱形单叶调节阀、插板阀、平行式多叶调节阀、对开式多叶调节阀、菱形多叶调节阀、复式多叶调节阀、三通调节阀等。只具有控制功能的风阀有止回阀、防火阀、排烟阀等。常用的风阀有蝶阀、插板阀、密闭式对开多叶调节阀、止回阀、防火阀等，如图 5.15 所示。

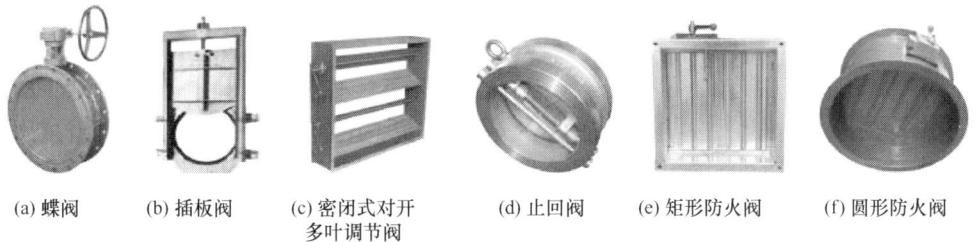

(a) 蝶阀　(b) 插板阀　(c) 密闭式对开多叶调节阀　(d) 止回阀　(e) 矩形防火阀　(f) 圆形防火阀

图 5.15　常用的风阀

（1）蝶阀。蝶阀构造简单、操作方便，转动阀门的角度即可以改变空气流量，起着开闭或调节风量的作用，多用于风道分支处或空气分布器前段。蝶阀的长度一般为 150mm。

（2）插板阀。插板阀通过拉动手柄调整插板的位置即可改变风道的空气流量，其效果好，但占用空间大，开启阻力大，多用于风机出口或主干道上，规格与风道断面尺寸相同。密闭式斜插板阀的长度见表 5.14。

表 5.14　密闭式斜插板阀长度

项目	密闭式斜插板阀的长度														
直径 D	80	85	90	95	100	105	110	115	120	125	130	135	140	145	150	155
长度 L	280	285	290	300	305	310	315	320	325	330	335	340	345	350	355	360
直径 D	160	165	170	175	180	185	190	195	200	205	210	215	220	225	230	235
长度 L	365	365	370	375	380	385	390	395	400	405	410	415	420	425	430	435
直径 D	240	245	250	255	260	265	270	275	280	285	290	300	310	320	330	340
长度 L	440	445	450	455	460	465	470	475	480	485	490	500	510	520	530	540

（3）密闭式对开多叶调节阀。密闭式对开多叶调节阀具有阻力小、漏风量小、气流较均匀等优点，多安装在主风道和分支风道上，规格与风道断面尺寸相同。密闭式对开多叶调节阀的长度一般为210mm。

（4）止回阀。止回阀是启闭件为圆形阀瓣并靠自身质量及介质压力产生动作来阻断介质倒流的一种阀门，属自动阀类，主要用于介质单向流动的管道上，只允许介质向一个方向流动，以防止发生事故。止回阀的长度一般为300mm。

（5）防火阀。防火阀在发生火灾时能迅速切断输送的气流，防止火势蔓延。当出现火情时，风道受周围影响而温度升高，当火势使风道内达到一定的温度时，易熔片熔断，原来靠易熔片连接的阀板随即与易熔片脱开而关闭阻止气流通过。为了停止继续向系统送风，防火阀上安装有电气信号和连锁装置，可使阀板在关闭时发出信号，使风机停止运转。防火阀的长度一般为300～380mm。

2. 风口

风口的基本功能是将气体吸入或排出管网。风口按材质可分为铝合金风口、不锈钢风口、铝制孔板风口、木风口、碳钢风口、玻璃钢风口等。风口按形式可分为格栅风口、地板回风口、条缝型风口、百叶风口和散流器。风口按具体功能可分为新风口、排风口、送风口、回风口等。常用的风口有百叶风口、散流器、球形风口等，如图5.16所示。

 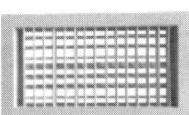   

(a) 单层百叶风口　　(b) 双层百叶风口　　(c) 方形散流器　　(d) 圆形散流器　　(e) 球形风口

图5.16　常用的风口

（1）百叶风口。百叶风口有单层百叶风口和双层百叶风口等。单层百叶风口只有一层可调节角度的活动百叶。双层百叶风口有两层可调节角度的活动百叶，其中短叶片可用于调节送风气流的扩散角，也可用于改变气流的方向，而长叶片可用于调节送风气流贴附顶棚或下倾一定角度。百叶风口通常由铝合金制成，其外形美观、选用方便、调节灵活、安装简单，多安装在侧墙上用作侧送风口。

（2）散流器。散流器是一种由上向下送风的送风口，通常安装在送风管道端部，明装或暗装于顶棚上。散流器按外形分有方形和圆形，按叶片形状和流型分有直片式和流线型。直片式散流器气流覆盖面大，造型美观，易与装饰吊顶配合。流线型散流器结构较为复杂，适用于恒温或要求洁净度高的房间的顶送风方式。

3. 风帽

风帽是安装在室外的排风系统末端设备，用于排风系统的出口处。风帽按形式可分为筒形风帽、伞形风帽、锥形风帽，如图5.17所示。筒形风帽一般用于自然通风系统，多安装在屋顶，也可用于室内通风；伞形风帽适用于机械排风系统；锥形风帽适用于除尘或排放非腐蚀性但有毒的通风系统。风帽按材质可分为碳钢风帽、塑料风帽、铝板风帽、玻璃钢风帽等。

(a) 筒形风帽　　(b) 伞形风帽　　(c) 锥形风帽

图 5.17　风帽

4. 局部排风罩

局部排风罩的主要作用是排除工艺过程或设备中的含尘气体、余热、余湿、毒气、油烟等。局部排风罩按工作原理可分为密闭罩、柜式排风罩、外部吸气罩、接受式排风罩、吹吸式排风罩等。

5. 消声器

消声器是一种能阻止噪声传播，同时允许气流顺利通过的装置。在通风空调系统中，消声器一般安装在风机出口水平总风管上，用以降低风机产生的空气动力噪声，也可将消声器安装在各个送风口前的弯头内，用来阻止或降低由风管内向空调房间传播的噪声。常用的消声器主要有微穿孔板消声器、阻抗式消声器、管式消声器、片式消声器、消声弯头、消声静压箱等，如图 5.18 所示。

(a) 微穿孔板消声器　(b) 阻抗式消声器　(c) 管式消声器　(d) 片式消声器　(e) 消声弯头　(f) 消声静压箱

图 5.18　消声器

知识点 2：通风管道部件的分部分项工程量清单编制

1. 清单编制说明

通风管道部件制作安装的工程量清单项目设置、项目特征描述的内容、计量单位及工程量计算规则，应按《计算规范》附录 G.3 的规定执行。

2. 常用项目的清单规范

表 5.15 摘自《计算规范》附录 G.3，在进行通风管道部件的工程量清单项目编制时，应按该表的规定执行。附录 G.3 共有 24 个分项，表 5.15 摘取其中 14 项。

表 5.15 通风管道部件制作安装的工程量清单项目设置

项目编码	项目名称	项目特征	计量单位	工程量计算规则	工作内容
030703001	碳钢阀门	1. 名称 2. 型号 3. 规格 4. 质量 5. 类型 6. 支架形式、材质	个	按设计图示数量计算	1. 阀体制作 2. 阀体安装 3. 支架制作、安装
030703002	柔性软风管阀门	1. 名称 2. 规格 3. 材质 4. 类型	个	按设计图示数量计算	阀体安装
030703003	铝蝶阀	1. 名称 2. 规格 3. 质量 4. 类型			
030703004	不锈钢蝶阀				
030703005	塑料阀门	1. 名称 2. 型号 3. 规格 4. 类型			
030703006	玻璃钢蝶阀				
030703007	碳钢风口、散流器、百叶窗	1. 名称 2. 型号 3. 规格 4. 质量 5. 类型 6. 支架形式、材质	个	按设计图示数量计算	1. 风口制作、安装 2. 散流器制作、安装 3. 百叶窗安装
030703008	不锈钢风口、散流器、百叶窗				
030703009	塑料风口、散流器、百叶窗				
030703010	玻璃钢风口	1. 名称 2. 型号 3. 规格 4. 类型 5. 形式			风口安装
030703011	铝及铝合金风口、散流器				1. 风口制作、安装 2. 散流器制作、安装
030703019	柔性接口	1. 名称 2. 型号 3. 规格 4. 类型 5. 形式	m²	按设计图示尺寸以展开面积计算	1. 柔性接口制作 2. 柔性接口安装

续表

项目编码	项目名称	项目特征	计量单位	工程量计算规则	工作内容
030703020	消声器	1. 名称 2. 规格 3. 材质 4. 形式 5. 质量 6. 支架形式、材质	个	按设计图示数量计算	1. 消声器制作 2. 消声器安装 3. 支架制作、安装
030703021	静压箱	1. 名称 2. 规格 3. 形式 4. 材质 5. 支架形式、材质	1. 个 2. m²	1. 以个计量，按设计图示数量计算 2. 以平方米计量，按设计图示尺寸以展开面积计算	1. 静压箱制作、安装 2. 支架制作、安装

3. 工程量清单项目特征描述

（1）通风部件如图纸要求制作安装或用成品部件只安装不制作，这类特征在项目特征中应明确描述。

（2）碳钢阀门制作安装项目，包括空气加热器上通阀、空气加热器旁通阀、圆形瓣式启动阀、风管蝶阀、风管止回阀、密闭式斜插板阀、矩形风管三通调节阀、对开多叶调节阀、风管防火阀、各类型风罩调节阀等。编制工程量清单时，除明确描述上述调节阀的类型外，还应描述其规格、质量、形状（方形、圆形）等特征。

（3）塑料阀门制作安装项目，包括塑料蝶阀、塑料插板阀、各类型风罩塑料调节阀。编制工程量清单时，除明确描述上述调节阀的类型外，还应描述其规格、形状（方形、圆形）等特征。

（4）碳钢风口、散流器、百叶窗制作安装项目，包括百叶风口、矩形送风口、矩形空气分布器、风管插板风口、旋转吹风口、圆形散流器、方形散流器、流线型散流器、送吸风口、活动箅式风口、网式风口、钢百叶窗等。编制工程量清单时，除明确描述上述散流器及风口的类型外，还应描述其规格、质量、形状（方形、圆形）等特征。

（5）消声器制作安装项目，包括片式消声器、矿棉管式消声器、聚酯泡沫管式消声器、卡普隆纤维管式消声器、弧形声流式消声器、阻抗复合式消声器、微穿孔板消声器、消声弯头。编制工程量清单时，除明确描述上述消声器的类型外，还应明确描述消声器的种类、质量等特征。

举例说明：

任务5的"引入案例"中，通风管道的清单编制见表5.16。

4. 工程量计算

1）清单规则

通风管道部件的清单工程量计算规则见表5.15，其中静压箱的面积按图示尺寸以展开面积计算，不扣除开口的面积。

表 5.16 通风管道部件的分部分项工程量清单

序号	项目编码	项目名称	项目特征	计量单位	工程量
1	030703001001	碳钢阀门	1. 名称：手动对开多叶调节阀（成品）安装 2. 规格：500mm×200mm	个	1
2	030703001002	碳钢阀门	1. 名称：手动对开多叶调节阀（成品）安装 2. 规格：250mm×160mm	个	4
3	030703011001	铝合金散流器	1. 名称：铝合金方形散流器（成品）安装 2. 规格：200mm×200mm（喉径）	个	4
4	030703011002	铝合金百叶窗	1. 名称：铝合金百叶防雨外百叶（成品）安装 2. 型号：500mm×200mm 3. 其他：有效面积系数≥0.6	个	1
5	030703011003	铝合金百叶窗	1. 名称：铝合金百叶防雨外百叶（成品）安装 2. 型号：400mm×320mm 3. 其他：有效面积系数≥0.6	个	1
6	030703019001	柔性接口	1. 名称：软接口制作、安装 2. 材质：不燃材料 3. 规格：600mm×330mm	m²	0.744
7	030703020001	消声器	1. 名称：片式消声器安装 2. 型号：ZP100 3. 规格：600mm×250mm×1000mm 4. 质量：54.5kg/台	个	1
8	030404033001	排气扇	1. 名称：排气扇安装 2. 安装方式：嵌入安装 3. 其他：L=200m³/h，带防回流叶片	台	7

注：此处排气扇借用建筑电气中的"风扇"分项。

2）定额规则

（1）碳钢调节阀安装依据其类型、直径（圆形）或周长（方形），按设计图示数量计算，以"个"为计量单位。

（2）柔性软风管阀门安装按设计图示数量计算，以"个"为计量单位。

（3）铝合金风口、散流器的安装依据类型、规格尺寸按设计图示数量计算，以"个"为计量单位。

（4）百叶窗及活动金属百叶风口安装依据规格尺寸按设计图示数量计算，以"个"为计量单位。

（5）塑料通风管道柔性接口及伸缩节制作与安装依据连接方式，按设计图示尺寸以展开面积计算，以"m²"为计量单位。

（6）塑料通风管道分布器、散流器的安装按其成品质量，以"kg"为计量单位。

(7)不锈钢风口安装、圆形法兰制作安装、不锈钢板风管吊托支架制作与安装按设计图示尺寸以质量计算,以"kg"为计量单位。

(8)铝板圆伞形风帽,铝板风管圆、矩形法兰制作按设计图示尺寸以质量计算,以"kg"为计量单位。

(9)微穿孔板消声器、管式消声器、阻抗式消声器成品安装按设计图示数量计算,以"个"为计量单位。

(10)消声弯头安装按设计图示数量计算,以"个"为计量单位。

(11)静压箱安装按设计图示数量计算,以"个"为计量单位。

(12)静压箱制作按设计图示尺寸以展开面积计算,以"m^2"为计量单位。

(13)厨房油烟过滤排气罩以"个"为计量单位。

举例说明:

任务5的"引入案例"中,通风管道部件的工程量计算如下所示。

柔性接口的工程量:$F=(A+B)\times 2\times L=(0.6+0.33)\times 2\times 0.2\times 2=0.744$($m^2$)

知识点3:通风管道部件的分部分项工程量清单计价

本部分的计价基本依据是《预算定额》第七册《通风空调工程》第三章"通风管道部件制作、安装"。本章定额内容包括通风管道各种调节阀、风口、散流器、消声器的安装及静压箱、风帽、罩类的制作与安装等。

1. 工程量清单计价说明

(1)碳钢阀门安装定额适用于玻璃钢阀门安装,铝及铝合金阀门安装执行本章碳钢阀门安装的相应定额,人工乘以系数0.8。

(2)蝶阀安装子目适用于圆形保温蝶阀,方、矩形保温蝶阀,圆形蝶阀,方、矩形蝶阀;风管止回阀安装子目适用于圆形风管止回阀、方形风管止回阀。

(3)对开多叶调节阀安装定额适用于密闭式对开多叶调节阀与手动式对开多叶调节阀安装。

(4)木风口、碳钢风口、玻璃钢风口安装,执行铝合金风口的相应定额,人工乘以系数1.2。

(5)送吸风口安装定额适用于铝合金单面送吸风口、双面送吸风口。

(6)风口的宽与长之比小于或等于0.125为条缝形风口,执行百叶风口的相关定额,人工乘以系数1.1。

(7)铝制孔板风口如需电化处理时,电化费另行计算。

(8)风机防虫网罩安装执行风口安装相应定额,基价乘以系数0.8。

(9)带调节阀(过滤器)百叶风口安装、带调节阀散流器安装,执行铝合金风口安装的相应定额,基价乘以系数1.5。

2. 工程量清单计价的项目组合

根据《计算规范》有关规定,具体工程发生的内容及施工组织设计内容进行选项组合。通风管道部件的组价内容见表5.17。

表 5.17 通风管道部件的组价内容

序号	项目编码	项目名称	可组合的主要内容	对应的定额子目	定额编码
1	030703001	碳钢阀门	阀体安装	空气加热器上通阀	7-3-1
				空气加热器旁通阀	7-3-2
				圆形瓣式启动阀	7-3-3～7-3-6
				风管蝶阀	7-3-7～7-3-11
				圆、方形风管止回阀	7-3-12～7-2-20
				密闭式斜插板阀	7-2-21～7-2-25
				对开多叶调节阀	7-2-26～7-2-31
				风管防火阀	7-2-32～7-2-36
			支架制作、安装	设备支架制作	13-1-39、13-1-40
				设备支架安装	13-1-41、13-1-42
2	030703002	柔性软风管阀门	阀体安装	柔性软风管阀门	7-3-37～7-3-41
3	030703003	铝蝶阀	阀体安装	风管蝶阀	7-3-7～7-3-11
4	030703004	不锈钢蝶阀	阀体安装	风管蝶阀	7-3-7～7-3-11
5	030703005	塑料阀门	阀体安装	各型风罩调节阀	7-3-176
6	030703006	玻璃钢蝶阀	阀体安装	风管蝶阀	7-3-7～7-3-11
7	030703007	碳钢风口、散流器、百叶窗	风口制作、安装	铝合金百叶风口	7-3-42～7-3-54
				铝合金矩形送风口	7-3-55～7-3-57
				铝合金矩形空气分布器	7-3-58～7-3-60
				铝合金旋转吹风口	7-3-61、7-3-62
				铝合金方形散流器	7-3-63～7-3-66
				铝合金圆形、流线型散流器	7-3-67～7-3-69
				铝合金送吸风口	7-3-70～7-3-72
				铝合金活动算式风口	7-3-73～7-3-75
				铝合金网式风口	7-3-76～7-3-79
				铝合金板式排烟口	7-3-84～7-3-90
				铝合金多叶排烟口（送风口）	7-3-91～7-3-98
			散流器制作、安装	铝合金方形散流器	7-3-63～7-3-66
				铝合金圆形、流线型散流器	7-3-67～7-3-69
			百叶窗安装	铝合金钢百叶窗	7-3-80～7-3-83

续表

序号	项目编码	项目名称	可组合的主要内容	对应的定额子目	定额编码
8	030703008	不锈钢风口、散流器、百叶窗	风口制作、安装	不锈钢风口	7-3-99
			百叶窗安装	铝合金钢百叶窗	7-3-80～7-3-83
9	030703009	塑料风口、散流器、百叶窗	风口制作、安装	楔形空气分布器	7-3-105～7-3-108
				圆形空气分布器	7-3-109、7-3-110
				矩形空气分布器	7-3-111
			散流器制作、安装	塑料直片式散流器	7-3-103、7-3-104
10	030703010	玻璃钢风口	风口安装	铝合金百叶风口	7-3-42～7-3-54
				铝合金矩形送风口	7-3-55～7-3-57
				铝合金矩形空气分布器	7-3-58～7-3-60
				铝合金旋转吹风口	7-3-61、7-3-62
				铝合金方形散流器	7-3-63～7-3-66
				铝合金圆形、流线型散流器	7-3-67～7-3-69
				铝合金送吸风口	7-3-70～7-3-72
				铝合金活动算式风口	7-3-73～7-3-75
				铝合金网式风口	7-3-76～7-3-79
				铝合金板式排烟口	7-3-84～7-3-90
				铝合金多叶排烟口（送风口）	7-3-91～7-3-98
11	030703011	铝及铝合金风口、散流器	散流器制作、安装	铝合金方形散流器	7-3-63～7-3-66
				铝合金圆形、流线型散流器	7-3-67～7-3-69
			风口安装	铝合金百叶风口	7-3-42～7-3-54
				铝合金矩形送风口	7-3-55～7-3-57
				铝合金矩形空气分布器	7-3-58～7-3-60
				铝合金旋转吹风口	7-3-61、7-3-62
				铝合金方形散流器	7-3-63～7-3-66
				铝合金圆形、流线型散流器	7-3-67～7-3-69
				铝合金送吸风口	7-3-70～7-3-72
				铝合金活动算式风口	7-3-73～7-3-75
				铝合金网式风口	7-3-76～7-3-79
				铝合金板式排烟口	7-3-84～7-3-90
				铝合金多叶排烟口（送风口）	7-3-91～7-3-98
				铝制孔板风口安装	7-3-112～7-3-119

续表

序号	项目编码	项目名称	可组合的主要内容	对应的定额子目	定额编码
12	030703019	柔性接口	柔性接口制作	软管接口	7-2-163
				柔性接口及伸缩节	7-3-140、7-3-141
13	030703020	消声器	消声器安装	微穿孔消声器安装	7-3-177～7-3-183
				阻抗式消声器安装	7-3-184～7-3-188
				管式消声器安装	7-3-189～7-3-192
				片式消声器安装	7-3-193～7-3-197
				消声弯头安装	7-3-198～7-3-205
14	030703021	静压箱	静压箱制作、安装	消声静压箱安装	7-3-206～7-3-208
				静压箱制作	7-3-209
				贴吸音材料	7-3-210
				设备支架制作	13-1-39、13-1-40
				设备支架安装	13-1-41、13-1-42

举例说明：

以表 5.16 的清单为基础，找出任务 5 的"引入案例"中通风管道部件的定额子目进行组价（表 5.18）。

表 5.18 通风管道部件的分部分项工程量清单组价

序号	项目编码	项目名称	定额编码
1	030703001001	碳钢阀门（500mm×200mm）	7-3-26
2	030703001002	碳钢阀门（250mm×160mm）	7-3-26
3	030703011001	铝合金散流器	7-3-64
4	030703011002	铝合金百叶风口（500mm×200mm）	7-3-44
5	030703011003	铝合金百叶风口（400mm×320mm）	7-3-44
6	030703019001	柔性接口	7-2-163
7	030703020001	消声器	7-3-193
8	030404033001	排气扇	4-4-138

3. 综合单价的计算

综合单价的计算

本工程为市区项目，采用一般计税法，取中值，风险费不计，已知 500mm×200mm 手动对开多叶调节阀为 113.49 元/个，250mm×160mm 手动对开多叶调节阀为 41.24 元/个，铝合金方形散流器为 71.15 元/个，500mm×200mm 铝合金防雨百叶为 75.22 元/个，400mm×320mm 铝合金防雨百叶为 86.37 元/个，消声器为 1211.95 元/个，排气扇为 225 元/台。

综合单价的计算可扫描二维码查看（此处不再列举各人工、材料、机械信息价）。

拓展知识：通风工程检测及调试的计量与计价规则

1. 通风工程检测及调试的工艺流程

通风工程检测及调试的工艺流程：组织现场调试小组→调试准备及现场勘测→系统调试前的各项检查→系统的风量和水量测定与调整→通风空调系统设备单机试运转及调整→楼宇及消防自控系统相关设备检查→空调及通风单体设备自控调试→空调及通风、防排烟系统自控联动调试→系统无生产负荷联合试运转及调试→资料整理及移交。

2. 通风工程检测及调试的分部分项工程量清单编制

1）清单规范

通风工程检测及调试的工程量清单项目设置、项目特征描述的内容、计量单位及工程量计算规则，应按《计算规范》附录 G.4 的规定执行。附录 G.4 设置了通风工程检测、调试及风管漏光试验、漏风试验 2 个清单项目，见表 5.19。

表 5.19 通风工程检测及调试的工程量清单项目设置

项目编码	项目名称	项目特征	计量单位	工程量计算规则	工作内容
030704001	通风工程检测、调试	风管工程量	系统	按通风系统计算	1. 通风管道风量测定 2. 风压测定 3. 温度测定 4. 各系统风口、阀门调整
030704002	风管漏光试验、漏风试验	漏光试验、漏风试验、设计要求	m^2	按设计图纸或规范要求以展开面积计算	通风管道漏光试验、漏风试验

2）工程量计算

（1）清单规则：通风工程检测及调试的清单工程量计算规则见表 5.19。

（2）定额规则：通风空调工程系统调试费按通风空调系统工程人工总工日数，以"100 工日"为计量单位；变风量空调风系统调试费按变风量空调风系统工程人工总工日数，以"100 工日"为计量单位。

3）通风工程检测及调试的工程量清单编制实例

以任务 5 的"引入案例"为例，其工程量清单编制结果见表 5.20。

表 5.20 "引入案例"通风工程检测及调试的分部分项工程量清单

序号	项目编码	项目名称	项目特征	计量单位	工程量
1	030704001001	通风工程检测、调试	1. 风管总工程量：$60.634m^2$ 2. 其他：风管漏光试验、漏风试验	系统	1

3. 通风工程检测及调试的工程量清单计价说明

通风工程检测及调试的计价基本依据是《预算定额》第七册《通风空调工程》第五章"通风空调工程系统调试"。本章定额为通风空调工程系统调试项目,设置了通风空调系统调试费和变风量系统调试费两个项目。

(1) 通风空调系统调试费的定额子目工作内容包括通风管道漏光试验、漏风试验、风量测定、温度测定、各系统风口阀门调整。

(2) 变风量系统调试费的定额子目工作内容包括通风管道漏光试验、漏风试验、风系统平衡调试。

(3) 变风量空调风系统调试仅适用于变风量空调风系统,不得再重复计算通风空调系统调试项目。

综合单价的计算

4. 通风工程检测及调试的工程量清单计价实例

以任务 5 的"引入案例"为例,计算通风空调系统调试费。

综合单价的计算可扫描二维码查看(此处不再列举人工、材料、机械信息价)。

拓展知识:空调系统管道计价实例

任务 5 的"引入案例"中,冷凝水系统和冷媒管系统管道的分部分项工程量计算书、分部分项工程量清单及清单组价分别见表 5.21~表 5.23。

表 5.21　冷凝水系统和冷媒管系统管道的分部分项工程量计算书

序号	项目编码	项目名称	计算过程	单位	工程量
1	031001006002	塑料管 $DN25$	(0.2+2.85+0.2)+5.8−0.2+(0.25+1.59)×2+(0.18+3.9)+(0.18+3.3)+(0.2+0.25+0.15+0.2+0.41)	m	21.30
2	031001006001	塑料管 $DN32$	2+8.41+6.71−0.2=16.92	m	16.92
3	031001004001	铜管 $D9.5×0.8$	6.71+0.25+0.41+(0.2+2.85+0.27+0.2+0.22)+(0.2+1.59+0.27+0.2+0.25)×2+(0.2+3.9+0.1+0.2+0.18)+(0.2+3.3+0.1+0.2+0.18)	m	24.69
4	031001004002	铜管 $D12.7×1$	2+8.41	m	10.41
5	031001004003	铜管 $D15.9×1$	3.96+3.53+5.8+0.25+0.41+(0.2+2.85+0.27+0.2+0.22)+(0.2+1.59+0.27+0.2+0.25)×2+(0.2+3.9+0.1+0.2+0.18)+(0.2+3.3+0.1+0.2+0.18)	m	31.27
6	031001004004	铜管 $D19.1×1$	(11.7−2.9)+2.91	m	11.71
7	031001004005	铜管 $D22.2×1$	6.71	m	6.71
8	031001004006	铜管 $D28.6×1$	3.96+3.53+5.8+2+8.41	m	23.70
9	031001004007	铜管 $D31.8×1.25$	(11.7−2.9)+2.91	m	11.71

表 5.22 冷凝水系统和冷媒管系统管道的分部分项工程量清单

序号	项目编码	项目名称	项目特征	计量单位	工程量
1	031001006001	塑料管	1. 安装部位：室内 2. 介质：空调水 3. 材质、规格：UPVC 管 $DN25$ 4. 连接形式：粘接	m	21.3
2	031001006002	塑料管	1. 安装部位：室内 2. 介质：空调水 3. 材质、规格：UPVC 管 $DN32$ 4. 连接形式：粘接	m	16.92
3	031001004001	铜管	1. 安装部位：室内 2. 介质：空调水 3. 材质、规格：铜管 $D9.5 \times 0.8$ 4. 连接形式：焊接	m	24.69
4	031001004002	铜管	1. 安装部位：室内 2. 介质：空调水 3. 材质、规格：铜管 $D12.7 \times 1$ 4. 连接形式：焊接	m	10.41
5	031001004003	铜管	1. 安装部位：室内 2. 介质：空调水 3. 材质、规格：铜管 $D15.9 \times 1$ 4. 连接形式：焊接	m	31.27
6	031001004004	铜管	1. 安装部位：室内 2. 介质：空调水 3. 材质、规格：铜管 $D19.1 \times 1$ 4. 连接形式：焊接	m	11.71
7	031001004005	铜管	1. 安装部位：室内 2. 介质：空调水 3. 材质、规格：铜管 $D22.2 \times 1$ 4. 连接形式：焊接	m	6.71
8	031001004006	铜管	1. 安装部位：室内 2. 介质：空调水 3. 材质、规格：铜管 $D28.6 \times 1$ 4. 连接形式：焊接	m	23.70
9	031001004007	铜管	1. 安装部位：室内 2. 介质：空调水 3. 材质、规格：铜管 $D31.8 \times 1.25$ 4. 连接形式：焊接	m	11.71

表 5.23　冷凝水系统和冷媒管系统通风管道的分部分项工程量清单组价

序号	项目编码	项目名称	定额编码
1	031001006001	塑料管 $DN25$	10-1-307
2	031001006002	塑料管 $DN32$	10-1-308
3	031001004001	铜管 $D9.5\times0.8$	10-1-311
4	031001004002	铜管 $D12.7\times1$	10-1-312
5	031001004003	铜管 $D15.9\times1$	10-1-313
6	031001004004	铜管 $D19.1\times1$	10-1-314
7	031001004005	铜管 $D22.2\times1$	10-1-315
8	031001004006	铜管 $D28.6\times1$	10-1-316
9	031001004007	铜管 $D31.8\times1.25$	10-1-316

本任务中，空调系统还需要考虑管道绝热、套管、桥架、管道支架、金属结构刷油等费用，费用计算方法与前面任务相似，此处不再列举。

任务小结

本任务是依据《通用安装工程工程量计算规范》（GB 50856—2013）、《浙江省通用安装工程预算定额》（2018 版）等文件，结合现场实际案例进行编制的。学习本任务内容时，要求学生在前修课程基础上，结合教材内知识点、规范文件和案例等进行线上线下混合学习，完成每个子任务的任务书。

本任务介绍了建筑通风空调工程相关内容的计量与计价，依据《通用安装工程工程量计算规范》（GB 50856—2013）划分为 3 个子任务，即通风空调设备及部件计量与计价、通风管道计量与计价、通风管道部件计量与计价。学生通过学习本任务内容，可以培养独立编制建筑通风空调工程计量与计价文件的能力。

同步测试

算量软件操作 4

任务 5.1 在线答题

任务 5.2 在线答题

任务 5.3 在线答题

参考文献

冯钢，2018.安装工程计量与计价［M］.4版.北京：北京大学出版社.
何嘉熙，2019.建筑设备安装计量与计价［M］.北京：中国建筑工业出版社.
苗月季，2019.建设工程计量与计价实务：安装工程［M］.北京：中国计划出版社.
浙江省建设工程造价管理总站，2018.浙江省建设工程计价规则：2018版［S］.北京：中国计划出版社.
浙江省建设工程造价管理总站，2018.浙江省通用安装工程预算定额：2018版［S］.北京：中国计划出版社.
中华人民共和国住房和城乡建设部，2013.建设工程工程量清单计价规范：GB 50500—2013［S］.北京：中国计划出版社.
中华人民共和国住房和城乡建设部，2013.通用安装工程工程量计算规范：GB 50856—2013［S］.北京：中国计划出版社.

系列特点

+更好：精选"互联网+"精品教材修订升级

+更新：更新法规、更新案例、更新资料数据

+更多：更多视频、更多图片、更多三维模型

北京大学出版社
地址：北京市海淀区成府路205号
邮编：100871
编辑部：（010）62750667
发行部：（010）62750672
技术支持：pup6@pup.cn
https://www.pup6.cn

电子样书，课件申请
教材编写，在线客服

"北京大学出版社"
微信公众号

定价：69